Preface 序言

近年來，隨著分子生物學的發展，在生物科技端的應用與發展愈發蓬勃。這也造成生物學愈來愈龐雜，教科書一本比一本厚，內容愈發艱深難懂。對於學生而言，認知負荷更沉重，興趣則愈來愈低。為了讓學生重拾探索生物時的興奮與感動，增加對生物學的興趣，故聯合鍾老師和朱老師共同著作這本《普通生物學》。

這本生物學先簡單介紹生物學的發展以及生命的特徵，讓學生可以有整體的概念，了解生物學到底在探索什麼？以及在探索生物時，會遇到什麼樣的限制和難題？而歷史上，又有哪些偉大的科學家憑藉著智慧和偉大的發明來突破這些限制，解決難題？

隨著顯微鏡的發明，生物學探索的界線來到了細胞等級，而細胞也是所有地球生物基本共通的組成單位。因此在第 2 章介紹了細胞的大小、形態、組成和功能。多細胞生物是由一個個單細胞經由特殊的排列和組合堆疊形成。期待學生能從微觀的角度，來理解肉眼觀察到的巨觀生物體。

地球生物的演化已經超過 35 億年，在地球各地不同的生存環境，特化出形形色色的生物體，讓我們驚嘆生物的精彩與奧妙，這也是第 3 章要帶給學生們的感動。有了感動與讚嘆，才會有保育地球生物的動力，也才需要在第 9 章介紹生物與環境間的依存關係。

生物需要繁殖，才能在地球上延續生存。以人類來說，新生命的誕生是從受精卵開始；而單一細胞如何複製與分裂，形成多個細胞？而細胞內的遺傳物質如何從父母親傳遞給下一代？這二個問題可以說是探索身為生物的人類時，學生們最感興趣的問題了。因此，我們在第 4 章介紹了細胞的複製、分裂與遺傳。而想要進一步了解人體的構造與功能就需要在第 7 章介紹了。

地球上絕大多數生物生存所需要的能量來自太陽；而捕捉太陽能，唯有光合作用，而光合作用只發生在光合細菌、藻類和綠色植物。因此我們在第 5 章介紹了日常可見的開花植物，以及在第 6 章介紹光合作用。同時，當我們吃了綠色植物，如何將其中的能量轉換成自身可以使用的形式？期待學生可以思考動物與植物如何相互合作，互利互惠。

在仔細探索了生物，並了解其運作原理之後，聰明的人類遂將這些知識轉化成生物科技，用來改良農作物，增加產量；改良牲畜，肥美其肉質；改良漁鮮，使能蓄養。第 8 章介紹了人類如何運用生物學的知識，來改善食衣住行，提高生活水平。期待學生能體會到生物學知識的強大動能，也期許有更多的熱血新生代投入生技產業，改善人類生活。

黃仲義

Contents 目錄

Note

Chapter 1
生物學的發展與生命的特徵

BIOLOGICAL DEVELOPMENT PROCESS
AND CHARACTERISTICS OF LIFE

如何產生辣的感覺

人體會對自然界的各種刺激有所感應，並且產生感覺，這對生存而言非常重要。我們很早就知道人類的皮膚有偵測冷、熱及壓力的能力，但對於溫度和壓力刺激如何轉化為神經系統中的電訊號，一直是未解的難題。

2021 年諾貝爾生理或醫學獎得主由美國生理學家朱里雅斯 (David Julius) 及帕塔普蒂安 (Ardem Patapoutian) 共同獲獎，他們的研究首度發現了「人類神經系統的溫度和觸覺受體」。

一般人普遍知道「辣」不是一種味覺，而是一種灼熱又刺痛的感覺，但是這種感覺是如何引發的，一直是個未解之謎。朱里雅斯博士從 1990 年代開始研究辣椒素 (capsaicin) 如何引發痛覺感受。他的研究團隊建立了數百萬個 DNA 片段資料庫，這些基因能對應到神經細胞，引發痛覺、觸覺、溫度感受的功能。其中他們發現一組基因會產生「辣椒素受體」，此受體被命名為 TRPV1。TRPV1 是鑲嵌在細胞膜上、對高溫敏感的離子通道，當接觸到 43℃ 以上高溫時，離子通道會開啟，並轉換成引發痛覺感受的神經電訊號。高溫對生物體來說是一種警訊，所以當大腦感應到高溫的訊息時便會產生痛覺，當生物感覺到痛時便會作出相對應的反應，避免自身受到傷害。這是一個研究溫度與痛覺關聯的重大發現，生物體的各種發炎疼痛也都可能與此有關。

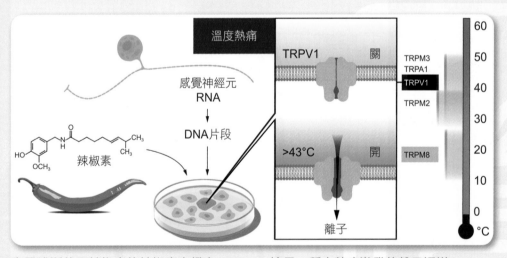

朱里雅斯使用辣椒中的辣椒素來鑑定 TRPV1，這是一種由熱痛激發的離子通道

1-1 生物學的發展

生物學 (Biology) 簡單的說是研究「生物與生命現象的科學」。Biology 一詞由希臘語 Bios (Life，即生命之意) 與 Logos (Speech，即講述之意) 所組成，故生物學即是論述生命之科學，其研究的內容包括：生物之**形態、構造、機能、演化、發生**以及**生物與環境的關係**等。紀元前 300 多年希臘與羅馬時代，有關生物的零星知識經由亞里斯多德 (Aristotle)(圖 1-1a) 之整理與闡述，乃成為斐然可觀而有系統的生物學，亞氏因獲得「生物學鼻祖」之稱呼。

紀元後，古希臘名醫蓋倫 (Claudius Galen)(圖 1-1b) 是歷史上第一位著名的實驗生理學家；他利用猿、豬的解剖而描述分析人類神經和血管的機能。在東方，中國梁代有陶弘景 (約 6 世紀時) 整理古代《神農本草經》並為其作註。明代 (16 世紀) 李時珍 (圖 1-1c) 以科學的精神研究中藥，實地考察，綜合各領域的科學知識，編成《本草綱目》一書；收集 1,892 種藥物，19 世紀的達爾文曾稱此書為「中國古代的百科全書」。

ⓐ 亞里斯多德　　　　　ⓑ 蓋倫　　　　　　　ⓒ 李時珍

圖 1-1　生物學發展重要的科學家

歐洲文藝復興時期，若干學者對於無數動植物之構造、機能及其生活習性亦有更正確的研究成果。解剖學家與醫生衛沙利亞斯 (圖 1-2)(Andreas Vesalius) 仔細解剖人體，並根據觀察繪製精細的解剖圖，著有《人體的構造》(*De humani corporis fabrica*)，被認為是近代人體解剖學的創始人。

圖 1-2　衛沙利亞斯 (左) 與其所繪之人體解剖圖 (右)

　　16 世紀末，荷蘭人詹森 (Janssen) 父子發明了顯微鏡，最早的顯微鏡只能將物體放大 3 ～ 10 倍。之後英人虎克 (Robert Hooke) 用改良的顯微鏡發現了細胞。1670 年代，荷蘭布商與博物學家雷文霍克 (圖 1-3)(Antonie van Leeuwenhoek) 以其自製的顯微鏡觀察到水中微生物及造成蛀牙的細菌，被尊稱為「微生物學之父」。

圖 1-3　「微生物學之父」雷文霍克與其自製的顯微鏡

　　18 世紀時，分類學家林奈 (Carl von Linné) 創立生物分類法則，奠定了現代生物學命名法「**二名法**」(binomial nomenclature) 的基礎，是現代生物分類學之父。到了 19 世紀初，許來登 (Matthias Schleiden) 與許旺 (Theodor Schwann) 創立了**細胞學說**

(cell theory)。1859 年，達爾文 (Charles Robert Darwin) 在物種起源 (*On the Origin of Species*) 一書中發表了著名的**演化論**。此時記述生物學已到了頂峰。19 世紀及其後期，由於顯微鏡構造及顯微鏡技術日益進步，細胞學、組織學、解剖學、生理學、發生學等發展迅速。

　　20 世紀後，科學家以分子的觀點為基礎來解釋基因的作用，並發展出**分子生物學** (molecular biology)。1931 年，德國物理學家魯斯卡 (圖 1-4)(Ernst August Friedrich Ruska) 與克諾爾 (Max Knoll) 製作了第一臺電子顯微鏡的原型機，並於 1933 年做出第一臺穿透式電子顯微鏡。電子顯微鏡在解析度上遠超過光學顯微鏡，生物學家得以了解許多細胞內的超顯微構造及其機能。

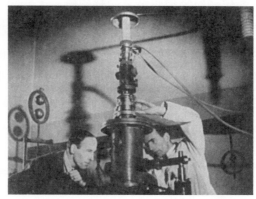

圖 1-4　電子顯微鏡的發明人魯斯卡與第一部電子顯微鏡

　　80 年代以來，生物學已開始邁向高度科技之時代，例如將人類胰島素基因嵌入細菌之 DNA，便可在細菌細胞內產生與人體相同之胰島素，此一方法稱為**基因工程** (genetic engineering)。

　　國際「人類基因體計畫」(Human Genome Project) 從 1990 年正式展開，2003 年完成，目的在定序人類基因體組 (genome) 上的 DNA 序列，進而了解基因的功能。截至目前為止，大多數染色體上的 DNA 皆已定序。數據顯示在人類基因組中大約有 20,000 ～ 25,000 個基因，遠遠低於多數科學家先前的估計。

　　在生物科技進步的今天，人類可應用遺傳工程的研究成果來改良農作物、家畜、家禽之品種，增加食物產量及防治各種遺傳疾病。近來由於對居住環境的重視，更應發展高科技的生物技術，應用於環境的保護及整個地球生態的平衡，如減少有毒物質 (農藥) 的使用，發展生物防治法以生物剋制生物，施用有機肥料等，降低對地球生態環境的破壞。

1-2 生命的特徵

凡 生物都具有生命現象，有關生物之生命特徵包括**體制**、**新陳代謝**、**生長**與**發育**、**生殖**與**遺傳**、**運動**、**感應**及**恆定**等特徵。

體制

生物體都是由**細胞** (cells) 構成，細胞是生物體功能的基本單位。**組織** (tissues) 是一群形態相似的細胞，組成特定的結構，執行某種專一的功能，動物主要有上皮組織、結締組織、肌肉組織與神經組織等四種組織。生物體為完成特定的功能會由兩種以上的組織組成**器官** (organs)，例如動物的心臟、胃、腸和植物的根、莖、葉等都是器官。不同的器官相互配合來完成某種特殊功能即組成**系統** (system)，人體的系統包括皮膚系統、骨骼系統、肌肉系統、消化系統、呼吸系統、循環系統、排泄系統、神經系統、內分泌系統、生殖系統等 10 個系統，最後所有系統組成一個完整的**生物體** (organism)(圖 1-5)。

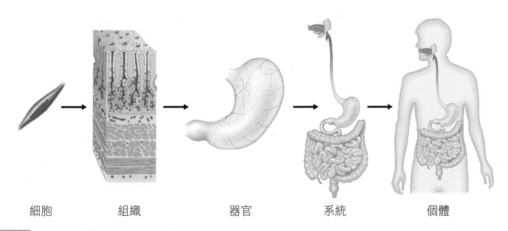

| 細胞 | 組織 | 器官 | 系統 | 個體 |

圖 1-5 組成一個生命個體的體制

生物體之間以及生物與環境之間經常會存在著複雜的交互關係，因而組成更高層次的體制。生活在同一個地方的相同物種稱為**族群** (population)，同一時間生活於相同棲地的不同族群，即構成一個**群落** (community)，同一地區的所有生物與自然環境 (例如土壤、水) 會形成一個**生態系** (ecosystem)，而地球上各種不同生態系的組合即稱之為**生物圈** (biosphere)。

新陳代謝

新陳代謝為生命體的基本功能，它是細胞或生物體要維持正常的生理機能所進行化學作用的總稱，當生物體的代謝停止生命就停止。新陳代謝可分為**異化作用** (catabolism) 與**同化作用** (anabolism)。異化作用又稱為分解，它是細胞將大分子物質分解為小分子，能進而合成 ATP，提供細胞活動所需能量的過程。同化作用又稱為合成，它是將小分子物質合成為大分子，將養分儲存起來或是建構成細胞架構的過程。

生長與發育

生長指的是體積增大，它包括兩個層面：一為細胞吸收養分而長大，體積增加；另一個則是細胞進行分裂，數目增加。例如毛蟲由一齡長到五齡，體積增大而外型沒有太大改變，則稱為生長 (圖 1-6a)。

多細胞生物在發育的過程中細胞會進行分化，分化後的細胞呈現不同的型態、構造與功能，因此發育成熟的個體在外型與生理機能上也會與未發育的個體有所不同。例如毛蟲經過蛹的階段轉變為蝴蝶就是一個發育的過程 (圖 1-6b)。

幼蟲

蛹

成蟲

b

圖 1-6　生長與發育

a 大樺斑蝶 (*Danaus plexippus*) 一齡幼蟲生長到五齡幼蟲。幼蟲體積增加，外型改變不大。b 幼蟲發育到成蟲必須經過蛹的階段。

生殖與遺傳

　　生物都要繁衍後代以產生新的個體，並且將親代的特徵遺傳給子代。生殖方式分為無性生殖與有性生殖；無性生殖產生的後代其遺傳特性與親代完全相同，有性生殖則需要經過配子結合才能產生子代，子代的遺傳變異較大。

運動

　　凡生物皆會運動，運動的方式很多，單細胞生物可藉由纖毛、鞭毛或偽足來運動。一般植物的運動較為緩慢，需長時間觀察，但有些植物可進行迅速且明顯的運動，例如含羞草、捕蠅草的觸發運動（圖 1-7），或是睡蓮的睡眠運動等。

圖 1-7　含羞草的觸發運動

感應

　　生物會對自然界的各種刺激有所感應，也就是接受外界的訊息，這些刺激包括：聲音、光、電、溫度等。生物必須以特殊的機制或接受器來接收這些刺激並產生適當的反應。例如植物的莖、葉、花具有向光性，而根具有向地性；飛蛾在夜晚具有趨光性；蒼蠅會受到腐肉氣味的吸引等。由這些例子我們知道，感應是生物與環境發生關係所必須具備的能力。

恆定

外在環境經常有劇烈的變化，但是生物必須維持體內或細胞內各種狀態的穩定，這樣的穩定性有利於維持正常的生理機能與各種化學反應的進行。一般生物體內需要維持穩定的要素很多，包括：溫度、酸鹼度、水分、鹽類濃度等。例如人體的溫度經常維持在 36℃，而血液的 pH 值則保持在 7.4。

1-3 科學方法

科學是以邏輯與系統性的方法發現並解釋宇宙中事物如何運作，為達到上述目的所運作的合理、精確而有系統的方法謂之科學方法。

科學方法的步驟如圖 1-8，第一步是進行**觀察**，對所發生的現象觀察並記錄，接著**提出問題**，之後就是收集相關的資料與參考文獻。整理後的資料經過仔細的分析、歸納 (induction) 和演繹 (deduction)，便可提出假設。假設是對於觀察的一種嘗試性說明，必須由**實驗**來證明。一旦假設獲得各種不同實驗的證實和支持，則此假設便成為**學說**或**科學定律**。

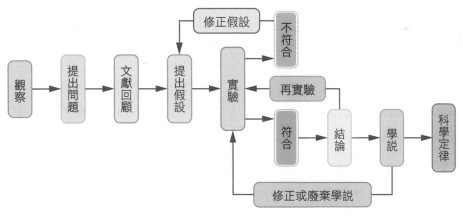

圖 1-8 科學方法的研究步驟

本章重點

1-1 生物學的發展

①生物學是研究「生物與生命現象的科學」。

②亞里斯多德有系統的整理與闡述生物學，因此獲得「生物學鼻祖」之稱。

③衛沙利亞斯仔細解剖人體，並根據其觀察繪製精細的解剖圖，著有人體的構造，被認為是近代人體解剖學的創始人。

④雷文霍克以其自製的顯微鏡觀察到水中微生物及造成蛀牙的細菌，被尊稱為「微生物學之父」。

⑤林奈創立生物分類法則，奠定了現代生物學命名法「二名法」的基礎，是現代生物分類學之父。

⑥許來登與許旺共同創立了細胞學說。

⑦魯斯卡與克諾爾做出第一臺穿透式電子顯微鏡，使生物學家得以了解許多細胞內的超顯微構造及其機能。

⑧美國國家衛生院「人類基因體計畫」已將人類大多數染色體上的 DNA 定序。

1-2 生命的特徵

①生物體都具有生命現象，生物之生命特徵包括體制、新陳代謝、生長與發育、生殖與遺傳、運動、感應及恆定等。

②生物圈體制由簡至繁為細胞→組織→器官→系統→生物體→族群→群落→生態系→生物圈。

③新陳代謝為生命體的基本功能，可分為異化作用與同化作用。

　①異化作用又稱為分解，它是細胞將大分子物質分解為小分子，提供細胞活動所需能量的過程。

　②同化作用又稱為合成。它是將小分子物質合成為大分子，將養分儲存起來或是建構成細胞架構的過程。

④生物都會生長，生長指的是體積增大，包括兩個層面：一為細胞吸收養分而長大，體積增加；另一個則是細胞進行分裂，數目增加。

⑤生殖方式分為無性生殖與有性生殖；無性生殖產生的後代其遺傳特性與親代完全相同，有性生殖則需要經過配子結合才能產生子代，子代的遺傳變異較大。

⑥凡生物皆會運動，運動的方式很多，如單細胞生物以偽足來運動、植物的觸發運動(例如：含羞草)等。

⑦生物會對自然界的各種刺激有所感應，也就是要接受外界的訊息，這些刺激包括：聲音、光、電、溫度等。

⑧生物生存的外在環境經常有劇烈的變化，但是生物必須維持體內或細胞內各種狀態的恆定，包括：溫度、酸鹼度、水分、鹽類濃度等。

1-3 科學方法

①科學方法就是利用某些程序來解答自然界發現的問題，並將所觀察到的現象提出解釋，進而創立法則以預測這些現象之間的關係。

②科學方法的步驟為觀察→提出問題→文獻回顧→提出假設→實驗→結論→學說→科學定律。

Chapter 2
細胞的組成

THE CONSTITUTION
OF CELLS

培植肉的前景

培植肉 (cultured meats) 是指由動物細胞培養出來的肉，非宰殺動物取得。由於製作過程可避免藥物殘留與微生物生長，因此也稱為潔淨肉 (clean meat)。培植肉是細胞科技應用的一種，原理是從動物提取幹細胞，再放進試管或培養皿上讓其分裂、生長，最後產生出的肌肉組織如同動物自然生長的肌肉，可應用在牛肉、豬肉、雞肉等肉類，屬於一種替代性肉品。

人類為了擁有穩定的肉源必須飼養大量家禽、家畜，飼養過程中除了占據大量空間，飼料的消耗、汙染物的累積以及溫室氣體的產生對環境都有不小的危害。和傳統養殖取得的肉類相較，培植肉培養過程少了 80% 的碳排放量，使用的土地減少 99%，使用的淡水資源也減少 96%。人們不再需要花 18 個月去養牛，在實驗室中只要 14 到 21 天即可培養出牛肉。

雖然上述的優點顯而易見，但目前這樣的替代性肉品尚無法普及，主要原因有：

1 製造價格昂貴，從幹細胞取得、萃取生長因子到維持良好生長環境等，都需要很高的成本，因此培植肉售價普遍偏高。

2 口感與真肉仍有差別。

3 各國法規不同。

新加坡是第一個允許銷售實驗室培植肉的國家，若將來能降低生產成本，解決上述問題，相信能夠大大提高糧食供應效率，減少能源與土地消耗，減少溫室氣體的產生，對自然環境會有很大幫助。

在實驗室中培養出的培植肉

2-1 細胞的組成分子

生物體的最基本組成為細胞，而細胞是由原生質 (protoplasm) 所構成。英人赫胥黎 (T. H. Huxley) 稱原生質為生命的物質基礎 (The physical basis of life)。原生質的組成複雜，含有碳、氫、氧、氮、磷、硫等元素，及這些元素組合成的各種有機與無機化合物。細胞內的有機化合物包含醣類 (carbohydrates)、蛋白質 (proteins)、脂質 (lipids)、核酸 (nucleic acids) 等；無機物則包括水、無機鹽及各種元素。

醣類

醣類是生物體內提供能量的主要來源，由 C、H、O 三種元素所組成，是細胞中貯藏能量的物質，可分為**單醣**、**雙醣**與**多醣**。

一 單醣

單醣是最簡單的醣類，不能再水解為更小的分子，其通式為 $(CH_2O)_n$，分子中碳、氫、氧的比值為 1：2：1 與水相同，故醣類亦稱為碳水化合物。最常見的單醣例子為葡萄糖、果糖、半乳糖三種，此三種糖由相同的原子組成，分子式都是 $C_6H_{12}O_6$，稱之為**異構物**，其結構式如圖 2-1。

葡萄糖常存在於水果、蜂蜜以及哺乳類動物的血液中，是生物體正常生理活動所需能量的主要來源，血液中的葡萄糖就是我們常稱的血糖，血糖的濃度必須維持恆定，長期高血糖可能發生糖尿病，導致眼睛失明和腎臟疾病；但濃度過低容易造成肌肉痙攣、昏迷或死亡。由於它能直接被人體吸收利用，在醫學上會注射葡萄糖以補充病人體內的糖分。

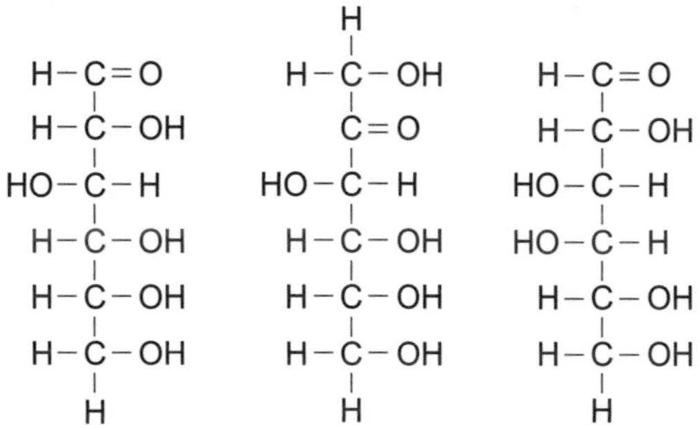

葡萄糖　　　　果糖　　　　半乳糖

圖 2-1　單醣的棒狀化學式

二　雙醣

　　當單醣在水中溶解時會鍵結形成環形結構，兩分子的環形單醣接合時，會失去一分子水，連接形成雙醣，此種接合過程會脫去一分子水，稱為**脫水合成**。相反的，雙醣也可加入一分子水將它分解為二個單醣，此種過程稱之為**水解**。日常生活中常見的雙醣有三種：麥芽糖、蔗糖、乳糖，他們的通式為 $C_{12}H_{22}O_{11}$。麥芽糖是由兩分子葡萄糖結合而成 (圖 2-2)，蔗糖是一分子的葡萄糖和一分子的果糖結合而成，乳糖是由一分子葡萄糖與一分子半乳糖結合而成。

| 圖 2-2 | 麥芽糖合成過程中的脫水化合反應 |

三　多醣

　　多醣是由葡萄糖形成的聚合體。常見的有三種：澱粉、肝醣和纖維素。多醣的基本單位雖相同，但由於葡萄糖結構與鍵結方式的差異，使得三種多醣具有截然不同的特性。

　　澱粉是由葡萄糖單體聚合成的長鏈，也是植物儲存多醣的方式，例如在馬鈴薯塊莖細胞就儲存有澱粉顆粒，當植物需要能量時澱粉可轉化為單醣，成為提供植物能量的來源。肝醣也是葡萄糖聚合體，動物過剩的葡萄糖會以肝醣形式儲存在肝細胞與肌肉細胞。

　　纖維素是植物細胞壁重要組成分子，它是葡萄糖形成的堅韌結構。人體因缺乏分解纖維素的酶，因此無法以纖維素作為能量來源，草食性動物則可以藉著腸道中的微生物幫忙分解纖維素，所以可將纖維素作為能量來源。人體雖然無法消化纖維素，但是纖維素通過消化道時會刺激腸內襯細胞分泌黏液，對腸道健康有極大的幫助。

蛋白質

　　蛋白質是由胺基酸所形成的聚合物，在細胞中含量約 15%，為生物體內含量最多且最重要的有機物。

一 胺基酸

所有的蛋白質都是由胺基酸單體串連在一起，每一個胺基酸是由 C、H、O、N、S 等元素構成。人體共有 20 種胺基酸 (圖 2-3)，其中有 8 ～ 10 種稱為必需胺基酸，這些胺基酸人體無法自行合成，必須從食物中獲得，若缺少任何一種必需胺基酸，合成蛋白質的過程就會受到影響。植物體可合成所有的胺基酸，動物則要藉著吃植物或其他動物來獲得必需胺基酸。

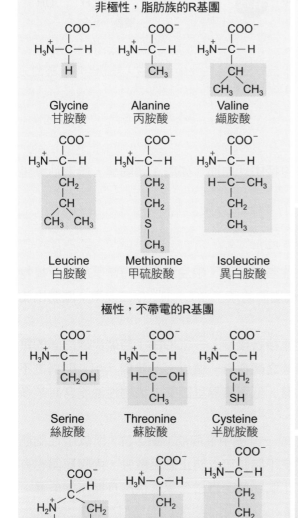

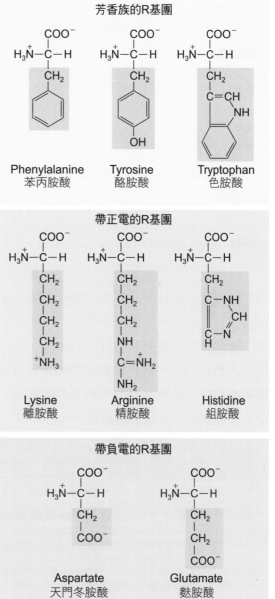

圖 2-3 20 種胺基酸

大多數的蛋白質由數百至數千個胺基酸單位所構成，兩個胺基酸結合時會脫去一分子水，合成的分子稱為**雙胜** (dipeptide)(圖 2-4)，而多個胺基酸化合就形成**多胜** (polypeptide)。細胞中由胺基酸形成多胜鏈的反應在核糖體上進行。

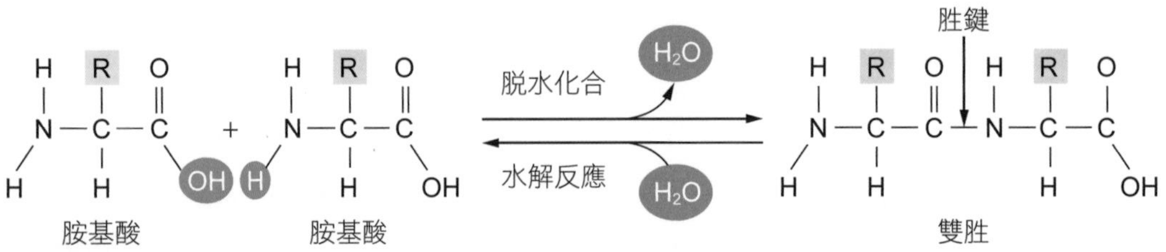

圖 2-4 雙胜的形成

形成胜鍵的過程會脫去一分子水，此過程稱為脫水合成反應。在消化系統中，雙胜也可以被酶分解為兩個胺基酸，過程中需要加入一分子水，稱為水解反應。

脂質

脂質屬於非極性的化合物，不溶於水，包括中性脂肪、磷脂、類固醇、脂溶性維生素與蠟等。

一　中性脂肪

一般常見的油脂屬於中性脂肪，動物性油脂如豬油、牛油溫度低時常呈固態；植物油如橄欖油以及花生油室溫下皆為液態。組成脂肪的原子為 C、H、O 三元素，脂肪由脂肪酸與甘油兩種分子化合而成。

脂肪酸為具有碳氫長鏈的有機酸，一端連接著羧基（－ COOH）；若碳與碳之間的鍵結全為單鍵「－」稱為**飽和脂肪酸**，若碳與碳之間含有一個以上的雙鍵「＝」則稱為**不飽和脂肪酸**。動物脂肪含有較多的飽和脂肪酸，低溫時易呈固態；植物性油脂含有較多不飽和脂肪酸，室溫下為液態。

一個甘油分子與三個脂肪酸結合後即形成一分子中性脂肪 (圖 2-5)，所以中性脂肪又稱為三酸甘油酯。脂肪的功能很多，動物皮下脂肪可以防止體溫散失，內臟周圍也有脂肪，可保護器官免於受到機械性傷害。氧化脂肪酸可釋出化學能供應身體所需能量。皮膚中的皮脂腺可分泌油脂，潤滑皮膚與毛髮。

圖 2-5　脂肪的形成

一分子甘油與三分子脂肪酸可形成一分子中性脂肪，放出三分子水。

二　磷脂質

　　磷脂質是構成細胞中膜系的主要成分，細胞膜、核膜及各種膜系胞器皆由磷脂組成。磷脂分子是由甘油、脂肪酸及磷酸根結合。其中磷酸根帶有負電，為親水性，易溶於水；而脂肪酸長鏈為疏水性，不溶於水，這種分子稱為**兩性分子** (圖 2-6a)。

　　當磷脂聚集時親水性的頭部會互相靠近，而疏水性的脂肪酸長鏈也會互相靠近，在水溶液中為求穩定，磷脂分子會避免脂肪酸接觸到水，自然形成微膠粒或雙層磷脂的結構 (圖 2-6b)，在這些結構中親水性的頭部皆朝外而疏水性的尾部則包埋在內，細胞膜的構造即是雙層磷脂。

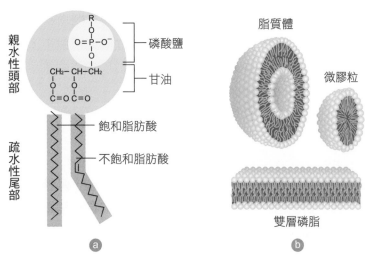

圖 2-6　磷脂質

ⓐ 磷脂分子具有親水性的頭部與疏水性的尾部。ⓑ 磷脂在水溶液中形成的穩定結構。

三 類固醇

所有類固醇均以四個碳環為架構 (圖 2-7)，常與脂質共存。生物體重要的類固醇有雌、雄性激素、腎上腺皮質素和膽固醇等。膽固醇首先在膽汁中被發現，是肝臟製造膽汁的原料之一，細胞膜除了磷脂之外也含有許多膽固醇，可幫助維持膜的穩定及流動性，同時它也是合成其他固醇類激素的原料，對人體非常重要。人體自然就會合成膽固醇，但如果血液中膽固醇濃度過高則容易累積在血管壁，造成動脈硬化。

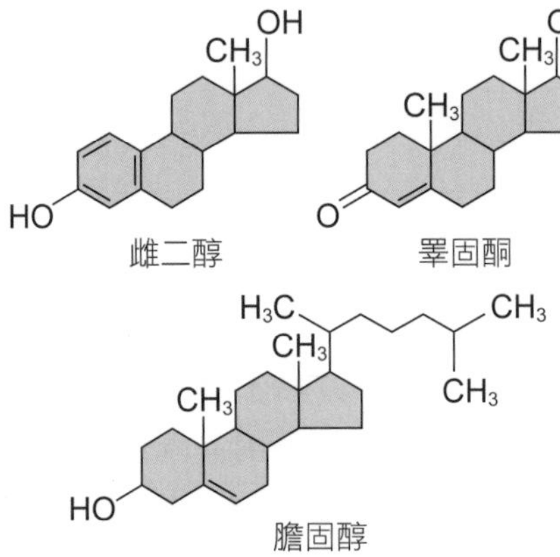

雌二醇　　　　　　　睪固酮

膽固醇

圖 2-7 　三種常見的類固醇

四 脂溶性維生素

類胡蘿蔔素及脂溶性維生素 A、D、E、K 亦為脂質的有機物質。維生素 A 可經由胡蘿蔔素轉變而來；而維生素 D 屬於固醇類的化合物，在陽光照射下人體可自然合成維生素 D_3。脂溶性維生素易與脂肪共存，在人體內會儲存於肝細胞中不易代謝，故食用不可過量。

核酸

核酸包括**去氧核糖核酸** (deoxyribonucleic acid，DNA) 與**核糖核酸** (ribonucleic acid，RNA) 兩種 (圖 2-8)。構成核酸的單位是**核苷酸**，核苷酸是由含氮鹼基、五碳醣和磷酸根組成。含氮鹼基總共有五種，其中嘌呤類包含腺嘌呤 (adenine，A) 與鳥糞嘌呤 (guanine，G) 兩種，嘧啶類有胸腺嘧啶 (thymine，T)、胞嘧啶 (cytosine，C) 與尿嘧啶 (uracil，U) 三種。

DNA 主要存在於細胞核的染色體內，是所有生物的遺傳物質，DNA 上的基因可控制蛋白質合成，因而也影響細胞的生理活動。RNA 有三種，分別為傳訊 RNA (mRNA)、轉移 RNA (tRNA)、核糖體 RNA (rRNA)，三種 RNA 皆由 DNA 轉錄而來且參與合成蛋白質的轉譯作用，關於這部分將在後面章節中討論。

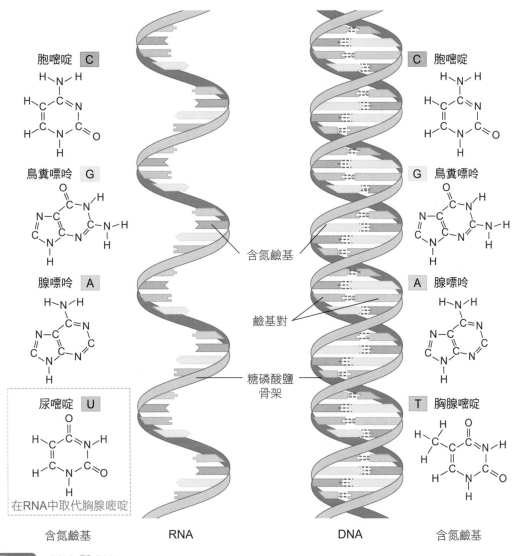

圖 2-8 DNA 與 RNA

水

　　地球上四分之三由水覆蓋，人體內大約 70% 是水，是細胞內含量最多的無機物，沒有水就沒有生命，生物體內含水的比率各不相同；人類自骨骼的 20%，皮膚 60% 到腦細胞之 85% 不等，有些動物如水母其含水量更高達 95%。水還有其他重要特性如下：

一 水是最佳溶劑

　　細胞中大部分物質皆溶在水中，許多化學反應必須在水中方能進行。水分子能形成氫鍵 (圖 2-9)，生物體中重要的有機分子如葡萄糖、胺基酸，皆可與水形成氫鍵，因而容易溶於水，便於在血液中運輸。水亦能溶解鹽類與氣體，例如細胞呼吸所需的氧氣、新陳代謝產生的二氧化碳與含氮廢物皆需溶於水中運輸。

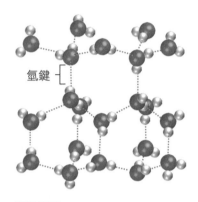

氫鍵 {

圖 2-9　　氫鍵

二 水能調節體溫

　　水的比熱大，在加熱時氫鍵可吸收大量熱能，因此溫度上升較慢。這種較高的吸熱和放熱的能力使其具有調節體溫的作用，生物體可藉此抵抗外界環境劇烈的溫度變化。當水由液態變成氣態亦需要吸收熱能，用以打斷氫鍵；流汗時，水分蒸散會帶走皮膚表面大量的熱能，使人感到涼爽。

三 水的內聚力

　　氫鍵會將水分子凝聚在一起，這種凝聚力稱為**內聚力**。當葉片蒸散作用發生時，水分經由植物體內的導管細胞由下往上運輸，由於內聚力的影響，導管內的水柱不會中斷。水的**表面張力**也是內聚力造成的，水黽等昆蟲可在水上行走，就是因為有表面張力的關係。

四 水溶液的 pH 值

　　水有輕微的解離度，可產生氫離子 (H^+) 與氫氧根離子 (OH^-)。

　　化學家用 pH 表示溶液中的氫離子濃度，pH 值的大小和細胞的各種生理作用，尤其是酶的作用，有極其密切的關係。pH 值即是氫離子濃度倒數的對數值：

$$pH = -\log_{10}[H^+] = \log_{10}\frac{1}{[H^+]}$$

$$[H^+] = [OH^-] \rightarrow pH = 7 \quad 呈中性$$
$$[H^+] > [OH^-] \rightarrow pH < 7 \quad 呈酸性$$
$$[H^+] < [OH^-] \rightarrow pH > 7 \quad 呈鹼性$$

無機鹽

　　生物體中無機鹽種類很多，約占重量的 1%，每一種都具有特殊的生理功能。無機鹽中常見的陽離子有 Na^+、K^+、Ca^{+2}、Mg^{+2} 等；陰離子有 Cl^-、HCO_3^-、PO_4^{-3}、SO_4^{-2}、NO_3^- 等。其中鈉、鉀與神經衝動的產生有關，鈣離子參與肌肉收縮與血液凝固，而骨骼的成分主要為磷酸鈣，植物的葉綠素中含有鎂原子，碳酸氫根在血液中具有酸鹼緩衝的功能等。

2-2 細胞的構造

原核細胞與真核細胞

　　細胞為構成生物體的最小單位，**原核細胞**包括細菌 (圖 2-10) 與藍綠藻，為較原始的細胞，這類細胞多數具有細胞壁，缺少細胞核及膜狀的胞器，細胞體積較小，構造簡單。

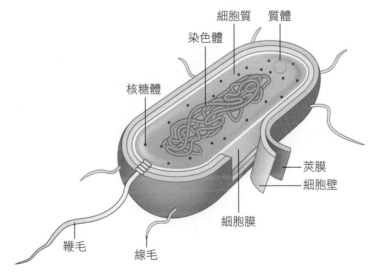

細胞質　質體
染色體
核糖體
莢膜
細胞壁
細胞膜
鞭毛　　線毛

圖 2-10　原核細胞的構造

原核細胞構造簡單，僅具有細胞壁、細胞膜、DNA、核糖體、鞭毛等構造，缺乏大多數的胞器。

　　一般動、植物細胞皆屬於**真核細胞**，體積較原核細胞大，構造複雜（圖 2-11、2-12），具有細胞核及各種由膜組成的胞器，統稱為**內膜系統**。

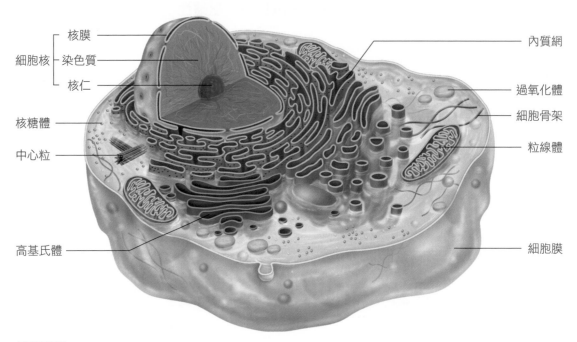

細胞核{核膜、染色質、核仁}
核糖體
中心粒
高基氏體
內質網
過氧化體
細胞骨架
粒線體
細胞膜

圖 2-11　動物細胞的構造

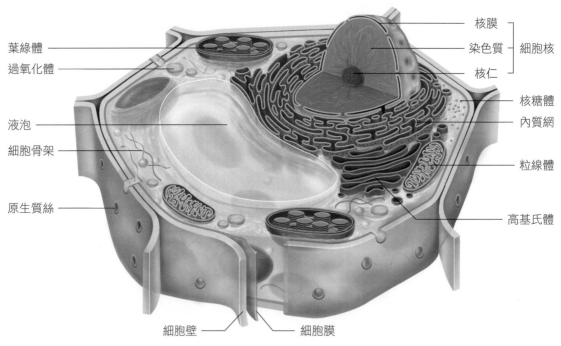

葉綠體
過氧化體
液泡
細胞骨架
原生質絲
細胞壁
細胞膜
核膜、染色質、核仁 細胞核
核糖體
內質網
粒線體
高基氏體

圖 2-12　植物細胞的構造

細胞的發現與細胞學說

一 早期細胞的觀察

　　最早的顯微鏡在 1590 年由荷蘭人詹森 (Janssen) 父子所發明。英國科學家虎克 (Robert Hooke) 製作倍率較高的顯微鏡用來觀察橡樹樹皮切片，看到了如蜂窩狀的小空格 (圖 2-13a)，虎克稱其為 "cell"，中名譯為「細胞」。但虎克所觀察的事實上是木栓組織的死細胞，其內涵物皆已消失，看到的僅是**細胞壁** (圖 2-13b)。

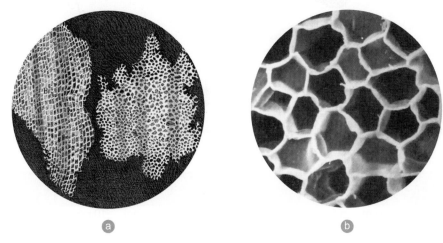

圖 2-13 虎克觀察到的細胞

ⓐ 1665 年虎克的顯微圖譜中刊登其所繪的木栓薄片顯微構造圖。ⓑ 木栓組織的細胞壁。

二 細胞學說

　　細胞學說是由植物學家許來登 (Matthias Schleiden) 與解剖學家許旺 (Theodor Schwann) 分別在 1838 年和 1839 年提出的，是 19 世紀科學史上最重要的學說之一，主要重點如下：

① 所有生物皆由一個或多個細胞所組成。

② 細胞是生物體結構與組成的基本單位。

　　1855 年德國病理學家維周 (Rudolf Virchow) 發表論文：「每一個細胞都來自另一個細胞」，以說明細胞的來源。至此細胞學說趨於完備，「細胞是生命的基本單位」這個觀念也逐漸為世人所了解。

細胞是生物體構造上的基本單位，同時也是功能上的單位。大部分的細胞都很微小，約在微米 (μm) 的範圍 (圖 2-14)。小的細胞比大的細胞在運輸物質與傳遞訊息上會更有效率。人體細胞直徑約在 5 ～ 20 微米 (μm)，其中最小的是精子，最大的為卵細胞。動物界中最大的細胞是鳥類的卵，卵黃的部分就是一個成熟的卵細胞，卵白與卵殼是母鳥輸卵管分泌的物質。

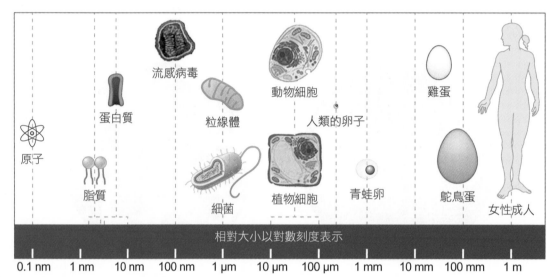

1 公尺 (m) = 100 公分 = 1,000 毫米；1 公分 (cm) = 10^{-2} 公尺；1 毫米 (mm) = 10^{-3} 公尺；1 微米 (μm) = 10^{-6} 公尺 = 10^{-3} 毫米；
1 奈米 (nm) = 10^{-9} 公尺 = 10^{-3} 微米

圖 2-14　細胞與其他各種物質的大小比較
動物體內最大的細胞為卵細胞，而粒線體則與某些細菌的大小相當。

細胞的構造與各種胞器

一　細胞膜

❶ 細胞膜的構造

　　細胞是藉著細胞膜與外界區隔開來，細胞膜可調節物質的進出並維持細胞內部的恆定。細胞膜相當薄，大約只有 6 ～ 12 nm 厚，需用電子顯微鏡來觀察。

　　細胞膜是由脂質與多種蛋白質組成，脂質中最重要的為磷脂質，其他尚有醣脂質與膽固醇；磷脂質在水溶液中會形成穩定的**磷脂雙層** (phospholipid bilayer) 結構，而膽固醇、醣脂質與各種蛋白質則穿插其間。每一個磷脂質分子都包含一個親水性的頭部與疏水性的尾部，在水溶液中，親水性的頭部因含有帶負電的磷酸根，因此會與水分子產生吸引力；疏水性的尾部因受到水分子排擠，彼此之間也會聚集在一起，位於磷脂雙層的內側。

磷脂分子間並不是固定的緊密鍵結，而是能相對移動，膜上蛋白質也能在細胞膜上移動，就像冰山漂流在大海上，這種結構被稱為**流體鑲嵌模型** (fluid mosaic model)(圖 2-15)。

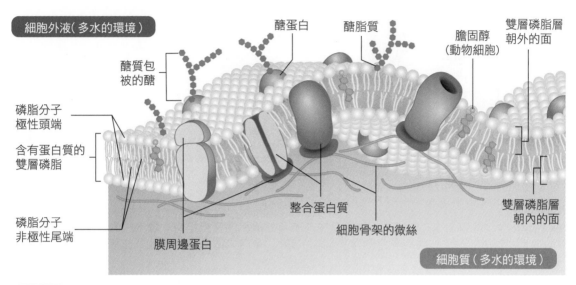

細胞外液(多水的環境)

醣蛋白　　醣脂質　　膽固醇
(動物細胞)

雙層磷脂層
朝外的面

醣質包
被的醣

磷脂分子
極性頭端

含有蛋白質的
雙層磷脂

磷脂分子
非極性尾端

膜周邊蛋白　　整合蛋白質

細胞骨架的微絲

雙層磷脂層
朝內的面

細胞質(多水的環境)

圖 2-15　　細胞膜的結構

　　細胞膜與細胞內的各種膜系胞器皆由雙層磷脂組成，大多數的膜系胞器為單層膜，例如：內質網、高基氏體、過氧化體與溶小體等；細胞核、粒線體與葉綠體等三種胞器則為雙層膜。而少數的胞器並非由膜組成，如核糖體與中心粒。

② **細胞膜上的蛋白質**

　　鑲嵌在細胞膜上的蛋白質稱為**膜蛋白**，具有各種特殊的功能。例如細胞膜上的醣蛋白，具有能讓細胞自我辨識與接受外界訊息的功能。醣蛋白上的醣分子可形成不同的分枝外形，每個生物個體的醣蛋白皆不相同，免疫系統可依此辨認自身於外來的細胞。肝細胞的細胞膜上具有特殊醣蛋白，能做為胰島素接受器，將胰島素訊息傳入細胞，讓細胞能將血液中的的葡萄糖運輸至細胞內，進而合成肝醣。

二　　細胞核

　　細胞核是細胞的生命中樞，含有染色體與遺傳基因，控制細胞的生化反應。細胞核的形狀通常為球形或橢圓形，包含**核膜**、**核質**、**染色體**、**核仁** (圖 2-16)。

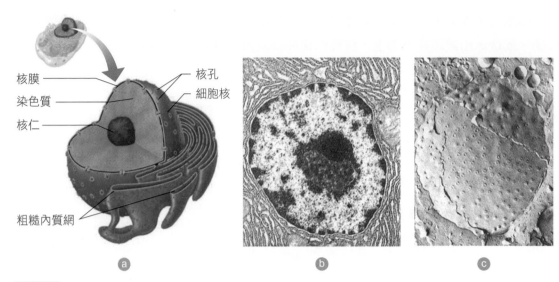

圖 2-16 細胞核的構造

ⓐ 細胞核包含核膜、核仁與核質,核膜為雙層膜且外膜與內質網相連。ⓑ 電子顯微鏡下的細胞核 (約放大 20,000 倍),核內的黑色團塊為核仁。ⓒ 以掃描式電子顯微鏡觀察核膜表面,可看到許多核孔。

❶ 核膜

核膜由雙層膜組成 (圖 2-16a),可以調節物質的進出。核膜上有許多小孔稱為核孔 (圖 2-16c),核內的物質如 RNA、核糖體次單元可通過這些孔道到達細胞質,而細胞質中的蛋白質與酶亦可經由核孔進入細胞核。

❷ 核質與染色質

核質是核內半流動的膠狀物質,內含有酶、**染色質**等構造。染色質是由 DNA 與組蛋白質纏繞而成,細胞未分裂時,DNA 與組蛋白纏繞鬆散,就像一團絲狀的網狀物散布於核質中,在顯微鏡下不容易觀察。細胞分裂前 DNA 會進行複製,在分裂的前期染色質會透過彎折與螺旋纏繞得更加緊密,而逐漸變得粗短,形成桿狀的**染色體**。

❸ 核仁

核仁為核質中大小及形狀不規則的緻密團塊 (圖 2-16b),內含核糖體 RNA 及蛋白質,是合成核糖體次單元的地方。

三　核糖體

核糖體是所有生物細胞合成蛋白質的場所。核糖體由大、小兩個次單元組成 (圖 2-17),這二個次單元都是在核仁中製造,當細胞質中要進行轉譯作用時,大、小兩個次單元才會組合成為完整的核糖體,然後將胺基酸以特定的順序連接起來形成蛋白質。

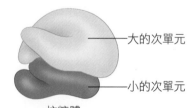

大的次單元

小的次單元

核糖體

圖 2-17 核糖體

四 內質網

內質網 (endoplasmic reticulum；ER) 的膜折疊成扁平囊狀或管狀，一般要在電子顯微鏡下才能觀察。細胞內有些胞器的膜彼此之間會互相連結，或可經由運輸囊將膜的一小部分分離再與其他的膜互相融合，我們將這些彼此可以互相分離或融合的膜看成一個整體，稱為**內膜系統** (endomembrane system)(圖 2-18)，包含核膜、內質網、高基氏體、溶小體、細胞膜及各種囊泡等。

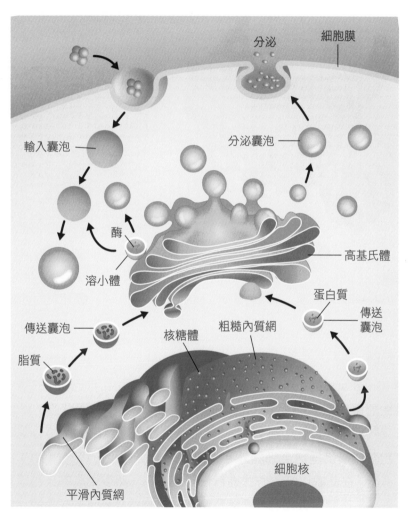

圖 2-18　內膜系統

在運輸或是分泌蛋白質時，許多胞器的膜會分離出運輸囊，而這些運輸囊又可以與其他胞器的膜相融合。

內質網分為兩種（圖 2-19a），**粗糙內質網** (rough endoplasmic reticulum，RER) 的膜上附著許多核糖體（圖 2-19b），這些核糖體主要合成分泌性蛋白質。當蛋白質多胜鏈形成後會被送入粗糙內質網中，並附加上特殊的寡醣，再經由運輸囊送到高基氏體修飾。故在分泌蛋白質的細胞內 RER 含量特別多。**平滑內質網** (smooth endoplasmic reticulum，SER) 呈管狀，膜上不具核糖體，是合成脂質的場所，因此在發育中的種子及動物體內分泌類固醇激素的細胞具有發達的 SER。

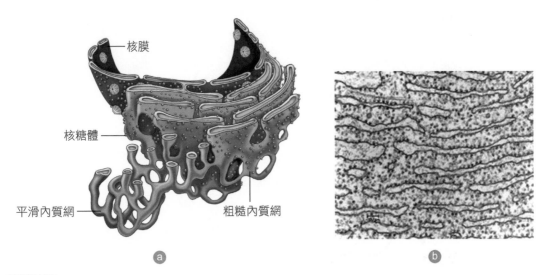

核膜

核糖體

平滑內質網

粗糙內質網

ⓐ

ⓑ

圖 2-19 內質網

ⓐ 粗糙內質網常與核膜外膜相連，平滑內質網又與粗糙內質網相連。ⓑ 粗糙內質網表面附著的核糖體（黑色小顆粒）。

五 高基氏體

高基氏體 (Golgi apparatus) 存在於一般真核生物細胞中，但成熟的精子和紅血球則無。高基氏體由層層的盤狀膜相疊，通常一堆有 8 個或更少，盤狀膜的兩端經常鼓起或形成泡狀，分泌物即貯存於此（圖 2-20）。待細胞欲釋放物質時，可將分泌物移至邊緣的泡狀構造中，包裝成囊泡運送至細胞外。大多數的分泌性蛋白質為醣蛋白，在 RER 中附於蛋白質上的寡醣，在此處以特殊方式進行修剪或延長，然後由高基氏體膜包裝起來移向細胞膜釋出。故高基氏體具有修飾、濃縮及儲存分泌物的功能。一般而言，動物的腺細胞（分泌細胞）內有發達的高基氏體。

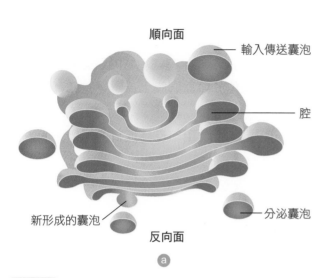

順向面

輸入傳送囊泡

腔

新形成的囊泡

分泌囊泡

反向面

ⓐ

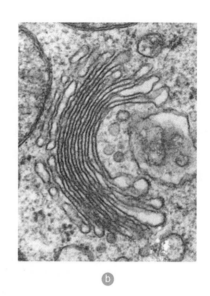

ⓑ

圖 2-20　高基氏體

ⓐ 靠近細胞核與內質網的一面稱為順向面，朝向細胞膜方向的一面稱為反向面。ⓑ 囊狀膜的兩端經常鼓起或成泡狀，可儲存分泌物。

六　粒線體

　　粒線體 (mitochondria) 被稱為細胞能量的供應中心，是能產生 ATP 的胞器。細胞內的化學反應、物質運輸與細胞運動皆需要 ATP 方能進行，因此粒線體在細胞活動中扮演非常重要的角色。

　　粒線體是呈桿狀或橢圓球狀的小體 (圖 2-21)，具有雙層膜，長度約 2 ～ 8 μm。動物細胞粒線體的數量通常比植物細胞多，一個細胞可能含有數十乃至數千個粒線體。消耗能量較多的細胞有較豐富的粒線體，如肌肉細胞、神經細胞及吸收或分泌的細胞。

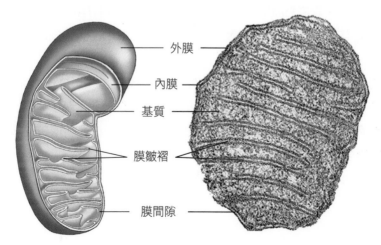

外膜

內膜

基質

膜皺褶

膜間隙

圖 2-21　粒線體由內、外兩層膜組成

七　葉綠體

　　葉綠體是由不含有色素的內外兩層膜包圍而成 (圖 2-22)，是進行光合作用的場所，長度約為 4 ~ 6 μm。**類囊體**是葉綠體內膜往內延伸所形成，有些地方的類囊體會聚集堆疊成餅狀稱為**葉綠餅**。高等植物的光合作用色素皆位於類囊體膜上，常見有四種，即葉綠素 a、葉綠素 b、胡蘿蔔素及葉黃素。

　　類囊體周圍的液態物質稱為**基質** (stroma)，是光合作用暗反應進行的場所。此處能利用光反應產生的化學能將 CO_2 還原成葡萄糖。

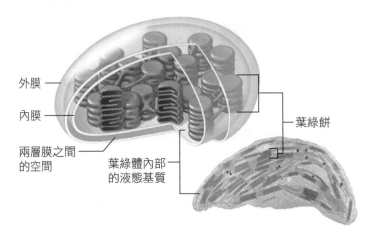

外膜
內膜
兩層膜之間
的空間
葉綠體內部
的液態基質
葉綠餅

圖 2-22　葉綠體由內外兩層膜包圍而成，內含基質與類囊體膜

八　溶小體

　　溶小體 (lysosomes) 通常存在於動物細胞，內含多種水解酶，能分解細胞中的各種大型分子。當細胞失去活性或死亡時，溶小體會將所含的酶釋入細胞質，令細胞自我分解。例如胸腺的退化、衰老細胞的自溶，以及蝌蚪在變態時尾部細胞的消失，都是溶小體的作用。在胚胎發育過程中，手指及腳趾的分化亦是由溶小體做選擇性的溶解，將趾間的組織破壞。

　　當白血球或是變形蟲進行吞噬作用時，外來物會被細胞膜形成的食泡 (food vacuole) 包圍起來，此時溶小體會與之融合，將所含的消化酶釋放到食泡中分解外來物質，這種消化方式稱為**胞內消化** (圖 2-23a)。溶小體亦可瓦解老化或已損壞的胞器，分解後的養份可被細胞吸收再次利用 (圖 2-23b)。

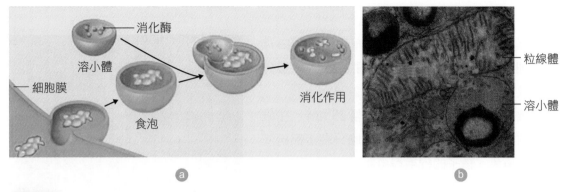

圖 2-23 溶小體的功能

ⓐ 經由細胞膜攝入的食物包在食泡中,溶小體將酶釋入食泡,將大分子物質分解為小分子。ⓑ 溶小體與老化或損壞的粒線體融合,將其分解。

九　過氧化體

　　過氧化體 (peroxisomes) 普遍存在於真核細胞,含有可分解過氧化氫的觸酶 (catalase)。胺基酸與脂肪酸會在過氧化體中進行氧化,氧化過程會產生過氧化氫,過氧化氫對細胞具有毒性,會破壞細胞膜與蛋白質進而殺死細胞,而觸酶可將它分解為水與氧氣,保護細胞免受其害。

　　在植物種子(如花生)細胞中則含有另一種特殊的過氧化體稱為**乙二醛體**,所含的酶有助於將種子內貯存的油脂轉變成糖,以供幼嫩植物生長所需。

十　中心粒

　　中心粒 (centrioles) 位於細胞核附近,存在於大部分的動物細胞及原生生物細胞中,與細胞的有絲分裂有關,高等植物細胞缺乏此構造。每個細胞皆有兩個中心粒,中心粒位於細胞質的一塊緻密區域中,這一區域稱為**中心體** (centrosomes),一個中心體包含兩個中心粒(圖 2-24)。有絲分裂開始時,微管蛋白會在中心體附近開始累積,形成放射狀構造,稱為**星狀體**,而紡錘絲也是由中心體延伸出來。

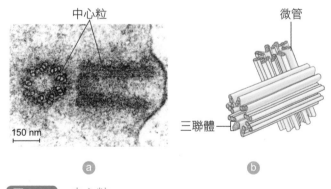

圖 2-24　中心粒

ⓐ 電子顯微鏡下可以觀察到一個中心體由兩個中心粒組成,且兩個中心粒成垂直排列。ⓑ 中心粒的微管排列方式為 9×3。

十一 細胞骨架

真核細胞的細胞質中含有許多絲狀蛋白質稱為**細胞骨架** (cytoskeleton)(圖 2-25)，一般分成：微管、間絲與微絲三類 (圖 2-26)。

微管是一種中空小管，直徑 25 nm，在維持細胞內部結構、細胞運動及細胞分裂上都扮演重要的角色。精子的鞭毛與草履蟲的纖毛皆由微管組成。此外，當動、植物細胞有絲分裂時，微管能形成紡錘絲與紡錘體，幫助染色體向細胞兩極移動。

間絲直徑 10 nm，主要能強化細胞形狀並且固定胞器的位置。

微絲直徑 7 ～ 8 nm，負責細胞內原生質的流動、細胞運動及改變細胞形狀。

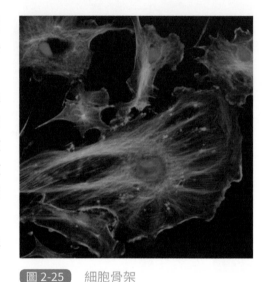

圖 2-25　細胞骨架

螢光顏色顯示不同的絲狀蛋白，綠色代表微管，紅色代表微絲，藍色為細胞核。

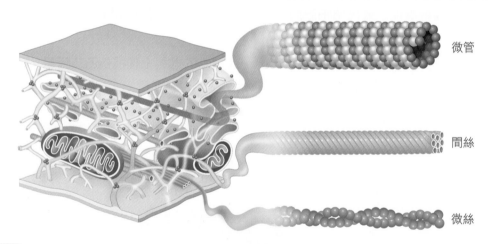

微管

間絲

微絲

圖 2-26　三種細胞骨架的大小

微管是細胞骨架中最粗者，其次為間絲，最細的是微絲。

十二 液泡

液泡 (vacuole) 是由膜圍成的囊狀構造，在植物細胞內液泡常位於中央，占據很大的空間 (圖 2-27a)，其中最主要的成分是水，可維持細胞形狀，並暫時貯存無機鹽類，調節細胞內的 pH 值。在花、葉或果實中的液泡含有**花青素**，花青素在酸性環境下呈現紅或紫色，鹼性環境下呈藍色。有些植物到了秋天，溫度降低，葉綠素分解消失，花青素、胡蘿蔔素、葉黃素等顏色顯露出來，使葉片呈現紅色。

在單細胞生物中也常出現較小型的液泡，例如草履蟲的**伸縮泡** (圖 2-27b) 以及變形蟲和草履蟲的**食泡**。

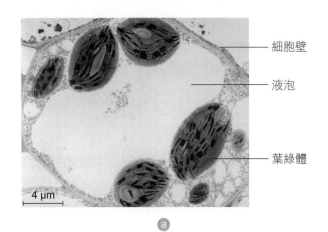

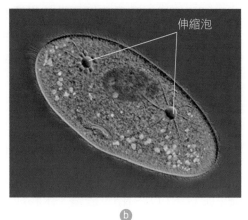

圖 2-27　液泡

ⓐ 高等植物的液泡通常位於細胞中央，胞器與細胞核皆被推擠到細胞邊緣。ⓑ 草履蟲具有兩個伸縮泡，呈輻射狀，可利用主動運輸的方式將細胞中多餘的水分排出。

十三　細胞壁

　　細胞壁通常存在於細菌、原生生物、真菌及植物細胞。大多數細胞壁含有碳水化合物，通常有支持的功能並可抵抗機械壓力。原核生物與真核生物細胞壁的化學組成不同。細菌的細胞壁主要成分是**胜多醣**，真菌的細胞壁由**幾丁質**組成。植物細胞的細胞壁主要成分為**纖維素**，纖維素性韌不易破裂，可維持細胞形狀，有保護及支持的功能。

　　植物細胞在生長時首先會形成較薄的**初級細胞壁**，它含有果膠質與少量纖維素。當細胞完全成長後，有些細胞會繼續分泌含纖維素及木質素成分的**次級細胞壁**。細胞壁在加厚過程中會留下通道，稱為**原生質聯絡絲** (圖 2-28)，可允許物質通過，是細胞間訊息交流的管道。

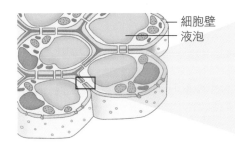

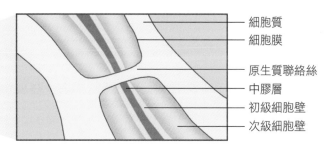

圖 2-28　細胞壁的構造

植物細胞間有提供訊息聯絡的孔道稱為原生質聯絡絲。細胞壁的組成由內而外分別為次級細胞壁、初級細胞壁與中膠層。

2-3 物質通過細胞膜的方式

細胞膜是一種**具有選擇性的半透膜**,這種特性也存在於細胞內各種胞器的膜上。對於本身不容易通過膜的物質則可以藉由膜蛋白來協助運輸,一般而言物質通過細胞膜的機制有擴散作用、滲透作用、促進性擴散、主動運輸、內噬與胞吐作用等。

擴散作用

一般狀態下粒子皆具有動能,因此氣體或液體中的分子都會朝各個方向運動彼此撞擊,最後達到一個最為分散的狀態,稱為**擴散作用** (diffusion)(圖 2-29)。在人體中,氣體 (如 O_2、CO_2、N_2)、酒精、水和尿素皆容易通過細胞膜,這種不需要膜蛋白協助的運輸方式稱為**簡單擴散**,最終可使膜兩側的物質濃度相等。

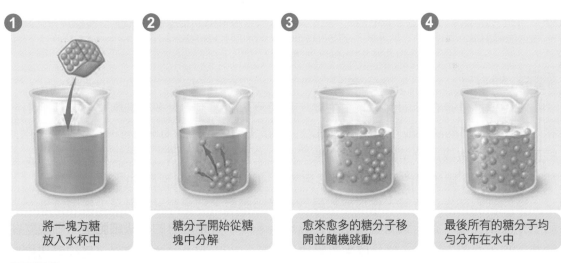

❶	❷	❸	❹
將一塊方糖放入水杯中	糖分子開始從糖塊中分解	愈來愈多的糖分子移開並隨機跳動	最後所有的糖分子均勻分布在水中

圖 2-29　擴散作用

糖塊放入水中,糖分子溶解並開始擴散,經過一段時間後糖分子均勻分散於水中。

滲透作用

　　滲透作用 (osmosis) 是一種特別的擴散作用，專指水通過細胞膜的運動。透過半透膜，水分子由濃度高處向水分子濃度低的區域移動稱為滲透作用。當滲透作用進行時，高濃度溶質的一端會施加壓力阻止低濃度溶質一端的水滲透過來，稱為滲透壓。

　　將細胞置於特定濃度的溶液中，如果溶液的滲透壓和細胞的滲透壓相等，水分進出細胞的速度相同，細胞不膨脹也不萎縮，此種溶液就稱為**等張溶液** (圖 2-30a)。將人類的紅血球放在 0.9% NaC1 溶液中，它既不萎縮也不膨脹，故 0.9% NaC1 溶液稱為生理鹽水。

　　若外界溶液的溶質濃度較稀 (也就是水分子濃度較高)，水分子會經滲透作用進入細胞內，造成細胞膨脹甚至破裂，則此溶液稱為**低張溶液** (圖 2-30b)。

　　細胞置於溶質濃度較高的溶液中，水分自細胞向外滲出，細胞發生萎縮以致脫水死亡。這種溶液對細胞而言稱為**高張溶液** (圖 2-30c)。這就是細菌在高濃度鹽溶液或糖溶液中無法存活的原因。若將植物細胞置於高張溶液中，可發現細胞質與細胞壁分離的現象，稱為**質壁分離**。

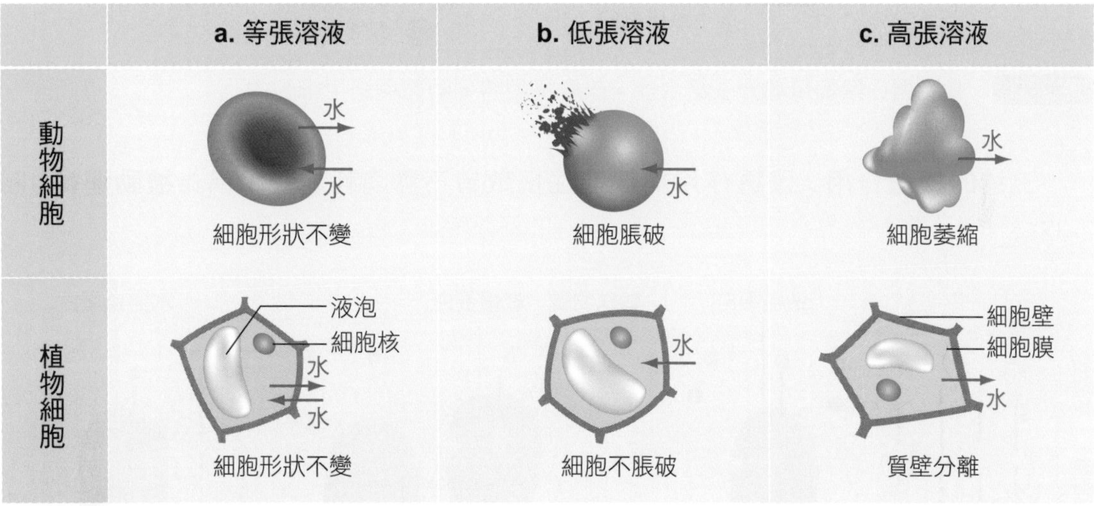

a. 等張溶液	b. 低張溶液	c. 高張溶液
動物細胞		
細胞形狀不變	細胞脹破	細胞萎縮
植物細胞		
細胞形狀不變	細胞不脹破	質壁分離

圖 2-30　動、植物細胞的滲透作用

ⓐ 將細胞放在等張溶液中，水進出細胞的趨勢相等，因此細胞未發生變化。ⓑ 將細胞放入低張溶液，動物細胞膨脹或破裂；植物細胞因有細胞壁不會破裂，但也會膨脹。ⓒ 將細胞放入高張溶液中，細胞質失去水分而萎縮；在植物細胞可觀察到質壁分離的現象。

促進性擴散

促進性擴散 (facilitated diffusion) 必須藉由膜上之通道蛋白或載體蛋白完成，物質順著濃度梯度由高濃度往低濃度方向移動，不消耗能量，但速度比簡單擴散更快。絕大多數通道蛋白都是屬於離子專用的通道，如鉀離子通道、鈉離子通道等。細胞膜上有各種的離子通道，可以控管離子進出細胞。

載體蛋白與通道蛋白的差異在於這類蛋白會與所運送物質相結合，兩者之間也具有專一性，例如葡萄糖會先與載體蛋白結合，再依照濃度梯度方向移動 (圖 2-31)。

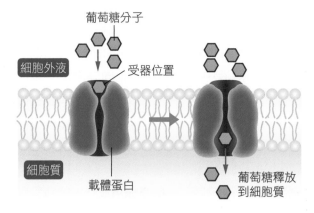

圖 2-31　載體蛋白與葡萄糖分子結合後，改變構型將葡萄糖運送至細胞內

上述的擴散作用、滲透作用與促進性擴散皆不需消耗能量，稱為**被動運輸** (圖 2-32)。

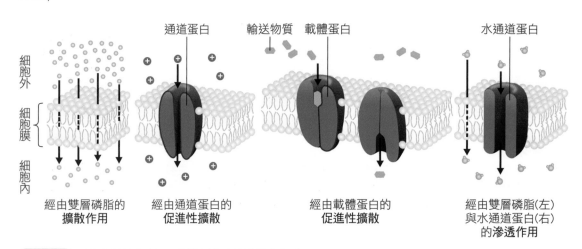

圖 2-32　被動運輸是指不需消耗能量的運輸方式

主動運輸

　　細胞可以利用能量，將物質由低濃度往高濃度方向運送，這種運輸違反濃度梯度的運輸方式即稱之為**主動運輸** (active transport)，它是一種具有高度專一性的運輸方式。有一種重要的主動運輸發生在神經及肌肉細胞的細胞膜上，是由**鈉鉀幫浦** (Na$^+$-K$^+$ pump) 所負責的 (圖 2-33)。鈉鉀幫浦可利用 ATP 作為能量來源改變它的構型，將細胞膜內的鈉離子送出膜外，將膜外的鉀離子送至膜內，這對維持神經細胞的靜止膜電位非常重要。

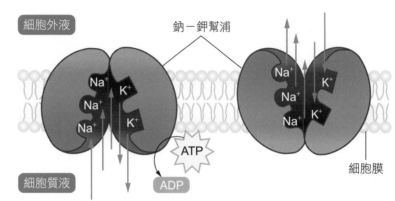

圖 2-33　鈉鉀幫浦

神經細胞膜上的鈉鉀幫浦可利用 ATP 改變構型，將三個鈉離子送往細胞膜外，將兩個鉀離子送入細胞膜內。

內噬與胞吐作用

　　內噬作用又分為**吞噬作用** (phagocytosis) 與**胞飲作用** (pinocytosis)。白血球或是變形蟲可藉由吞噬作用攝食較大的顆粒性食物。以變形蟲的吞噬作用為例，細胞將原生質向外延伸成偽足，偽足可將食物包圍起來形成食泡，之後細胞將消化酶釋放到食泡中，等到顆粒性食物被分解成小分子養分後即可為細胞吸收 (圖 2-34a)。

　　胞飲作用是由細胞膜向內凹褶形成食泡，例如：草履蟲可進行胞飲作用，在形成食泡時，細胞周圍的水以及溶解於水中的小分子營養物質會一同包進食泡中，之後營養物質會慢慢由細胞質吸收，而食泡本身也逐漸變小、消失 (圖 2-34b)。

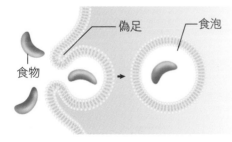

ⓐ 吞噬作用

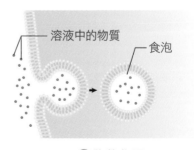

ⓑ 胞飲作用

圖 2-34　二種內噬作用

　　若細胞欲將物質釋出時，會將該物質包裹在運輸囊泡中，囊泡逐漸靠近細胞膜並與之融合，將物質釋出細胞外，稱之為**胞吐作用** (exocytosis)(圖 2-35)。細胞可以此方式分泌酶、激素或排出廢物。

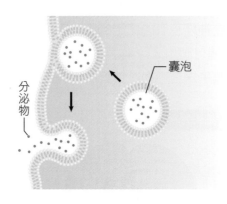

囊泡

分泌物

圖 2-35　胞吐作用

運輸囊向細胞膜的方向移動並與之融合，將囊內的物質運送到細胞外。

本章重點

2-1 細胞的組成分子

① 生物體的最基本組成為細胞,而細胞是由原生質所構成。原生質的組成複雜,各種有機與無機化合物。有機化合物包含醣類、蛋白質、脂質、核酸等;無機物則包括水、無機鹽及各種元素。

② 醣類是生物體內提供能量的主要來源,可分為單醣、雙醣與多醣。

　① 單醣是最簡單的醣類,其通式為 $(CH_2O)_n$ 故亦稱為碳水化合物。最常見的單醣為葡萄糖、果糖、半乳糖,這三種糖有相同的原子組成,但它們化學結構中原子的排列卻不同,稱之為異構物。

　② 兩分子之單醣接合時,會失去一分子水,形成雙醣,此種接合過程會脫去一分子水的反應稱為脫水合成。相反的,雙醣也可加入一分子水將它分解為二個單醣,此種過程稱之為水解。

　③ 日常生活中常見的雙醣有三種:麥芽糖、蔗糖、乳糖,麥芽糖是由兩分子葡萄糖結合而成;蔗糖是一分子的葡萄糖和一分子的果糖結合而成;乳糖是由一分子葡萄糖與一分子半乳糖結合而成。

　④ 常見的多醣有澱粉、肝醣、纖維素三種,它們都是由許多葡萄糖單體脫水合成。

　⑤ 澱粉是由葡萄糖單體聚合成的長鏈,也是植物儲存多醣的方式,當植物需要能量時澱粉可轉化為單醣,成為提供植物能量的來源。

⑥ 肝醣也是葡萄糖聚合體,動物過剩的葡萄糖會以肝醣形式儲存肝細胞與肌肉細胞。

⑦ 纖維素是植物細胞壁重要組成分子,它是葡萄糖所形成。人體雖然無法消化纖維素,但是纖維素通過消化道時會刺激腸內襯細胞分泌黏液,有助腸道健康。

③ 蛋白質是由胺基酸所形成的聚合物,蛋白質在細胞中含量約 15%,為生物體內含量最多且最重要的有機物。

④ 脂質屬於非極性的化合物,不溶於水,包括中性脂肪、磷脂、類固醇、脂溶性維生素與蠟等。

　① 一分子甘油與三分子脂肪酸可形成一分子中性脂肪。中性脂肪的碳氫長鏈中,若碳與碳之間的鍵結全為單鍵稱為飽和脂肪酸,若碳與碳之間含有一個以上的雙鍵則稱為不飽和脂肪酸。

　② 磷脂質是構成動植物細胞膜系的主要成分,包括細胞膜、核膜及各種膜系胞器皆由磷脂組成。

⑤ 核酸包括去氧核糖核酸 (DNA) 與核糖核酸 (RNA) 兩種。構成核酸的單位是核苷酸,核酸是由含氮鹼基、五碳醣和磷酸根所組成。

　① DNA 與 RNA 的組成有兩點不同:(1) 在 DNA 中的五碳醣是去氧核糖;在 RNA 中為核糖。(2) DNA 中含氮鹼基有 A、T、C、G 四種;在 RNA 中為 A、U、C、G 四種。

② DNA 主要存在於細胞核的染色體內，是所有生物的遺傳物質，DNA 上的基因可控制與蛋白質的合成，RNA 皆由 DNA 轉錄而來且參與合成蛋白質的轉譯作用。

❻ 人體內大約 70% 是水，是細胞內含量最多的無機物。水尚有其他重要的特性：

① 水是最佳溶劑：水因為具有形成氫鍵的能力，細胞中大部分物質皆溶在水中，許多化學反應必須在水中方能進行。

② 水具有較高的吸熱和放熱的能力，具有調節體溫的作用，生物體可藉此抵抗外界環境劇烈的溫度變化。

③ 氫鍵會將水分子凝聚在一起，這種凝聚力稱為內聚力。

④ pH 值與緩衝液：H^+ 與 OH^- 濃度的大小，可決定溶液的酸鹼值，而純水中 H^+ 與 OH^- 之濃度相等，所以水為中性。

❼ 生物體中無機鹽種類很多，約占重量的 1%，每一種都具有特殊的生理功能。

2-2 細胞的構造

❶ 原核細胞與真核細胞：

① 原核細胞包括細菌與藍綠藻，為較原始的細胞，這類細胞多數具有細胞壁，缺少細胞核及膜狀的胞器，細胞體積較小。

② 一般動、植物細胞皆屬於真核細胞，體積較原核細胞大，構造複雜，具有細胞核及各種由膜組成的胞器。

❷ 細胞的發現與細胞學說：

① 英國科學家虎克以顯微鏡觀察植物和動物組織，並於 1665 年發表顯微圖譜。

② 細胞學說是由許來登與許旺共同提出，主要重點如下：(1) 所有生物皆由一個或多個細胞所組成。(2) 細胞是生物體結構與組成的基本單位。

③ 細胞是生物體構造上的基本單位，同時也是功能單位。

❸ 細胞是藉著細胞膜與外界區隔開來，細胞膜可調節物質的進出並維持細胞內部的恆定，而植物細胞之細胞膜外尚有一層細胞壁。

❹ 細胞膜是雙層磷脂構成，膽固醇、醣脂質與各種蛋白質則穿插其間。細胞膜上的蛋白質能在細胞膜上移動，這種結構就是最被廣為接受的流體鑲嵌模型。

❺ 細胞核是細胞的生命中樞，含有染色體與遺傳基因，控制細胞的生化反應。細胞核包含核膜、核質、染色體和核仁等部分。

① 核膜由雙層膜組成，可以調節物質的進出。核膜上有許多由多種蛋白質組成的小孔稱為核孔。

② 染色質是由 DNA 與組蛋白纏繞而成，細胞未分裂時，DNA 與組蛋白纏繞鬆散，在顯微鏡下不容易觀察。細胞分裂前期，染色質會透過彎折與螺旋纏繞得更加緊密，而逐漸變得粗短，形成染色體。

③ 核仁為核質中大小及形狀不規則的緻密團塊,主要是由核糖體 RNA 及蛋白質組成。

⑥ 核糖體是所有生物細胞合成蛋白質的場所,由大、小兩個次單元組成。

⑦ 細胞內有些胞器的膜彼此互相連結,或可經由運輸囊將膜的一小部分分離再與其它的膜互相融合,這些彼此可以互相分離或融合的膜看成一個整體,稱為內膜系統,包含核膜、內質網、高基氏體、溶小體、細胞膜等。

⑧ 內質網分為兩種,粗糙內質網的膜上附著許多核糖體,這些核糖體主要合成分泌性蛋白質;平滑內質網是合成脂質的場所。

⑨ 高基氏體具有修飾、濃縮及儲存分泌物的功能。

⑩ 粒線體與葉綠體皆是細胞中能進行能量轉換產生 ATP 的胞器,而粒線體更被稱為細胞能量的供應中心。

⑪ 葉綠體內含光合作用色素,是進行光合作用的場所。高等植物的光合作用色素有葉綠素 a、葉綠素 b、胡蘿蔔素及葉黃素等。

⑫ 溶小體通常存在於動物細胞,內含多種水解酶,能分解細胞中的各種大型分子。

⑬ 中心粒存在於大部分的動物細胞及原生生物細胞中,與細胞的有絲分裂有關。

⑭ 細胞骨架可維持細胞架構、促進細胞運動、促進細胞質內物質的運輸以及固定胞器的位置等。細胞骨架可分成微管、間絲與微絲等三種。

⑮ 液泡在植物細胞內常位於中央,最主要的成分是水,可維持細胞形狀,並暫時貯存無機鹽類,調節細胞 pH 值。

⑯ 細胞壁通常存在於細菌、原生生物、真菌及植物細胞。細菌的細胞壁主要成分是胜多醣,真菌的細胞壁由幾丁質組成,植物細胞的細胞壁主要成分為纖維素。

2-3 物質通過細胞膜的方式

① 物質通過細胞膜的機制有擴散作用、滲透作用、促進性擴散、主動運輸、內噬與胞吐作用等。

② 分子或離子在溶劑中由高濃度處向低濃度處分散,最後達分布均勻,此一現象稱為擴散作用。在人體中,氣體、酒精、水和尿素皆以簡單擴散通過細胞膜。

③ 透過半透膜,水分子由濃度高處向水分子濃度低的區域移動稱為滲透作用。

　① 若溶液的滲透壓和細胞的滲透壓相等,水分進出細胞的速度相同,細胞不膨脹也不萎縮,此種溶液就稱為等張溶液。

　② 細胞置於溶質濃度較低的溶液中,水分子會經滲透作用進入細胞內,造成細胞膨脹甚至破裂,此溶液稱為低張溶液。

③ 細胞置於溶質濃度較高的溶液中，水分自細胞向外滲出，細胞發生萎縮以致脫水死亡。此溶液對細胞而言稱為高張溶液。

④ 促進性擴散必須藉由膜上之通道蛋白或載體蛋白完成，物質順著濃度梯度由高濃度往低濃度方向移動，不消耗能量。

⑤ 細胞內有些物質的濃度經常比周圍環境高出許多，細胞還可以利用能量，吸收或者排除特定的物質，稱為主動運輸。

⑥ 內噬作用又分為吞噬作用與胞飲作用兩種。

⑦ 細胞可藉胞吐作用分泌激素或排出廢物。

Chapter 3
生物的分類與
生物多樣性

THE CLASSIFICATION AND
DIVERSITY OF ORGANISMS

模式標本

地球上有數千萬種不同的生物體,為了探究這些生物體,必須為牠們命名,就像每個人都有名字一樣。隨著命名的物種愈來愈多,生物學家想辦法將牠們分門別類,依照不同層級來分群,稱為分類 (classification),而鑑定與命名生物體的分支科學稱為分類學 (taxonomy)。

當分類學家要發表一個新物種並為其命名時,必須依據一件正式的採集標本,這個標本就稱為模式標本 (holotype) 或正模標本,這個標本所描述的形態、特徵將來就會成為鑑定這個物種的依據。有關模式標本的所有規範皆依循「國際動物命名法規」,標本的各項資料,例如採集號、標本號、採集地點及標本收藏處,都會在文獻中註明。

模式標本代表了一個物種的構成要素,包含該種的典型特徵,有助於物種辨別,尤其是早年發表的物種,在特徵記述上通常十分精簡,往往無法充分呈現物種的形象,因此須依賴模式標本以鑑定物種。模式標本同時也是學名變動的比對標準,在發現新紀錄或懷疑是否為新種時,比對模式標本更是分類學必要的過程。

模式標本的重要性:

① 模式標本是獨一無二的,世界上每個品種只有一個相應的模式標本 (通常是主模式標本)。

② 模式標本在標本館中是最具價值的藏品。當某物種在不同作者的描述下存在差異,或在識別新的標本時,模式標本是最重要的參考。

③ 模式標本是永久的紀錄。

模式標本

3-1 生物的分類

最早為生物體進行分類的是 2000 多年前的希臘哲學家亞里士多德 (Aristotle)，他將生物分為植物和動物，動物又分成陸生、水生與空中生活的種類，植物也分三類。直到 1750 年左右，瑞典生物學家林奈 (Carolus Linnaeus，1707 ～ 1778) 提出**二名法**，解決了生物命名和分類的問題。除了二名法，林奈也建立了生物分類系統，被稱為分類學之父。

生物的命名與分類系統

　　生物的名稱可分為兩大類，即俗名和學名。俗名為某一地區一般通用的名稱，所以，若同一種動植物生長於不同國家或地區者，俗名往往也不相同。林奈提出「二名法」，取分類層級的「屬名」加上「種名」成為正式「學名」，此種生物學名便成為後來國際上通用之命名法。二名法有以下幾點特性：

1. 生物之學名以「拉丁文」或「拉丁化希臘文」記載。
2. 學名分成三大部分，即「屬名」+「種名」+「命名者」。通常命名者隱藏不寫。
3. 屬名第一個字大寫，學名書寫時要以斜體字或劃底線表示。
4. 生物體之發現者有命名優先權，即命名者提出之「適當名稱」為正式學名，而其他名稱則不予採用。

　　林奈對分類學的另一貢獻是建立七個生物分類階層，依序為：界－門－綱－目－科－屬－種，放在愈下方階層中的物種，擁有愈多共同的特徵。

　　目前對於「種」的定義，是「一個生物族群，他們在構造和功能上相同，有相同的祖先，在自然狀態下可交配而繁衍後代，且後代具有生殖力，稱為同種」。不同物種之間無法交配、交配後無法產生後代、或者產生了後代卻無生育力等，這些現象就是所謂的生殖隔離。

圖 3-1　由左到右分別為眼鏡蛇 (*Naja atra*)、家貓 (*Felis silvestris*)、大山貓 (*Felis lynx*)、臺灣獼猴 (*Macaca cyclopis*)。

階層	眼鏡蛇	家貓	大山貓	臺灣獼猴	人類
界	動物界 (Animalia)				
門	脊索動物門 (Chordata)				
亞門	脊椎動物亞門 (Vertebrata)				
綱	爬蟲類 (Reptilia)	哺乳綱 (Mamalia)			
目	有鱗目 (Squamata)	食肉目 (Carnivora)		靈長目 (Primates)	
科	蝙蝠蛇科 (Elapidae)	貓科 (Felidae)		獼猴科 (Cercopithecidae)	人科 (Hominidae)
屬	眼睛蛇屬 (Naja)	貓屬 (Felis)		獼猴屬 (Macaca)	人屬 (Homo)
種	眼鏡蛇 (atra)	家貓 (silvestris)	大山貓 (lynx)	臺灣獼猴 (cyclopis)	人種 (sapiens)
命名者	Cantor	Schreber		Swinhoe	Linnaeus

表 3-1　生物分類表 (擷取部分)。由本表您知道如何寫出學名嗎？

3-2 生物多樣性

在 1969 年以前，生物學家將有細胞壁的生物歸在植物界，沒有細胞壁的歸在動物界。1969 年惠特克 (Whittaker) 依據細胞形態、營養、生殖及運動方式等差異將生物重新分成五個界，目前已被多數生物學家所接受。此五界為**原核生物界** (Monera)、**原生生物界** (Protista)、**真菌界** (Fungi)、**動物界** (Animalia) 和**植物界** (Plantae)。

病毒—生物界邊緣的物體

一　病毒的發現

　　1892 年，俄國植物學家伊凡諾斯基 (Dimitri lvanovsky)，壓取患有煙草嵌紋病植物的液汁，用精細的瓷濾器濾過，此時如有細菌則不能通過瓷濾器上的小孔，故濾過的液

體應為無菌的濾液。然而，將此濾液塗於無病的煙葉上，結果健康的煙葉不久出現嵌紋病。這種比細菌還要小的感染物，稱為**病毒** (virus)，拉丁字義為「毒物」。

　　之後科學家也發現病毒必須在活的寄主細胞內方能繁殖，為絕對寄生，它缺乏獨立生活所必需的酶，須依賴寄主細胞內的酶系方能表現生命的特徵。

二　病毒的形狀與構造

　　病毒體積微小，一般介於 15 ～ 680 nm 之間，需在電子顯微鏡下方能見到。通常呈螺旋狀、多面體或二者的組合型。如：菸草嵌紋病毒的蛋白質外殼就是一空心的螺旋狀 (圖 3-2a)；脊髓灰質炎病毒是一正 20 面體 (圖 3-2b)；噬菌體則是二者的組合型 (圖 3-2d)；流行性感冒病毒 (influenza virus) 亦為螺旋狀，在其蛋白質外殼之外，尚覆一層脂質被膜 (lipid envelope)(圖 3-2c)。

　　病毒為非細胞的感染原，構造簡單，由核酸的中心和蛋白質外殼兩部分構成，有些病毒在蛋白質外殼之外尚覆一層脂質的被膜，例如流行性感冒病毒及人類後天免疫系統缺乏症侯群的病毒 (HIV)。若病毒的核酸為 DNA 者，稱為 DNA 病毒，若為 RNA 者則稱為 RNA 病毒，到目前為止尚未發現兩種核酸並存的病毒。

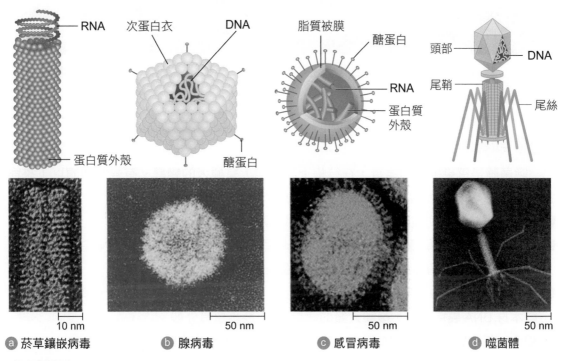

ⓐ 菸草鑲嵌病毒　　ⓑ 腺病毒　　ⓒ 感冒病毒　　ⓓ 噬菌體

圖 3-2　病毒的形狀與構造

ⓐ 螺旋狀病毒。ⓑ 多面體型病毒。ⓒ 螺旋狀病毒並覆有一層脂質被膜。ⓓ 組合型病毒。

三　病毒的種類

病毒可依其寄主生物而分為：

1. **細菌病毒** (bacterial viruses)，如噬菌體。
2. **植物病毒** (plant viruses)，如菸草嵌紋病毒。
3. **動物病毒** (animal viruses)，如小兒麻痺病毒。

病毒引起的植物疾病有煙草嵌紋病、甘蔗的矮化症；在人類則有黃熱病、流行性感冒、脊髓灰質炎—即俗稱的小兒麻痺、普通感冒、麻疹、流行性腮腺炎、A型肝炎、泡疹、水痘、狂犬病、日本腦炎等。一般來說，病毒與宿主之間具有專一性，但在罕有情況下，會跨越物種障礙而產生感染。

ⓐ 煙草上的煙草花葉病毒症狀

ⓑ 辣椒植物受捲葉病毒侵害

圖 3-3　植物疾病

四　病毒的生殖與遺傳

噬菌體是感染細菌的病毒，在結構上和功能上有極大的變異。有些噬菌體以 T 來命名，如：T1、T2 等。當噬菌體入侵細菌時，有幾個共同步驟：

1. **附著**：噬菌體遇到細菌時，以其尾部的微絲附著在細菌的細胞壁上。
2. **穿透**：將其所含的溶菌酶溶解細胞壁，此時尾部收縮，將頭部所含的 DNA 注入細菌內，而把蛋白質外殼留在外面，此一過程不超過一分鐘。
3. **複製**：注入的 DNA 控制了細菌的生化活動，然後利用寄主的核糖體、酵素系統和一些本身 DNA 製造的酶，複製大量的病毒 DNA 及蛋白質外殼。
4. **組合**：將複製的病毒 DNA 與蛋白質外殼加以組合，產生完整的新病毒。
5. **釋放**：病毒產生的溶菌酶能瓦解寄主細胞壁，細菌的細胞破裂後釋出新的噬菌體。從噬菌體附著至釋放約需 30 分鐘，釋出的噬菌體又會再一次感染新細菌，週而復始，稱作**溶菌週期** (圖 3-4)。

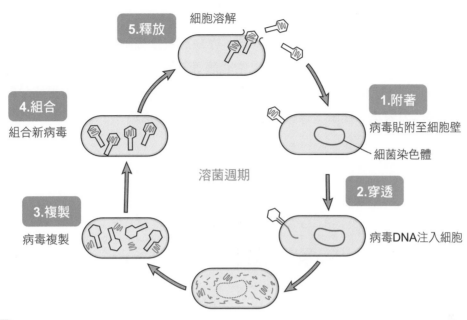

圖 3-4　溶菌週期

原核生物界

　　細菌是地球上生存年代最久的生命形式，也是最簡單的細胞，不論在水中、土壤、空氣，以及生物的體內外都有細菌存在；是所有生物中數量最多的一類。細菌與藍綠細菌類似，皆有胜多醣組成的細胞壁，並缺少細胞核，故將二者列入原核生物。

一　細菌的形狀、構造

❶ 形狀與大小

　　以複式顯微鏡觀察細菌，長度為 1 ～ 10 μm。根據其形態分為**球菌**、**桿菌**和**螺旋菌** (圖 3-5)。細菌有的單獨存在，有的在細胞分裂後仍不分離，成為菌落 (colony)。有些桿菌連接成鏈，稱為鏈桿菌。某些球菌會一個個連接如念珠狀，例如乳酸鏈球菌，可使牛奶變酸，即歐洲人所嗜飲的酸牛奶。另一些球菌會聚集像一串葡萄，稱為葡萄球菌。

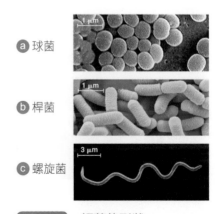

ⓐ 球菌

ⓑ 桿菌

ⓒ 螺旋菌

圖 3-5　細菌的形狀

❷ 細菌的構造

　　細菌是單細胞生物，缺少完整的細胞核，亦缺乏真核細胞的多種胞器，如粒線體、內質網、高基氏體、溶小體、過氧小體、中心體等 (圖 3-6)。雖無細胞核，但卻有環狀的 DNA，與蛋白質構成簡單之染色體。細菌分裂時，DNA 會複製，然後平均分配到兩個子細胞，稱為**二分裂法**。球菌、桿菌多具鞭毛，為其運動構造。

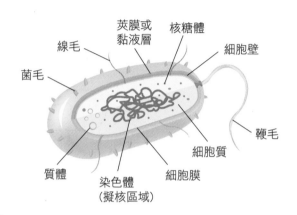

圖 3-6　細菌的構造

　　細菌的細胞壁是由**胜多醣** (peptidoglycan) 組成，有些細菌之細胞壁外具有保護性之**莢膜** (capsule)，可抵抗寄主白血球之吞食。例如肺炎球菌，有莢膜的肺炎球菌對於寄主免疫系統有抵抗力，足以使人致病，而無莢膜者則不能。

　　丹麥物理學家克利斯汀・格蘭 (Hans Christian Gram) 依據細菌細胞壁染色特性可將細菌分成兩大類：一為**格蘭氏陽性菌** (G(+))，另一為**格蘭氏陰性菌** (G(–))。G(+) 的細胞壁主要由胜多醣構成，比 G(–) 厚，以結晶紫染色後，呈藍紫色。而 G(–) 的細胞壁之外層為脂蛋白和脂多醣組成，裡層則為一層較薄的胜多醣，在格蘭氏染法中呈現粉紅色 (圖 3-7)。

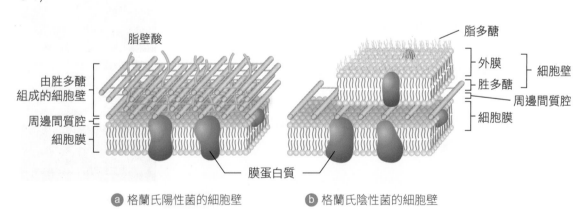

ⓐ 格蘭氏陽性菌的細胞壁　　ⓑ 格蘭氏陰性菌的細胞壁

圖 3-7　細菌的細胞壁構造

❸ 細菌的內孢子

　　有些細菌，可產生具有高度抵抗力之**內孢子**用以渡過不良環境。內孢子是由細胞質濃縮形成一層外被，將 DNA 與少量細胞質包圍，此時細菌處於休眠狀態 (圖 3-8)。環境適宜時，內孢子吸水突破內壁，形成一有活力的細菌，但數日並未增加，因此並非生殖。

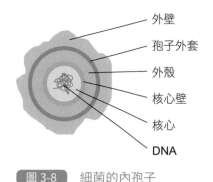

外壁
孢子外套
外殼
核心壁
核心
DNA

圖 3-8　細菌的內孢子

二　細菌的呼吸

❶ **需氧菌**：大部分細菌要利用氧氣行呼吸作用，此類菌稱為需氧菌，如：白喉桿菌、肺炎桿菌，必需生存於氧氣充足的器官上。

❷ **絕對厭氧菌**：必需生活在無氧環境中，遇氧不能生長甚至死亡，細菌能在無氧環境中分解碳水化合物及胺基酸取得能量，進行生長繁殖。如：破傷風桿菌，能在空氣無法接觸的傷口深處迅速繁殖。

❸ **兼性厭氧菌**：不論氧氣的存在與否，皆能正常生長，這類細菌的種類很多，如：大腸桿菌。

原生生物界

　　原生生物界並無明顯的定義，主要是將動物界、植物界及真菌界中構造較為簡單或難以區分之種類納入此界，分成藻類、原生動物類、原生菌類。

一　藻類

　　藻類一般被認為是最原始、結構最簡單的植物，沒有維管束組織，也沒有真正的根、莖、葉的分化；不會開花，不會結果；所形成之受精卵或幼小個體也無任何母體的保護，屬於「無胚胎」植物。原生生物界中的藻類有裸藻門、甲藻門、金黃藻門、紅藻門、綠藻門和褐藻門。

　　藻類的分布與水脫不了關係，分布於海洋、湖泊、河流、溝渠等地，有些生長於潮溼的地面、岩壁、樹幹及葉面。而藻類的大小、造形和色彩隨種類不同有很大的變化，大部分的藻類極微小，需用顯微鏡才能看到，但褐藻的部分種類可長達數十公尺。

1 綠藻

　　綠藻主要分布於淡水，部分綠藻分布於海水，在演化上與植物的親緣關係最為接近。目前推測綠色植物可能演化自綠藻，主要因其構造和生物化學特性與植物相近，包括：① 綠藻的細胞壁主要由纖維素構成。② 綠藻含有葉綠素 a、b，與高等植物相同。③ 綠藻儲存的多醣類是澱粉。

　　綠藻的型態很多，例如有單細胞的單胞藻與新月藻、單細胞群體型的大團藻 (圖 3-9a)、絲狀的綠藻，例如水綿 (圖 3-9b)，亦有薄膜狀的綠藻，例如石蓴等。

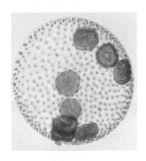
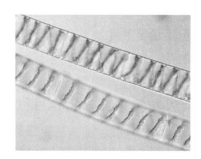

ⓐ 大團藻　　　　　　　　　　　ⓑ 水綿

圖 3-9　各種綠藻

2 裸藻

　　裸藻是不具細胞壁的單細胞藻類，大多數為淡水生，具有與植物細胞相似的葉綠體。細胞一端有鞭毛，可自由運動，前端具有一個眼點，可以感光。裸藻又稱為眼蟲 (圖 3-10)，具有許多與原生動物相似的特徵，被視為動、植物的共同祖先。

3 甲藻

　　甲藻又稱雙鞭毛藻 (圖 3-11a)，生活於淡水和海水，細胞的側邊及後方各具有一條鞭毛。大多數甲藻可行光合作用，是浮游生物的主要成員之一。甲藻大量繁殖時，可使海水變成紅棕色，稱為「紅潮」(圖 3-11b)。有些甲藻會產生毒素，往往導致貝類、魚類、以魚類為食的鳥類中毒死亡，人類若誤食富含毒素的魚貝類，亦會中毒。

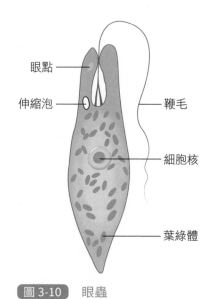

眼點
伸縮泡
鞭毛
細胞核
葉綠體

圖 3-10　眼蟲

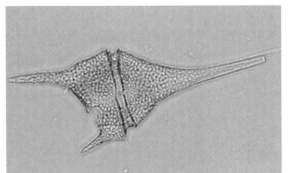

ⓐ 角甲藻　　　　　　　　　　　　ⓑ 紅潮

圖 3-11　甲藻

④ 金黃藻

　　常見的金黃藻是矽藻 (圖 3-12)，矽藻的矽質外殼分為上殼和下殼，二者互相套合，外形有如肥皂盒，在海水或淡水中數量眾多，是浮游生物的主要成員。矽藻死亡後，留下多孔、含矽質的外殼，堆積成「矽藻土」(圖 3-12c)，在工業上可供做絕緣物、研磨粉，牙膏、塗料中也含有矽藻土，極富經濟價值。

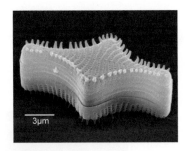

ⓐ 矽藻具有多孔、含矽質的外殼　　ⓑ 各種矽藻　　　　　　ⓒ 矽藻土

圖 3-12　矽藻

⑤ 紅藻

　　大多數紅藻 (圖 3-13) 為多細胞藻類，例如紫菜、石花菜，主要分布於溫暖的海洋中。含有葉綠素和藻紅素，有些色素可吸收透到深海的藍光和藍綠光，因此紅藻可以生活在較深的海域。細胞壁富含黏性物質，可以用來提煉「洋菜」，可直接食用或做為食品、化妝品的的添加劑，用途十分廣泛。

圖 3-13　紅藻

⑥ 褐藻

　　褐藻為黃褐色的多細胞藻類，生活於海水中。體型大的褐藻則可長達數十公尺 (圖 3-14)。

　　褐藻的個體特化出固著器、柄、葉狀部，固著器可令其固定在海底岩床。部分褐藻可供食用，例如昆布。褐藻的抽出物「藻膠」可做為增稠劑、乳化劑、懸浮劑，常用於製作冰淇淋、布丁、面霜、軟糖。

二　原生動物

　　原生動物主要包含一些異營性生物，這些生物以細菌、其他原生生物或一些有機碎屑為食，亦有一些是以寄生為主。依運動方式分成五個門 (表 3-2)。

圖 3-14　褐藻

表 3-2　原生動物

門	特徵	例子	
鞭毛蟲門 (Flagellates)	用鞭毛運動 大多為寄生 有些具有葉綠體	錐蟲 Trypanosoma 一非洲昏睡症 白蟻腸道 Trichonympha	
肉足蟲門 (Sarcodina)	用偽足運動 有些有複雜的殼 掠食性與寄生性	赤痢阿米巴 Entamoeba 太陽蟲 Actinophrys	
纖毛蟲門 (Clilata)	體表披覆纖毛 掠食性	草履蟲 *Paramecium caudatum* 喇叭蟲 Stentor	

吸管蟲門 (Suctoria)	成蟲無纖毛 掠食性	吸管蟲 Suctorians	
孢子蟲門 (Sporozoa)	無運動器官 絕對寄生性	瘧疾原蟲 Plasmodium	

三 原生菌類

　　原生菌類主要為黏菌和水黴菌，形態與真菌相似。黏菌大多生長於陰溼的土壤、枯木、腐葉或其他有機物上 (圖 3-15)。其生活史主要可以分成變形體 (plasmodium) 和子實體 (fruiting body) 兩階段。在變形體階段，黏菌的個體為一團多核沒有細胞壁的原生質，無固定形狀，在陰溼的環境可由體表伸出偽足進行移動並攝取食物。當環境乾燥時，變形體逐漸發育成有細胞壁的子實體，子實體頂端有孢子囊，當孢子落到適

圖 3-15　黏菌

當的環境時，便會萌發形成配子，正負兩種配子互相結合成為合子，合子最再次生長為多核的變形體。

真菌界

　　真菌無葉綠素，不能自製養分，但可由細胞膜吸收外界之養分。多數菌體由菌絲構成，以孢子繁殖，行寄生或腐生的異營生活。目前被生物分類學家們正式記錄與描述的真菌種類約有 12 萬種，但人們對於世界真菌多樣性的了解仍相當有限。真菌的共同特性有：

一　構造

① 除了酵母菌是單細胞，其餘都是多細胞個體。

② 個體由菌絲組成 (圖 3-16)。例如：麵包黴的
菌絲體有如蛛網似的纖維長在麵包的表面或內
部。又如香菇的菌絲體埋在地下，而吾人食用
的蕈，則是由地下的菌絲所長成之子實體。

③ 細胞壁強韌，由幾丁質與其他多醣類組成。

④ 有些真菌的菌絲，在連續的細胞核之間有隔膜
(septa) 隔開；有些則無，呈多核。

圖 3-16　菌絲 (hyphae)

二　營養方式

① 皆為異營，行腐生或寄生。

② 某些真菌對原生質萎縮有很強的抗力，故可生長在濃鹽水或糖水溶液中。

③ 菌絲可分泌酶，水解蛋白質、碳水化合物及脂肪，並吸收分解的產物。

④ 寄生性的真菌有時其有特化的菌絲，稱為吸允絲 (haustoria) 可以穿透寄主細胞並直接
吸收其營養素。

⑤ 有些真菌是捕食者，例如：鮑魚菇(*Pleurotus ostreatus*) 會吸引線蟲，並分泌麻醉物質，
再用菌絲套住並穿入身體吸收養分。

⑥ 構成生態系的分解者。

三　生殖方式

① 無性生殖有分裂生殖、出芽生殖與孢子生殖。

② 有性生殖依種類而異，一般具有菌絲特化而成的配子囊 (gametangia)。

③ 水生真菌的孢子其有鞭毛，陸生真菌的孢子不能動，需依賴風力或動物來散佈。

表 3-3　真菌界的分類

門	無性生殖	有性生殖	已知物種	例子	
壺菌 (Chytridiomycota)		游動孢子 zoospore	1500	蛙壺菌 *Batrachochytrium* *dendrobatidis*	
接合菌 (Zygomycota)	分生孢子	接合孢子 zygospores	1050	黑麵包黴 *Rhizopus*	

子囊菌 (Ascomycota)	分生孢子 conidia	囊孢子 ascospores	3200	羊肚菌 *Morchella vulgaris* 青黴菌 *Penicillium*	
擔子菌 (Basiomycota)	不常見	擔孢子 basidiospores	2200	香菇 *Lentinus edodes*	

植物界

　　植物界包含了部分大型藻類、苔蘚植物、蕨類植物、裸子植物及被子植物，其演化途徑如圖 3-17。植物為適應乾燥的陸地環境，逐漸演化出專門吸收、運輸水分的維管束並發展出胚胎的構造。

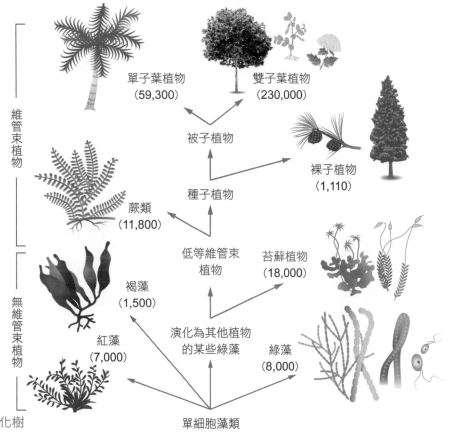

圖 3-17　植物演化樹

一　苔蘚植物

苔蘚植物是一群較低等的陸生植物，植物體扁平呈葉狀，具有假根、假莖、假葉 (圖 3-18)，因無真正維管束組織，個體普遍矮小，需生存於潮溼的地方。為適應陸上生活，苔蘚植物已有較複雜的有性生殖，其受精卵停留在雌性生殖器官內發育成多細胞的胚胎，並自母體中吸收養分與水分，我們稱之為**胚胎植物**，除了苔蘚植物之外，具有維管束組織的蕨類植物和種子植物也屬胚胎植物。

地錢　　　　　　　　　　土馬騌　　　　　　　　　　角蘚

圖 3-18　苔蘚植物：地錢、土馬騌和角蘚

植物生活史有明顯的世代交替。圖 3-19 為苔類植物土馬騌的生活史，一為有性世代的**配子體** (gametophyte，n)，另一為無性世代的**孢子體** (sporophyte，2n)，配子體可行光合作用，孢子體很小且寄生於配子體上。蘚類包含地錢與角蘚，配子體具有莖軸和葉狀體之分化。所有苔蘚類植物都沒有根，但在葉狀體或莖軸上可長出長形細胞，我們稱之為假根，功用如高等植物的根毛，可附著在基質上，也可吸收水分及礦物質。

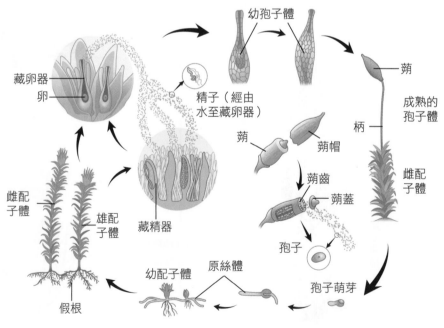

圖 3-19　土馬騌的生活史

二 蕨類植物

蕨類植物已經發展出維管束，可以長的較苔蘚高大且可生存在較乾燥的地區。雖然能生活在陸地上，但精子仍需以水為媒介與卵相遇，故一般需生長在水分充足的環境。

我們平常看到的蕨類植物體是它的孢子體，孢子體成熟後，葉片會長出成群的孢子囊，大多數的蕨類都將孢子囊群長在葉的背面。當孢子由孢子囊彈出後，如果遇到適當的環境，就會萌發成配子體，又稱原葉體，呈心臟形，可行光合作用而獨立生活。配子體上有藏精器和藏卵器，藏精器內孕育精子，藏卵器內孕育卵子。精子藉游泳的方式到達藏卵器與卵受精後，長出幼小的孢子體。當孢子體漸漸長大，配子體也就逐漸萎縮而消失 (圖 3-20)。

上述的蕨類植物我們叫它們「真蕨」，另外有一群蕨類植物在外部形態上與真蕨雖然不太像，但生活史大致相同，在演化上比真蕨更原始，這一群低等維管束植物包括了松葉蕨、石松、卷柏、水韭及木賊等，我們稱為「擬蕨」。

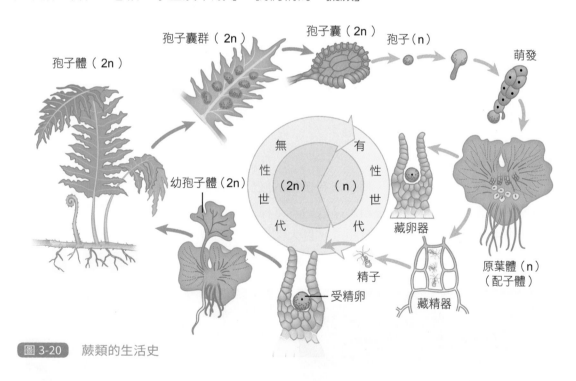

圖 3-20 蕨類的生活史

三 裸子植物

在維管束植物中，有一群會結毬果，以種子繁殖後代，毬果缺乏明艷的色彩，胚珠裸露的植物，我們稱之為裸子植物。裸子植物早在古生代末期 (二疊紀) 就已經在地球上出現，距今約兩億一千萬年前。裸子植物大多為常綠喬木或灌木，只有少數為落葉性喬木。除了最進化的麻黃類之外，多數木材中包含假導管，莖枝內含有樹脂管，裡面充滿樹脂。葉大部分呈狹小的線形、針形、鑿形或鱗片狀，所以一般所說的針葉樹，即是指裸子植物，例如松、杉、柏、銀杏等。

裸子植物的毬果大多為單性花，只有少數是兩性花。花粉主要藉由風來傳粉，將花粉送到雌花的胚珠，胚珠直接裸生在大孢子葉上。受精後胚珠發育成種子，種子內有子葉 2 ～ 15 枚，因此裸子植物也可稱為多子葉植物。

四　被子植物

不同於裸子植物，被子植物的種子被包在果實裏，它們的花通常較鮮豔而美麗，又稱**開花植物**。這群植物中，種子內具有兩枚子葉的，稱為雙子葉植物，若只有一枚子葉則為單子葉植物。

❶ 雙子葉植物

一般常見的植物如蘿蔔、花椰菜、甘藍等蔬菜，桃、李、梅等水果，杜鵑、菊花、玫瑰、睡蓮等花卉都是雙子葉植物。雙子葉植物有草本與木本，有常綠也有落葉，廣泛分布於全世界。

除了具有兩枚子葉的共同特徵外，雙子葉植物還有一些足以供人辨識的特徵，包括根系為**軸根系**（圖 3-21a），幼莖中可見維管束成環狀排列，莖常具清楚的樹皮、木質部和髓部三部分。由於形成層的存在，木質莖中往往有年輪形成。葉雖形狀大小變化很多，但基本上葉脈為網狀脈，花瓣與花的各部分通常是四或五的倍數（圖 3-22a、b）。

❷ 單子葉植物

這群植物一般的特徵是，種子常有多量的胚乳，根為**鬚根系**（圖 3-21b）；大部分的種類為草本植物，只有少數種類為高大的木本植物，如椰子、竹子、龍舌蘭等。他們的疏導組織由多數散生的維管束所組成，且大都沒有形成層，所以莖不會逐年加粗，葉脈為平行脈。花的各部分如花萼、花瓣、雄蕊、雌蕊常是三或三的倍數（圖 3-22c）。

ⓐ 蘿蔔

ⓑ 蒜

圖 3-21　被子植物的根系
ⓐ 雙子葉植物為軸根系。ⓑ 單子葉植物為鬚根系。

ⓐ 李花 　　　　　　ⓑ 月見草 　　　　　　ⓒ 百合

圖 3-22　被子植物的花

ⓐⓑ 雙子葉植物的花瓣為四或五的倍數。ⓒ 單子葉植物的花瓣為三的倍數。

動物界

一　動物的特徵

　　動物皆為真核多細胞生物，細胞表現出分工的現象，具有一定的體制、組織、器官與系統。多數在生活史上某段時期具有移動的能力，有分化良好的感覺和神經系統，以便對外界刺激作出適當的反應。皆為異營性，必須依賴攝食與消化，或吸收其他生物產生的溶解性物質維生。

　　傳統的分類標準以同源器官為主，生理、生化的特徵為輔；現今多改以演化特徵和分子證據來分類。重要的演化特徵有對稱性、個體胚層的數目、體腔之有無、消化道的特徵及其開口、分節與否等。

　　動物種類眾多，其中有部分已經絕滅，多數學者將其分為 10 ～ 20 門，主要有無脊椎動物與脊椎動物兩大類。

二　各動物門簡介

❶ 海綿動物門

　　海綿動物門又稱多孔動物門，身體呈中空管狀，體壁有許多小孔和通道，是最簡單的動物。海綿動物 (圖 3-23) 幾乎都生活在海洋中，屬於濾食性，體內由幾種細胞共同組成，包括襟細胞、孔細胞、變形細胞以及骨針，襟細胞鞭毛的擺動可使水流從小孔進入海綿體腔中，水流中若有微小的食物顆粒則可被其捕食、消化。

圖 3-23　海綿

❷ 腔腸動物門

腔腸動物門包括水母、水螅、海葵和珊瑚，屬於輻射對稱動物。輻射對稱動物具有消化循環腔，消化道為單一開口，可進行胞外消化。

腔腸動物有兩種體型：① 水母體型為自由漂浮的膠狀結構，常為傘形，口朝下，口的邊緣有下垂的觸手，例如：水母 (圖 3-24)。② 水螅體型為圓柱型管狀，一端附著在岩石上，口朝上，周圍有觸手可進行捕食，例如：水螅。腔腸動物的觸手上具有獨特的刺絲胞 (cnidocyte)，刺絲胞含有毒素，可麻痺獵物，藉此進行捕食或防禦。

圖 3-24 僧帽水母

❸ 扁形動物門

最簡單的兩側對稱動物是扁形動物，雖然牠們的身體構造十分簡單，但已有明顯的頭化現象並且具有器官，如消化系統、排泄系統與生殖系統。常見的扁形動物有渦蟲、吸蟲與條蟲。渦蟲身體扁平，可藉由腹面的纖毛爬行，若遇到外力傷害斷裂，可進行斷裂生殖。條蟲為大型寄生蟲，可長達數公尺，消化系統消失，成蟲為帶狀並分節，藉由吸盤與鉤等構造固著在動物腸道內，並由體表吸收養分，常寄生在豬、牛與人的腸壁。肝吸蟲的生活史中擁有三種寄主，包括蝸牛、魚與人，若食入受感染且未煮熟的魚就可能被肝吸蟲寄生。

❹ 線形動物門

本門動物包括蛔蟲、鉤蟲、絲蟲、輪蟲等，身體為圓柱形，兩側對稱，具有假體腔。蛔蟲 (圖 3-25) 是人體最常見的寄生蟲，寄生在小腸內，可影響宿主的營養吸收。蟲卵隨宿主糞便排出體外，若有人吃入成熟的卵則會被感染。因此平時應注意個人衛生和飲食衛生，不隨地大便，養成飯前洗手、不生食蔬菜的習慣。鉤蟲主要經由皮膚接觸傳染，幼蟲經過皮膚進入人體後，沿著靜脈、肺、咽喉，經過吞嚥進入小腸，並附著在小腸壁上吸收養分。

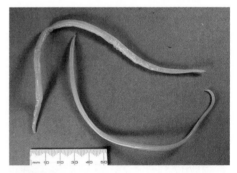

圖 3-25 蛔蟲

⑤ 軟體動物門

軟體動物為兩側對稱，具有真體腔的動物。身體結構分為頭、足、內臟團和外套膜四部分，身體柔軟，無內骨骼。具有完整的消化道，出現了呼吸與循環系統。常見的軟體動物可分為**多板綱** (Polyplacophora)、**雙殼綱** (Bivalvia)、**腹足綱** (Gastropoda)、**頭足綱** (Cephalopoda)(圖 3-26)。

蛤蜊、扇貝屬於雙殼綱，缺乏明顯的頭部，但是在腹側有斧狀的肉足，因此又稱為斧足類，以過濾水中微生物為食。蝸牛為腹足綱，可分泌黏液，利用肌肉質的腹足爬行，口腔內有形似銼刀的齒舌，用來咀嚼及切碎食物，食物以植物為主。烏賊、章魚屬於頭足綱，身體柔軟，不具外殼 (除鸚鵡螺外)，殼退化在體內。烏賊有五對腕，章魚則有八隻腳，內側皆有吸盤，用以捕捉小動物如魚、甲殼類及其他軟體動物。

ⓐ 石鱉 (多板綱)

ⓑ 蛤蜊 (雙殼綱)

ⓒ 蝸牛 (腹足綱)

ⓓ 章魚 (頭足綱)

圖 3-26 軟體動物門

⑥ 環節動物門

環節動物身體出現分節現象，每一節具有相似的內部構造，分節可以增加身體的彎曲及伸縮性。本門可分為多毛綱 (Polychaeta)、寡毛綱 (Oligochaeta) 和蛭綱 (Hirudinea)，常見的有沙蠶、蚯蚓、水蛭。

蚯蚓是最常見的環節動物，循環系統為閉鎖式循環，消化管為一由前至後延伸的管狀構造，以皮膚呼吸，會從背孔分泌黏液以保持皮膚溼潤。生殖方式為雌雄同體，異體受精。

❼ 節肢動物門

節肢動物是世界上種類最多、數量最大、分布最廣的一類。身體分節,附肢也分節,軀幹分為頭、胸、腹三部分。每個體節有一對附肢,具幾丁質外骨骼,成長過程需要經歷蛻皮。循環系統為開放式,心臟為管狀或塊狀。一般分為四個類群:

類群	特徵	舉例
螯肢亞門 (Chelicerata)	身體分為頭胸部與腹部,無觸角,頭胸部第一附肢,形成螯狀,故稱螯肢。	蜘蛛、蠍子
甲殼亞門 (Crustacea)	大多生活在海洋,少數在淡水及陸地,但不能脫離潮溼環境。具兩對觸角,體節數多且不固定,有些種類頭部體節與胸部體節癒合成頭胸部。	蝦、蟹
多足亞門 (Myriapoda)	大多棲息在潮溼的森林中,以腐敗的植物為主食,在分解植物的遺體上扮演重要的角色,只有少數是掠食者。	馬陸、蜈蚣
六足亞門 (Hexapoda)	昆蟲是世界上最繁盛的動物,已發現超過 100 萬種,幾乎分布於地球上的每一個角落。	包括昆蟲綱和三個較小的類群。

❽ 棘皮動物門

本門為真體腔,開放式循環系統,成體為輻射對稱,全部在海洋底棲生活,例如:海參、海星、陽隧足、海膽、海百合。棘皮動物特有的結構是水管系統和管足,用於移動、攝食及呼吸,也是一種感覺器官。

海星身體一般呈五輻對稱,五條腕從身體中間伸出,具有很強的再生能力,如果其中一條腕被切斷,短時間內便能長回來。海百合的外形類似植物,是棘皮動物中最古老的種類,有許多化石品種。大多數海百合用柄固著在海底,屬於底棲性固著生物,過濾海水中的微生物為食。

❾ 脊索動物門

此門分為三亞門:

亞門	代表生物
尾索動物亞門 (Urochordata)	海鞘
頭索動物亞門 (Cephalochordata)	文昌魚
脊椎動物亞門 (Vertebrata)	魚、蜥蜴、蛙、鳥、馬、猴、人

脊索動物體制為兩側對稱，背方有脊索，咽部有鰓裂，背神經索擴延成腦，脊柱位於消化管腹側。

　　海鞘 (圖 3-27a) 生活在海洋中，幼蟲類似蝌蚪，尾部有脊索，成年後固著在岩石或其它物體上生活。身體頂部有兩個相距不遠的水孔，一為入水口，另一為出水口，以過濾浮游生物和水中有機物維生。文昌魚 (圖 3-27b) 體長 3 ～ 5 公分，外表看起來像魚，但沒有脊椎骨，不屬於魚類。身體半透明，常埋入砂中，僅前端外露，用於進行呼吸和濾食水中的藻類。

ⓐ 海鞘 (尾索動物亞門)

ⓑ 文昌魚 (頭索動物亞門)

圖 3-27　脊索動物

　　動物界中 95% 以上為無脊椎動物，脊椎動物只占了 5%。上述的各門動物缺乏脊椎骨組成的脊柱，稱為**無脊椎動物**。常見的魚類、兩生類、爬蟲類、鳥類和哺乳類都有脊椎骨組成的脊柱，屬**脊椎動物**。

　　魚類 (fishes) 為水棲脊椎動物，其體形似紡錘形，適於水中生活。身體分頭、軀幹及尾三部分，外被鱗片。四肢成為鰭，用鰓呼吸。骨骼有軟骨性與硬骨性兩種。前者如鯊魚，後者如鱸魚、鯉魚等。魚類雌雄異體，多卵生，間或卵胎生。在脊椎動物中，以魚類種類最多，幾占全部脊椎動物的一半。

　　蛙是**兩生類** (amphibia)，其幼體稱為蝌蚪，用鰓呼吸，適於水中生活。蝌蚪經變態後，尾部消失，並改用肺呼吸，適於陸上生活。這樣一生中經過水陸兩種生活的動物，稱之為兩生類動物。

　　蜥蜴、蛇、龜和鱷魚為**爬蟲類** (reptilia)。此類動物的身體均被鱗片或甲，終生以肺呼吸。缺乏體溫調節機構，天熱時體溫增高，代謝作用進行迅速，個體活潑；天冷時體溫降低，代謝作用亦降低，行動亦遲鈍。這種體溫隨環境而改變的動物，稱為變溫動物。

　　鳥類 (aves) 是適於飛行的恆溫動物，體外被有羽毛，骨骼輕，前肢特化為翼，可用於飛翔。有些鳥類不會飛，例如鴕鳥，其翼已退化，但有強壯而善於行走的腿；南極的企鵝，其前肢似鰭，可用於游泳。

　　哺乳類 (mammals) 是最高等脊椎動物。一般主要特徵是體表被毛，體溫恆定，雌體有乳腺，能產生乳汁餵哺幼兒，可分為：

亞綱	說明
原獸亞綱 (Prototheria)	為原始卵生的哺乳類仍保留有許多爬蟲類的特徵，如卵生和泄殖腔 (cloaca)。多數種類滅絕，殘存的僅有單孔目 (Monotremata) 的鴨嘴獸和針鼴兩種，分布於澳洲、塔斯梅尼亞及新幾內亞等地。
後獸亞綱 (Metatheria)	為有袋的哺乳類，母獸腹面由皮膚褶裝所成的腹囊或育兒袋，乳頭開口於袋內，胎兒沒有胎盤，不能得到充分的營養而早產，須爬入袋內吸吮乳汁直到發育完全天後才敢探出袋口。種類包括澳洲的袋鼠、無尾熊以及存於美洲的負子鼠等。
真獸亞綱 (Eutheria)	或稱胎盤哺孔類，最主要的特徵為胎盤的形成。胎兒在母體子宮內發育，由胎盤供給營養。胎盤由一部分的胎兒組織與一部分的母體組織共同形成，胎兒經由胎盤取得養分和氧氣並排除廢物。

ⓐ 鴨嘴獸　　　　　ⓑ 針鼴　　　　　ⓒ 負子鼠

圖 3-28　哺乳類動物

本章重點

3-1 生物的分類

❶ 林奈提出「二名法」，取分類層級的「屬名」加上「種名」成為正式「學名」。

❷ 林奈建立七個生物分類階層，依序為：界—門—綱—目—科—屬—種，放在愈下方階層中的物種，擁有愈多共同的特徵。

❸ 目前對於「種」的定義，是「一個生物族群，他們在構造和功能上相同，有相同的祖先，在自然狀態下可交配而繁衍後代，且後代具有生殖力，稱為同種」。

3-2 生物多樣性

❶ 1969 年惠特克依據細胞形態、營養、生殖及運動方式等差異將生物重新分成五個界。此五界為原核生物界、原生生物界、真菌界、動物界和植物界。

❷ 病毒必須在活的寄主細胞內方能繁殖，為絕對寄生，它缺乏獨立生活所必需的酶，須依賴寄主細胞內的酶系方能表現生命的特徵。

❸ 病毒體積微小，在電子顯微鏡下可見。通常呈螺旋狀、多面體或二者的組合型。

❹ 病毒為非細胞的感染原，構造簡單，由核酸的中心和蛋白質外殼兩部分所構成，有些病毒在蛋白質外殼之外尚覆一層脂質的被膜。

❺ 病毒與宿主之間具有專一性，但在罕有情況下，會跨越物種障礙而產生感染。

❻ 噬菌體是感染細菌的病毒，當噬菌體入侵細菌時，有幾個共同步驟：附著、穿透、複製、組合、釋放。釋出的噬菌體又會再一次感染新細菌，週而復始，稱作溶菌週期。

❼ 細菌根據其形態分為球菌、桿菌和螺旋菌。

❽ 細菌是單細胞生物，缺少完整的細胞核，亦缺乏真核細胞的多種胞器。有環狀的 DNA，與蛋白質構成簡單之染色體。

❾ 細菌的細胞壁是由胜多醣組成，有些細菌之細胞壁外具有保護性之莢膜，可抵抗寄主白血球之吞食。

❿ 依據細菌細胞壁染色特性可將細菌分成兩大類：一為格蘭氏陽性菌 (G(+))，另一為格蘭氏陰性菌 (G(−))。G(+) 的細胞壁主要由胜多醣構成，以結晶紫染色後，呈藍紫色。G(−) 的細胞壁之外層為脂蛋白和脂多醣組成，裡層則為一層較薄的胜多醣，在格蘭氏染法中呈現粉紅色。

⓫ 內孢子是由細胞質濃縮形成一層外被，將 DNA 與少量細胞質包圍，此時細菌處於休眠狀態。

⓬ 藻類一般被認為是最原始、結構最簡單的植物，沒有維管束組織，也沒有真正的根、莖、葉的分化，不會開花，不會結果，屬於「無胚胎」植物。

⓭ 原生動物主要包含一些異營性生物，這些生物以細菌、其他原生生物或一些有機碎屑為食。依運動方式分成五個門：鞭毛蟲門、肉足蟲門、纖毛蟲門、吸管蟲門、孢子蟲門。

⑭ 原生菌類主要為黏菌和水黴菌，它們的形態與真菌相似。

⑮ 真菌無葉綠素，不能自製養分，但可由細胞膜吸收外界之養分。多數菌體由菌絲構成，以孢子繁殖，行寄生或腐生的異營生活。

⑯ 苔蘚植物是一群較低等的陸生植物，植物體扁平呈葉狀，具有假根、假莖、假葉，因無真正維管束組織，個體普遍矮小，需生存於潮溼的地方。苔蘚植物已有較複雜的有性生殖，其受精卵停留在雌性生殖器官內發育成多細胞的胚胎，稱之為胚胎植物。

⑰ 植物生活史有明顯的世代交替，一為有性世代的配子體，另一為無性世代的孢子體，配子體可行光合作用，孢子體很小且寄生於配子體上。

⑱ 蕨類植物已經發展出維管束，可以長的較苔蘚高大且可生存在較乾燥的地區，但精子仍需以水為媒介與卵相遇。

⑲ 平常看到的蕨類植物體是它的孢子體，孢子體成熟後，葉片會長出成群的孢子囊。當孢子由孢子囊彈出後，如果遇到適當的環境，就會萌發成配子體，又稱原葉體，可行光合作用而獨立生活。

⑳ 在維管束植物中，有一群會結毬果，以種子繁殖後代，毬果缺乏明豔的色彩，胚珠裸露的植物，我們稱之為裸子植物。

㉑ 被子植物又稱開花植物：
① 雙子葉植物：具有兩枚子葉，根系為軸根系，幼莖中可見維管束成環狀排列，由於形成層的存在，木質莖中往往有年輪，上葉脈為網狀脈，花瓣與花的各部分通常是四或五的倍數。

② 單子葉植物：種子常有多量的胚乳，根為鬚根系，大部分的種類為草本植物，沒有形成層，所以莖不會逐年加粗，葉脈為平行脈，花的各部分常是三或三的倍數。

㉒ 缺乏脊椎骨組成脊柱的動物，稱為無脊椎動物。例如海綿動物門、腔腸動物門、扁形動物門、線形動物門、軟體動物門、環節動物門、節肢動物門、棘皮動物門、尾索動物亞門、頭索動物亞門等。

㉓ 脊椎動物：
① 魚類：骨骼有軟骨性與硬骨性兩種。在脊椎動物中，以魚類種類最多，幾占全部脊椎動物的一半。

② 兩生類：幼體稱為蝌蚪，用鰓呼吸，蝌蚪經變態後，尾部消失，並改用肺呼吸，適於陸上生活。

③ 爬蟲類：身體均被鱗片或甲，終生以肺呼吸，為變溫動物。

④ 鳥類：適於飛行的恆溫動物，體外被有羽毛，骨骼輕，前肢特化為翼，可用於飛翔。

⑤ 哺乳類：體表被毛，體溫恆定，雌體有乳腺，能產生乳汁餵哺幼兒。

Chapter 4
細胞分裂與遺傳

CELL DIVISION AND GENETICS

永恆的生命－海拉細胞 (HeLa Cells)

1951 年，一位美國黑人婦女海莉耶塔·拉克斯 (Henrietta Lacks, 1920～1951) 因為惡性子宮頸癌過世了，年僅 31 歲。儘管生命短暫，但是她身上的腫瘤細胞至今已存活超過 70 年。海拉 (HeLa) 這兩個字其實就是海莉耶塔·拉克斯姓名的兩個字首組合而成。

當年科學界尚不能培養人類的細胞，直到研究人員將海莉耶塔·拉克斯的子宮頸腫瘤組織切片送到細胞培養室培養，終於成功培養出拉克斯女士的細胞，她的腫瘤細胞有特殊的增生能力，可以離體培養並存活，這是第一株在體外成功培養的人體細胞。後來這些成功存活下來的細胞大量繁殖，數十年來，醫界靠著海拉細胞研發出小兒麻痺疫苗、試管嬰兒、基因複製及對各種病毒的研究，對人類有巨大的貢獻。時至今日，這株細胞仍不斷被培養、轉送、轉賣至全世界的研究機構，用於各種醫學研究。

海拉細胞最特別之處就是它被視為是「不死的」，不同於一般的人類細胞，此細胞株不會衰老、死亡，並可以無限分裂下去，跟其他癌細胞相比，增殖異常迅速。海拉細胞其實是人類乳突病毒 HPV-18 引發的癌細胞，一般人類細胞在分裂一定次數後就會走向凋亡，主要是因為 DNA 複製時，端粒 (telomere) 會不斷縮短；海拉細胞能藉著端粒酶 (telomerase) 的作用延長端粒，使得 DNA 能夠無限複製，因此可以一代一代的分裂下去。

海莉耶塔·拉克斯

海拉細胞

4-1 細胞分裂

個生命開始於一個細胞,而體內每個細胞都是它的後代。生命的延續是以細胞分裂為基礎,而生殖即表示產生新一代的個體。單細胞生物利用細胞分裂複製子代,而多細胞生物也以細胞分裂的方式從單個細胞(受精卵)開始生長與發育,最後成為一完整的個體。

無性生殖

生物直接由母體細胞分裂後產生出新個體的生殖方式稱為**無性生殖**,這種生殖方式不需透過生殖細胞的結合,產生的子細胞遺傳物質與母細胞完全相同。其優點是可快速繁殖下一代,且每一個子細胞皆可以保留母細胞的優良性狀,缺點是當外在環境改變時,也可能因全數後代皆無法適應環境而造成物種滅絕。

自然界許多生物都可進行無性生殖,包括原核生物、真菌、單細胞生物、植物以及動物。常見的無性生殖方式有下列六種:

一 分裂生殖

單細胞生物(如草履蟲等),當細胞長到一定大小時便會進行 DNA 複製,再經由有絲分裂產生兩個新子代,且這兩個細胞的 DNA 完全相同,此種生殖方式繁殖速度快。

二 出芽生殖

當細胞核分裂結束後會自側面產生較小的芽體,芽體自母體吸收養分,待成長到一定大小後才會脫離母體獨立生活,此種生殖方式稱之為出芽生殖,例如:酵母菌、水螅、海葵等。

三 斷裂生殖

有些生物若在遭受外力情況下斷為二或多段,斷裂片可形成新個體,例如:水綿可於斷裂處進行細胞分裂,讓藻絲繼續生長。若將一隻渦蟲切成數段,則每一段皆可再生長成新的渦蟲。

四 單性生殖

某些動物的卵不經受精作用即可發育成新個體稱之為單性生殖或孤雌生殖,例如:蜜蜂。蜂后為雌蜂,其體細胞 (somatic cells) 染色體套數為雙套 (2n);經減數分裂可產生單套染色體數 (n) 的卵,這些卵不經過受精作用可直接發育為雄蜂,故雄蜂的染色體

套數為單套；若卵經過受精則發育成雌蜂，故雌蜂的染色體套數為雙套，這些雌蜂包括工蜂與下一代的蜂后。

五　孢子繁殖

有些真菌可產生數量龐大的孢子，當它們掉落到適當的環境或是營養物質上時便可長出新的菌絲，發育為一個新的個體。

六　營養繁殖

植物不需經過種子發芽的過程，而是利用根、莖、葉等營養器官來繁殖下一代的方式稱為營養繁殖。此種繁殖方式除了有繁殖快速、可大量產生子代的特性外，亦可保留母株的優良性狀，故在農業與園藝上經常使用。

細胞週期

一　細胞週期的意義

細胞週期是指細胞從某次有絲分裂結束後，再到下一次分裂結束的循環過程。細胞週期可分為有絲分裂期 (M 期)、第一間斷期 (G_1 期)、DNA 合成期 (S 期) 及第二間斷期 (G_2 期) 等四期，後三者總稱為**間期** (圖 4-1)。

細胞週期所需時間隨細胞的種類及其環境而異，典型的動、植物細胞約需要 20 小時來完成一個細胞週期，其中細胞分裂所占的時間大約僅 1 ～ 2 小時，其他 90% 的時間都是間期。在多細胞生物的成體，

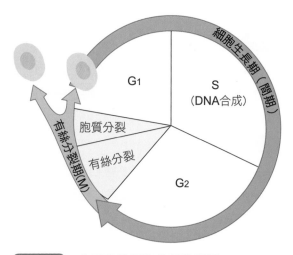

圖 4-1　典型真核細胞的細胞週期

許多細胞特化後並不進入細胞週期。例如人類的神經細胞在出生一年以後就不會再分裂了，這些細胞將終生停留在 G_1 期。

二　染色體

❶ 染色體複製

染色質 (chromatin) 是由 DNA 與蛋白質組成，在細胞要進行分裂時，染色質可進行纏繞及折疊，形成外型粗短的**染色體** (chromosome)。在分裂前，所有染色體都會先進行複製，而這個過程是在間期中的合成期 (S 期) 進行，複製後的染色體由 2 條**染色分體**

(chromatids) 組成 (圖 4-2)，這 2 條染色分體正好是複製前 DNA 分子的 2 倍，兩者之間相連的區域稱為**中節** (centromere)。

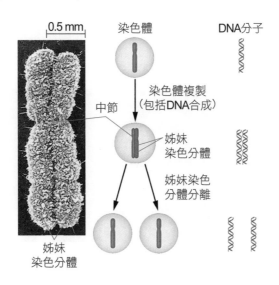

圖 4-2 染色體複製

細胞進行分裂前，其所有染色體會先進行複製。左邊照片是人類已複製好的染色體，它是由細長的染色質纏繞而成，複製後兩條姐妹染色分體在中節處相連，在這個階段由於中節尚未複製，因此仍看作是一條染色體。有絲分裂最終將使姊妹染色分體分開，分配到不同的子細胞內。

❷ 人類染色體組型

　　根據染色體的大小、外形以及著絲點所在的位置進行排列整合，就可以得到細胞染色體的組型圖，亦稱為**核型** (karyotype) (圖 4-3)。每一種真核細胞的細胞核內都含有一定數量的染色體，例如人類的體細胞 (指除了生殖細胞以外之所有身體上的細胞) 含有 46 條染色體，而成熟的生殖細胞 (reproductive cells，精子及卵) 則有 23 條。在人體 46 條染色體中，可發現大小、外形與中節位置相同的成對染色體，其中一條來自父方，另一條來自母方，稱為**同源染色體** (homologous chromosomes)。

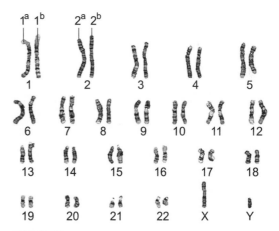

圖 4-3 人類男性染色體組型

人類有 23 對染色體，除了性染色體外其餘的染色體皆稱為體染色體，男性的性染色體為 X、Y，女性則為兩條 X。同源染色體的大小、外形與中節位置均相同 (X、Y 染色體例外)。

　　圖 4-3 中，1ᵃ 和 1ᵇ 為同源染色體、2ᵃ 和 2ᵇ 為另一對同源染色體。在一對同源染色體的相同位置上攜帶著控制特定性狀的基因，此種成對的基因稱為**對偶基因** (allele)，對偶基因共同控制一個性狀的表現。

有絲分裂的過程

有絲分裂是一連續過程，通常將其分為前期 (prophase)、中期 (metaphase)、後期 (anaphase) 與末期 (telophase) 等四期。從圖 4-4 魚胚細胞有絲分裂的顯微照相中可看到這四期的變化。

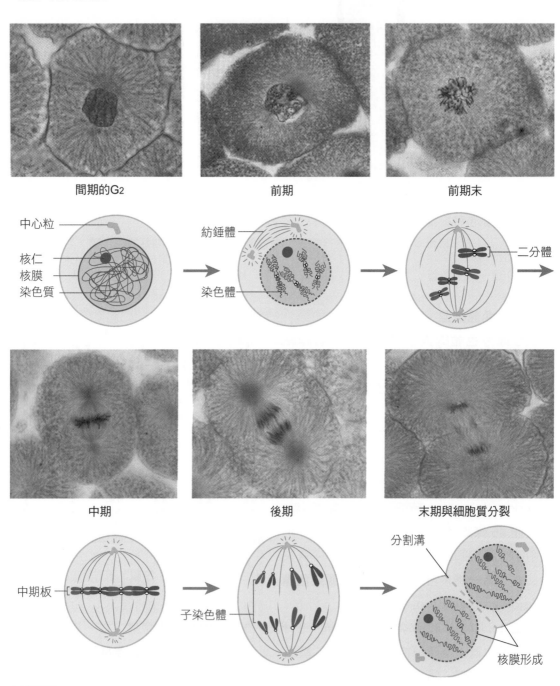

圖 4-4 動物細胞有絲分裂各時期

一　前期

細胞分裂前每一染色體在間期時皆已複製，但中節處尚未複製；在中節外側有一群蛋白質稱為**著絲點** (kinetochore)(圖 4-5)，可連接紡錘絲，幫助染色體移往兩極。分裂前**中心體** (centrosome) 已複製為二，此時會向細胞兩端移動，每一中心體周圍出現輻射狀排列的微管，稱為**星狀體** (aster)，兩星狀體間更出現排列成紡錘狀的纖維，稱為**紡錘體** (spindle)。同時核膜、核仁也逐漸消失。

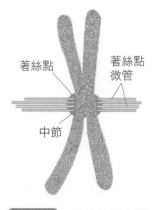

著絲點　　　　著絲點微管

中節

圖 4-5　著絲點與中節

二　中期

已複製的染色體被紡錘絲帶動，整齊排列在紡錘體中央的**中期板** (metaphase plate)，而每一染色分體皆以其著絲點附著於一紡錘絲上。

三　後期

中節複製，姊妹染色分體互相分離，此時染色體已明顯分成二組，每組姊妹染色體分別以相反方向沿著紡錘絲向細胞兩極移動。

四　末期

當染色體到達細胞兩極時便進入末期，核膜在染色體周圍重新形成，核仁重新產生。每一子細胞核具有與母細胞核相同數目之染色體，核分裂 (karyokinesis) 就此完成。接著就是細胞質的分裂，動物細胞首先是由環繞中期板的部分凹入產生一條**分裂溝** (cleavage furrow)(圖 4-6)，分裂溝逐漸向內部深入切斷紡錘體，細胞質分裂為兩部分，形成兩個子細胞，同時星狀體與紡錘體逐漸消失，染色體回復成為細長的染色質，有絲分裂結束。

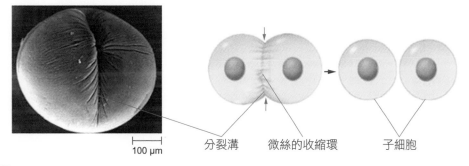

100 μm　　　分裂溝　　微絲的收縮環　　　子細胞

圖 4-6　動物細胞的細胞質分裂

動物細胞在進行細胞質分裂時會形成分裂溝，這是由微絲收縮造成的。

　　植物細胞的有絲分裂與動物細胞的有絲分裂過程非常相似 (圖 4-7)。其主要差別有兩點：❶ 高等植物細胞分裂時，在前期無中心體和星狀體的構造。❷ 植物細胞有細胞壁，在細胞質分裂時不會產生分裂溝，而是於母細胞中央產生**細胞板** (cell plate)，這是由高基氏體產生的囊泡融合而成的雙層膜系 (圖 4-8)。細胞板與原有的細胞膜逐漸癒合，形成兩個子細胞，之後再產生新的細胞壁。

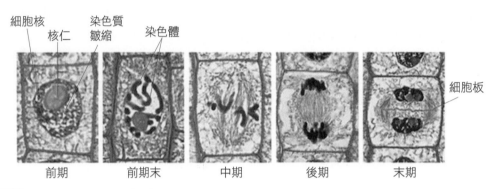

前期　　　　前期末　　　　中期　　　　後期　　　　末期

圖 4-7　　植物細胞的有絲分裂

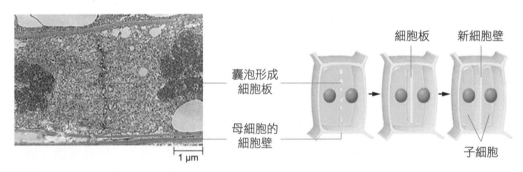

圖 4-8　　植物細胞的細胞質分裂

植物細胞在這個階段會由許多囊泡相互融合成為細胞板，細胞板會形成新的細胞膜，之後物質被分泌到細胞膜間隙，形成新的細胞壁。

減數分裂的過程

生殖細胞在形成過程中，染色體數目會由雙套 (2n) 減為單套 (1n)，此過程即稱為**減數分裂** (meiosis)。

減數分裂是由具有雙套數染色體的精原細胞 (spermatogonium) 或卵原細胞 (oogonium) 開始，與有絲分裂相同的是，在間期染色體會複製一次，但是隨後會經兩次的分裂，稱為第一次減數分裂 (meiosis I) 與第二次減數分裂 (meiosis II)，最終產生四個子細胞 (圖 4-9)，每個子細胞所含染色體數目僅為體細胞染色體數目一半。

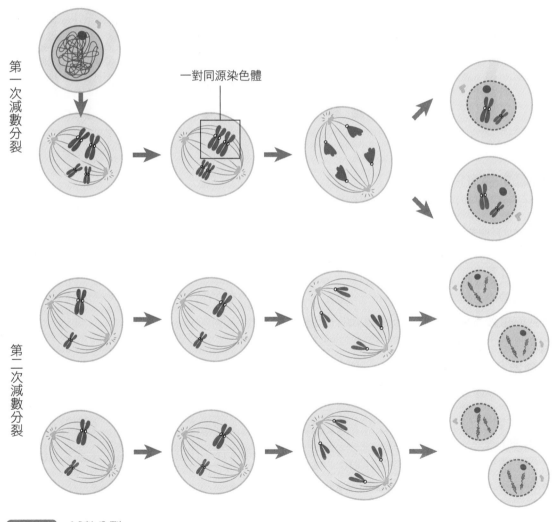

圖 4-9　減數分裂

一　第一次減數分裂

1 前期 I

複製後的染色體濃縮，同源染色體集合成對，形成**四分體** (tetrad)，此過程稱為**聯會作用** (synapsis)(圖 4-10)。此時同源染色體纏繞在一起，使它們有機會能夠交換 DNA 片段，稱為**互換**(crossing over)。互換的發生與否與機率有關，當互換發生時遺傳物質重組，能使將來的配子 (精子、卵) 有更多的基因組合。

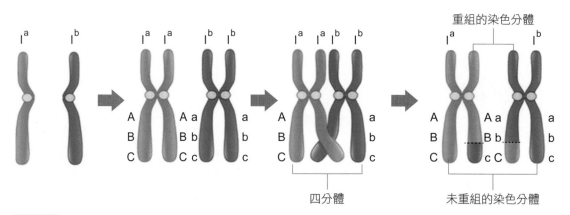

圖 4-10　聯會與互換

減數分裂開始前，除了中節外，每條染色體都會進行複製。圖中 1^a 和 1^b 為同源染色體，1^a 複製出另一條 1^a，1^b 複製出另一條 1^b，記為 $1^a \cdot 1^a$、$1^b \cdot 1^b$。分裂前期同源染色體靠近，纏繞形成四分體，並有機會發生互換。

2 中期 I

同源染色體成對地排列在赤道板上，每條染色體的著絲點上皆有紡錘絲連結，此時排列的位置會決定染色體分配到哪一個子細胞。

3 後期 I

紡錘絲牽引著染色體往細胞兩極移動，同源染色體此時逐漸分離。

4 末期 I

同源染色體完全移至細胞兩極。核分裂完成，每一個新的細胞核中皆只有同源染色體的其中一條，隨後進行細胞質分裂產生兩個子細胞。

二 第二次減數分裂

❶ 前期 II

染色體再度濃縮,形成新的紡錘絲與紡錘體。

❷ 中期 II

染色體排列在赤道板上,著絲點處皆與細胞兩極延伸而來的紡錘絲相連。

❸ 後期 II

中節複製,姐妹染色體分離,紡錘絲將染色體牽引至細胞兩極。

❹ 末期 II

形成四個子細胞,每個細胞中皆為單套數染色體,染色體數目為母細胞的一半。

三 減數分裂的重要性

生物行有性生殖時都需要進行減數分裂產生配子,其重要性有二:

❶ 使配子染色體數目減半。

❷ 藉由互換與染色體的自由組合,盡可能產生種類豐富的配子。

人類的精原或卵原細胞中均有 23 對同源染色體,也就是說男性或女性皆可能產生 2^{23} 種染色體組合不同的配子。若再考慮互換造成的基因重組,最終產生的配子種類將遠超過我們所預估的 2^n 種。

此外,雌雄個體產生的配子以隨機方式受精。所以由精、卵結合而成的受精卵,其染色體的可能組合將更是無以數計,這便是同父母所生的子代也不會完全相同的原因。與無性生殖相比,有性生殖的特點就在於能產生大量具差異性的子代,使得該物種更容易在變遷的環境中延續下去。

精子與卵的形成

精子發生於男性睪丸的細精管壁上,此處的生殖細胞可不斷進行有絲分裂以產生**精原細胞** (spermatogonium,2n),精原細胞可進行減數分裂產生精子,而有絲分裂能維持精原細胞的數量不致減少,因此男性一生之中皆有製造精子的能力。如圖 4-11 所示精原細胞在染色體複製後形成**初級精母細胞** (primary spermatocyte,2n),初級精母細胞經過第一次減數分裂成為**次級精母細胞** (secondary spermatocyte,n),再經第二次減數分裂後形成**精細胞** (spermatid,n),精細胞之後特化轉變為有鞭毛的精子,故每一個精原細胞最終可以產生 4 個**精子** (sperm,n)。

　　胎兒時期女性卵巢中的生殖細胞可經有絲分裂形成**卵原細胞** (oogonium，2n)(圖 4-11)，但此過程於出生前即停止，因此出生之後女性卵巢中的卵原細胞數量已固定，往後不再增加，這些卵原細胞會先進行染色體複製，形成**初級卵母細胞** (primary oocyte，2n)。月經週期來臨時，卵巢中隨機一個初級卵母細胞會進行第一次減數分裂，形成一個**次級卵母細胞** (secondary oocyte，n) 與一個**極體** (polar body，n)，排卵後次級卵母細胞進入輸卵管中，極體會逐漸退化。

　　輸卵管中的次級卵母細胞若與精子相遇 (受精) 則可進行第二次減數分裂，產生一個卵與一個極體，成熟的卵將與精子的細胞核融合形成受精卵。一個卵原細胞最終只會產生一個卵與三個極體。

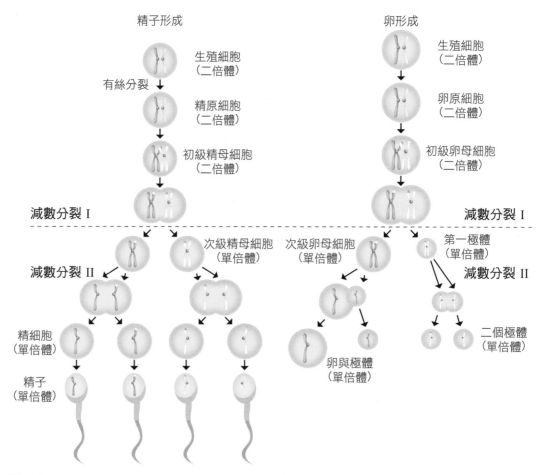

圖 4-11 精子與卵發生的比較

每個精原細胞皆能發育成四個精子。雌性生殖細胞亦以相同的途徑形成，但四個子細胞中只有一個發育為卵，其餘三個極體則退化。

4-2 生物的遺傳

當生命誕生時每個個體身上皆帶有許多特徵，我們稱為性狀 (traits)，人們發現性狀能由親代傳給子代，這個過程就稱為遺傳。現今人們已經明瞭遺傳是由染色體中的 DNA 負責，DNA 能經由卵細胞與精細胞世代傳遞，這就是為什麼我們有的特徵與父親相似，有的與母親相似。

孟德爾的遺傳實驗

一 孟德爾的研究工作

孟德爾 (Gregor Joham Mendel，1822～1884)，奧國人，25 歲時任教士，後入維也納大學深造，結業後在中學執教，同時也在修道院中的一塊園地上從事豌豆雜交遺傳實驗。孟氏採用豌豆 (pea) 作七對相對性狀的遺傳實驗，經過八年的時間，細心的鑑別並用機率計算，到 1865 年將其實驗結果發表出來，但當時未受到學者的重視。1900 年，又經多位生物學家分別以不同的材料重複實驗，皆與孟氏結果相同，因此再度發表出來，為現代遺傳學奠立基礎。後人稱孟德爾為遺傳學之父。

正常情況下，豌豆的雄蕊會釋出花粉而掉落在同一朵花的雌蕊上，稱為**自花授粉**；當孟德爾想要讓兩株不同豌豆進行**異花授粉**時，他可以在一株植物的雄蕊尚未成熟前將之全部摘除，留下雌蕊，然後把另一株植物的花粉灑在雌蕊的柱頭上 (圖 4-12)。

柱頭
胚珠
子房
雄蕊

圖 4-12　孟德爾與其實驗材料豌豆

由豌豆花的花瓣構造可知，這種蝶形花通常是自花授粉的。由於雄蕊、雌蕊在成熟的過程中皆被花瓣包住，當雄蕊成熟後，其花粉自然會落在同一朵花的雌蕊柱頭上。

孟氏選擇豌豆的七對相對性狀來進行雜交 (圖 4-13)，以觀察子代的結果。在開始實驗前，他先確認所選用的植株是**純種** (pure breed)，也就是當該植株自花授粉後，其所有子代都有與親代相同的性狀。實驗中，孟德爾使兩株具有不同性狀的純種豌豆進行異花授粉；例如圓平 (round) 種皮與皺縮 (wrinkle) 種皮之豌豆雜交，所生的子代皆為圓平種皮，皺縮並不出現；可見相對之性狀中，常有一方較具優勢而易於顯現，孟氏稱此優勢的特徵為**顯性** (dominant)，勢力弱的一方隱而不現，稱為**隱性** (recessive)。用以行雜交實驗的圓平與皺縮種子的植株，稱為**親代** (parent generation，P)，親代雜交所生的後代，稱為第一子代 (F_1)，孟氏將 F_1 自花授粉，所生的下一代稱為第二子代 (F_2)，F_2 中有 75% 表現顯性，25% 表現隱性。孟氏多次對不同性狀進行實驗，發現在 F_2 中，顯性與隱性個體的比例平均約為 3：1。

孟德爾認為每種性狀是由一對因子負責，如以 R 代表顯性圓平種皮性狀的符號，r 代表隱性皺縮種皮性狀的符號 (註：孟氏所稱遺傳因子，不論顯性或隱性，在 1910 年後均改稱為**基因** (gene))。負責一種性狀遺傳的成對基因，則互稱**對偶基因** (allele)；例如在 RR 中，R 為另一 R 的對偶基因；在 Rr 中，R 與 r 亦互為對偶基因。當配子形成時，對偶基因分離，受精時對偶基因又可自由組合在一起。

性狀	親代表徵		F_1 表徵（顯性）	F_2 顯性、隱性個體數		F_2 顯性、隱性個體數比
	顯性	隱性		顯性	隱性	
種子的外形	 圓滑	 皺皮	圓滑	5,474	1,850	2.96：1
種子的顏色	 黃色	 綠色	黃色	6,022	2,001	3.01：1
花的位置	 腋生花	 頂生花	腋生花	651	207	3.14：1
豆莢的顏色	 綠色	 黃色	綠色	428	152	2.82：1
豆莢的形狀	 飽滿	 皺縮	飽滿	882	299	2.95：1
花的顏色	 紫花	白花	紫花	705	224	3.15：1
莖的高度	 高莖	矮莖	高莖	787	277	2.84：1

圖 4-13　孟德爾遺傳實驗中所用豌豆的七對性狀

純種圓平種皮的豌豆，其細胞內部負責性狀遺傳的因子即是兩個圓平基因 RR，而皺縮種皮豌豆則具有成對相同的 rr 基因，上述兩種基因組合其對偶基因彼此皆相同，稱為**同基因型** (homozygous)，也就是純種。若將圓平種皮豌豆 (RR) 與皺縮種皮豌豆 (rr) 進行雜交，F_1 中的圓平豌豆皆具有 Rr 的基因，稱為**異基因型** (heterozygous)，也就是**雜種** (hybrid)。含有 RR 的個體與含有 Rr 的個體，**基因型** (genotype) 雖不相同，但卻都表現出圓平種皮的特徵，亦即其**表現型** (phenotype) 是相同的。

二　一對性狀雜交的遺傳

　　孟氏假設圓形種子的性狀是顯性因子造成，用大寫字母 R 代表；皺縮種子性狀是由隱性因子所造成，用小寫字母 r 代表，這兩個符號一直沿用至今。

❶ 配子的形成與子代預期的結果

　　一顆圓平種皮豌豆 (RR) 的植物體所生的配子中只含有 R 基因，同樣地，皺縮豌豆 (rr) 所產生的配子中只含有 r 基因，因此 F_1 的基因型只有 1 種，就是 Rr。接著再讓 F_1 進行自花授粉得到 F_2。F_1 為異基因型 Rr，因而產生兩種雄配子，一種包含 R 基因，一種包含 r 基因，雌配子亦同。因此我們可以推測在 F_2 中基因型的比例為 RR：Rr：rr＝1：2：1，表現型的比例為圓平：皺縮＝3：1 (圖 4-14)。此概念亦可用棋盤方格法表示 (圖 4-15)。

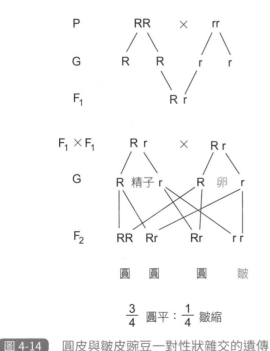

圖 4-14　圓皮與皺皮豌豆一對性狀雜交的遺傳

圖 4-15　棋盤方格計算法

❷ 試交 (test cross)

假設有一株高莖豌豆，我們無法從外型判斷這株豌豆是同基因型或異基因型，那要如何知道該豌豆基因型是 TT 或 Tt 呢？

孟氏曾做一試交實驗，以未知其基因型的個體與另一隱性基因型者 (tt) 雜交，若後代全為高莖，即可知該株植物基因型為 TT(TT × tt → 後代全為 Tt)；若後代有高莖也有矮莖，則可判斷該株植物基因型為 Tt(Tt × tt → 後代 1/2 Tt + 1/2 tt)。

❸ 分離律 (law of segregation)

後人將孟氏實驗豌豆一對性狀雜交所得的結論歸納之稱為分離律，其要點如下：當形成配子時對偶基因互相分離，分配於不同的配子中。故每一配子只有對偶基因中的一個。

三 二對性狀雜交的遺傳

❶ 二對性狀的雜交

孟氏繼豌豆的一對性狀雜交後，又同時考慮豌豆的兩種性狀，這種實驗稱為二對性狀雜交。例如選擇種子（子葉）的顏色和形狀同時觀察，將種子為黃色圓平種皮的純種植株和綠色皺縮種皮的純種植株雜交，F_1 皆產生黃色圓平種子，再以 F_1 互相交配，得到的 F_2 中有 315 黃色圓平、108 綠色圓平、101 黃色皺皮、32 綠色皺皮，比例約為 9：3：3：1。

控制種子顏色的基因 (Y，y) 和形狀的基因 (R，r) 為二對對偶基因，黃色 (Y) 對綠色 (y) 為顯性，圓平 (R) 對皺皮 (r) 為顯性。孟氏認為非對偶基因在形成配子時會互相組合而分配到同一配子中。

上述二對性狀雜交的親代，黃色圓平 (YYRR) 產生的配子只有 YR 一種，綠色皺皮 (yyrr) 產生的配子也只有 yr 一種，故 F_1 的基因型為 YyRr。F_1 產生的配子有 YR、Yr、yR 和 yr 四種，四種雌配子和四種雄配子互相合，F_2 的基因型種類和比例如圖 4-16，據此推測其表現型有黃色圓平、黃色皺皮、綠色圓平和綠色皺皮四種，比例為 9：3：3：1，和孟氏的實驗結果完全符合。

P	YYRR (黃色圓平)	×	yyrr (綠色皺皮)

F₁ 處 YyRr (黃色圓平)

F₁ × F₁ YyRr (黃色圓平) × YyRr (黃色圓平)

G (YR) (Yr) (yR) (yr)　　(YR) (Yr) (yR) (yr)

F₂

♂ ＼ ♀	(YR)	(Yr)	(yR)	(yr)
(YR)	YYRR (黃色圓平)	YYRr (黃色圓平)	YyRR (黃色圓平)	YyRr (黃色圓平)
(Yr)	YYRr (黃色圓平)	YYrr (黃色皺皮)	YyRr (黃色圓平)	Yyrr (黃色皺皮)
(yR)	YyRR (黃色圓平)	YyRr (黃色圓平)	yyRR (綠色圓平)	yyRr (綠色圓平)
(yr)	YyRr (黃色圓平)	Yyrr (黃色皺皮)	yyRr (綠色圓平)	yyrr (綠色皺皮)

圖 4-16　豌豆種子種皮形狀和顏色的雜交

② **獨立分配律 (law of independent assortment)**

　　後人將孟氏二對性狀雜交所得的結論歸納為獨立分配律，其要點如下：當非對偶基因分離後，彼此互相自由組合進入同一配子中。即位於非同源染色體上的兩個 (或多個) 不同的基因對，其對偶基因在分配至配子的過程為完全獨立。

不完全顯性

　　有些遺傳性狀的對偶基因沒有顯、隱性之分，雙方互為顯性表現出來，稱為**不完全顯性** (incomplete dominance) 或**中間型遺傳**。例如紫茉莉 (*Mirabilis jalapa*) 的花有紅色和白色，將紅花和白花者相互授粉，所得後代皆為粉紅花；再將此粉紅花的 F₁ 互相交配，F₂ 有紅花、粉紅花和白花，比例為 1：2：1 (圖 4-17)。

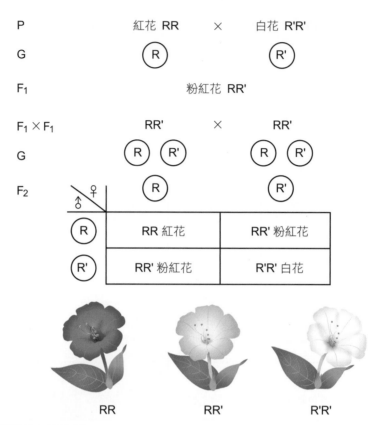

圖 4-17　紫茉莉花色的遺傳

根據實驗可知，紫茉莉的紅花基因 (R) 和白花基因 (R') 組合一起時，花的顏色為介於紅白之間的粉紅色 (中間型)，這種情形，叫做不完全顯性。

複對偶基因

　　某些性狀的遺傳其對偶基因不只顯性與隱性兩種，而是有三種以上，稱為**複對偶基因** (multiple alleles)。雖然複對偶基因的基因形式有三種以上，但任一個體仍由兩個基因來控制其性狀。人類的 ABO 血型即為複對偶基因的遺傳 (圖 4-18)。

　　人類之血型有 A、B、AB 及 O 四種血型，決定血型的對偶基因有三個：I^A、I^B 和 i，但在一個體中只由兩個基因來控制血型。I^A 和 I^B 為**等顯性**或稱**共顯性** (codominance)，i 為隱性基因。

ABO 血型的對偶基因雖有三個，但遺傳時仍和孟德爾的遺傳法則相符合。例如夫婦的基因型若都是 $I^A i$，所生子女基因型的種類與比例為 $1/4\ I^A I^A：1/2\ I^A i：1/4\ ii$，表現型種類和比例為 3/4 A 型：1/4 O 型。

血型	A型	B型	AB型	O型
紅血球	A	B	AB	O
血漿中的抗體	抗B抗體	抗A抗體	無	抗B抗體　抗A抗體
紅血球表面抗原	抗原A	抗原B	抗原A　抗原B	無

圖 4-18　ABO 血型與複對偶基因

多基因連續差異性狀的遺傳

　　長頸鹿的頸長、人類的身高、膚色和智力等，其不同程度的變異非常之多，就不能用孟德爾的一對因子的遺傳來解釋；上述這些性狀具有連續性的差異，屬於**多基因的遺傳** (polygenic inheritance)，亦即一種性狀的形成是受到幾對不同基因的控制，但每一個顯性基因皆具有相同的影響，又稱做**數量遺傳** (quantitative trait locus，QTL)。

一　人類膚色的遺傳

　　人類的膚色由淺到深有許多變化，皮膚中黑色素含量至少是由兩對基因 (A、a 和 B、b) 所控制，顯性基因 A 和 B 可以使黑色素量增加，兩者增加的量相等，且產量可以累加，因此基因型中顯性基因愈多，黑色素便愈多，膚色便愈深。

　　黑人的基因型為 AABB，白人為 aabb，若一位黑人 (AABB) 和一位白人 (aabb) 結婚，後代的基因型皆為 AaBb，膚色乃介於黑白之間。假若兩個黑白混血者結婚 (AaBb × AaBb)，子女的膚色將自最深之黑色至最淺之白色皆有可能出現，其中最深的黑色和最淺的白色出現比例最少，分別為 1/16，介於黑白之間者最多，占 6/16，較黑色稍淺和較白色稍深者分別為 4/16(表 4-1)。

表 4-1　人類皮膚黑色素量的遺傳

① 黑人和白人結婚

P	黑人 AABB × 白人 aabb
F_1	黑白混血 AaBb

② 兩個黑白混血者結婚 AaBb × AaBb

表現型	基因型	基因型頻率	表現型頻率
黑色	AABB	1	1
深色	AaBB	2	4
	AABb	2	
黑白中間色	AaBb	4	6
	aaBB	1	
	AAbb	1	
淺色	Aabb	2	4
	aaBb	2	
白色	aabb	1	1

二　人類身高的遺傳

　　人類的身高亦屬於多基因連續性狀差異遺傳，高身為隱性基因。如圖 4-19 中的學生若依據身高來排列，則左側身高最矮的與右側身高最高的人數皆很少，而愈接近中等身高的人數則愈多，形成**常態分布**。

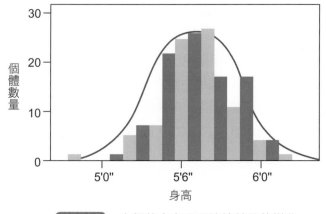

圖 4-19　人類的身高呈現連續差異的變化

性聯遺傳

若基因位於性染色體上，遺傳的結果將與性別有關，稱為**性聯遺傳** (sex linked inheritance)。人類較常見的性聯遺傳為色盲 (color blindness) 與血友病 (hemophilia)。

一　色盲

色盲是一種隱性基因的遺傳性狀，患有色盲的男子較患色盲的女子多 8～10 倍。設 X 染色體上有色盲基因，用 X^c 代表；沒有色盲基因，用 X 為代表。若父親無色盲，母親有色盲基因但表現型正常（即潛伏色盲），子代的基因型可表示如下（圖 4-20）。

親代　　　　　　　　XY　　　　×　　　　X^c X

配子　　　　$\frac{1}{2}$ X　$\frac{1}{2}$ Y　　　　$\frac{1}{2}$ X^c　$\frac{1}{2}$ X

　　　　　　　　（精子）　　　　　　（卵）

子代

卵＼精子	X	Y
X^c	XX^c （正常女）	X^c Y （色盲男）
X	XX （正常女）	XY （正常男）

圖 4-20　色盲的遺傳

二　血友病

血友病是當皮膚表面或內部受傷後，血液不凝結或凝結非常緩慢。極端情形的病例，會因極小的傷口而流血不止，甚至死亡。

血友病是 19 世紀和 20 世紀初期歐洲皇族歷史中的一種遺傳疾病。這基因的首次出現可能是維多利亞女王體內的一個突變基因，因為在她的祖代中沒有血友病的記載。由於歐洲皇室間的婚配，基因就散佈到許多皇族內。圖 4-21 表示維多利亞女王的子裔中血友病分佈的系譜，顯示該基因遺傳的情形。

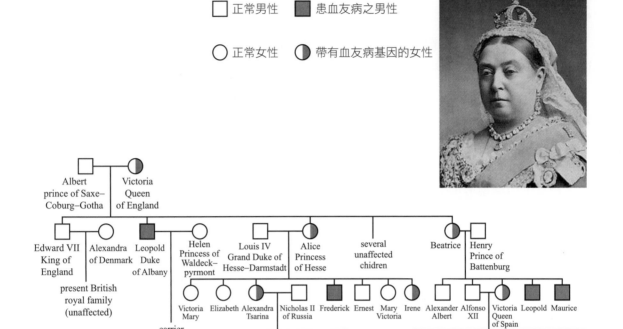

正常男性　　患血友病之男性

正常女性　　帶有血友病基因的女性

Albert prince of Saxe–Coburg–Gotha

Victoria Queen of England

Edward VII King of England

Alexandra of Denmark

Leopold Duke of Albany

Helen Princess of Waldeck–pyrmont

Louis IV Grand Duke of Hesse–Darmstadt

Alice Princess of Hesse

several unaffected chidren

Beatrice

Henry Prince of Battenburg

present British royal family (unaffected)

Victoria Mary

Elizabeth

Alexandra Tsarina

Nicholas II of Russia

Frederick

Ernest

Mary Victoria

Irene

Alexander Albert

Alfonso XII

Victoria Queen of Spain

Leopold

Maurice

carrier daughter and hemophiliac grandson

Olga　Tatiana　Maria　Anastasia　Alexis Tsarevitch

Alfonso Crown Price　Juan　Beatrice　died in infancy　Marie　Jaime　Gonzalo

圖 4-21　維多利亞女王若干後裔的家譜，表示血友病的遺傳分布

現在的英國皇室皆由愛德華七世 (Edward VII) 所生，他沒有血友病，因為他母親維多利亞女王 X 染色體上的血友病隱性基因沒有遺傳給他。

　　該系譜中亦發現沒有女性的血友病患者，因為一個女子如患血友病，她須自母方得到一個 X 染色體，同時也須自父方得到另外的一個 X 染色體，這兩個 X 染色體，都要帶有血友病的基因才會發生血友病，這樣的情形是極少發生的。其一是由於這種基因本來就很少有，另外是因為男性血友病患者很少能活到成年和成婚。

其他人類的遺傳

一　Rh 血型

　　人類血型除了 ABO 血型外，尚有與 Rh 因子有關的 Rh 血型。帶有顯性基因 (R) 的個體其紅血球表面能產生 Rh 抗原，如果一個人具有 RR 或 Rr 基因，稱為 Rh 陽性 (Rh^+)，帶有 rr 基因，稱為 Rh 陰性 (Rh^-)。在白人族群中陽性占 85%，而中國人則有 99% 為陽性。

當 Rh⁺ 者將血液輸到 Rh⁻ 之體內時，後者接受 Rh⁺ 之血液後，體內會產生抵抗 Rh 抗原之抗體。當再次接受 Rh⁺ 輸血時，抗體便會將血球凝結，而導致血液凝固。

　　Rh 因子對嬰兒的健康也是有影響的，如果母親基因型是 rr 而父親為 RR 或 Rr，那麼子代可能是 Rr。有些例子，若 Rh 陽性的胎兒血液經過胎盤的某些缺陷 (例如胎盤破裂，特別是生產時。) 而進入母體的循環系統，致使母親體內產生抗體對抗 Rh 抗原。當第二次懷孕時，這些抗體可以經由胎盤進入胎兒的血流，造成胎兒紅血球凝集，稱為新生兒溶血症 (HDN, Hemolytic discase of the fetus and newborn)，嚴重時胎兒便會死亡，造成流產。若只有少量紅血球被破壞，嬰兒出生後幸而生存，也會得到嚴重的貧血症和黃膽症。若要預防此情況，需在母親第一次分娩 Rh 陽性新生兒後立即注射對抗 Rh 抗原的免疫球蛋白，來預防 Rh 陰性的母親產生 Rh 抗體。

二　智力

　　智力高低的範圍很難確定，而且是更難測量的，人們在不同場所表現的智力並不相同。已知智力的遺傳是由 10 多對基因所控制。最普通的智力測驗方式是測智商 (intelligence quotient，IQ)(表 4-2)，它是利用對空間記憶和推理事物的反應來測量的。從同胞孿生兒 IQ 的測驗來判斷，智力的高低受遺傳因素的影響很大，但是環境也很重要，所以遺傳與環境相互的作用，決定一個人的智力。

表 4-2　智商的判斷

IQ	名稱 (Designation)	
≧ 140	天才 (Gifted)	
120 ～ 140	非常優等 (Very superioi)	
110 ～ 120	優等 (Superior)	
90 ～ 110	正常 (Normal)	
80 ～ 90	遲鈍 (Dull)	
70 ～ 80	界線 (Borderline)	
50 ～ 70	愚鈍 (Moron)	缺乏心智能力 (Feeble minded)
25 ～ 50	低能 (Imbecile)	
0 ～ 25	白癡 (Idiot)	

4-3 性別的決定

在多數生物，性別決定與性染色體 (sex chromosome) 有關。以下列舉幾種性別決定的方式。

XY 型

凡是性染色體在雌雄分別為 XX 和 XY 者稱 XY 型，許多雌雄異體的動物屬此型，包括人類和果蠅。當減數分裂時，雌果蠅產生的卵只有一種，含有三個體染色體和一個 X 染色體 (3A + X，A 代表體染色體)；雄果蠅產生的精子則有兩種：(3A + X)、(3A + Y)。受精時，由卵和那一種精子結合而決定後代的性別，即：

卵 (3A + X) + 精子 (3A + X) → 後代為 6A + XX(雌)

卵 (3A + X) + 精子 (3A + Y) → 後代為 6A + XY(雄)

人類性染色體的類型和果蠅相似。每個人都有 23 對染色體，其中 22 對是體染色體，一對是性染色體。

果蠅和人類的性染色體都是 XY 型，但最終決定性別的關鍵卻不相同。果蠅的雄或雌，主要視 X 染色體的數目而定；有一個 X 染色體為雄性，兩個 X 染色體則為雌性，Y 染色體則決定雄果蠅的生殖能力。但是在人類，有 Y 染色體則為男性。

ZW 型

蝶、蛾及鳥類等的性染色體屬 ZW 型 (圖 4-22)，此與 XY 型的情形恰好相反。雄性的兩個性染色體相同，稱 ZZ，雌性的兩個性染色體不相同，稱 ZW。因此，雄性產生的精子只有一種，雌性產生的卵則有兩種。

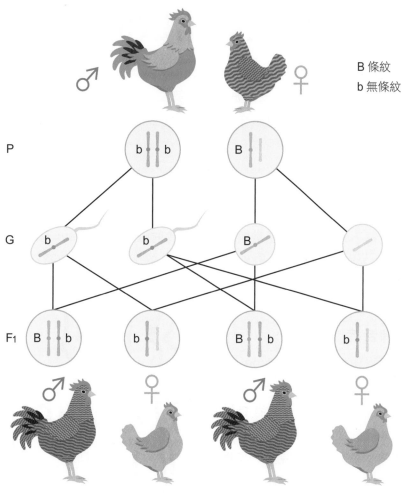

B 條紋

b 無條紋

P

G

F₁

圖 4-22　　雞羽毛有條紋和無條紋的遺傳

雞的羽毛呈現條紋為顯性 (B)，無條紋為隱性 (b)，影響該性狀的基因位於 Z 染色體上，若以無條紋公雞和條紋母雞交配，後代中公雞皆有條紋，母雞則全為無條紋。

XO 型

　　有些種類的動物，雄性或雌性缺少一個性染色體。雄性動物的精子一半含有 X 染色體，一半不含 X 染色體 (即 O)，雌性動物的卵則全部含有 X 染色體。例如蝗蟲，雄的有 23 個染色體 (22A + X)，但雌的則有 24 個染色體 (22A + XX)。

4-4 染色體常數的改變

正常人體細胞中具有 46 條染色體，若有多出或缺少的情況，稱為**染色體不分離**。染色體不分離可能發生在第一次減數分裂或第二次減數分裂的過程中，極小機率下，也可能兩次分裂時染色體均不分離。無論性染色體或體染色體，皆有染色體不分離的情況發生。

人類性染色體不分離現象

人體性染色體不分離的情形通常與過度接觸放射線 (例如 X-ray) 有關。可能呈現 X、XXX、XXY 的組合，甚或有 XXXX、XXXY 以至 XXXXY 的個體。性染色體不分離對於子代所造成的悲劇已屢見不鮮，最常見的病例為：

一 托氏綜合症

托氏綜合症 (Turner's syndrome) 是出現在女性的疾病，染色體只有 45 條 (45X)，缺少一個 X 染色體 (圖 4-23)，患者雖然身體成長，但不能達到性的成熟，外生殖器及內生殖道未成熟；子宮發育不完全，卵巢、乳房發育不良，通常很小，缺乏由卵巢分泌之雌性激素，常無月經週期。

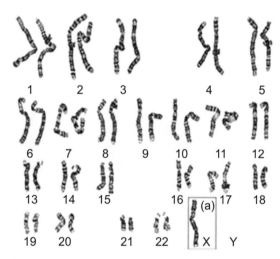

圖 4-23 托氏綜合症 (45X)

二 科氏綜合症

科氏綜合症 (Klinefelter's syndrome) 發生在男性，細胞中含有 47 個染色體 (47XXY)，具有 XXY 三個性染色體 (圖 4-24)，外表來看幾乎與正常的男性相同，可是因為多出一條 X 染色體的擾亂，因此在性別上並不健全。這些嬰兒能夠長大但性器官發育不良，常在青春期後開始明顯起來，患者多半心智遲鈍，睪丸很小，第二性徵不明顯，無生殖能力，常有乳房發育現象，稱**為男性女乳化**。

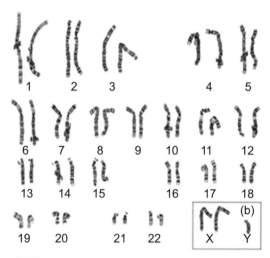

圖 4-24 科氏綜合症 (47XXY)

人類體染色體不分離現象

一 人類第 21 對染色體不分離

人體的體染色體亦有不分離現象，例如**唐氏症** (Down's syndrome) 患者第 21 對染色體多一條，總共有 47 條染色體，一般用 Trisomy 21 表示 (圖 4-25)，發生機率大約為 16/10,000，這一出生的比率是隨母親年齡而定，當母親的年齡超過 40 歲，此疾病出生率接近 150/10,000。患者臉部、身體、生理、心理及智力皆不正常。頭短、眼睛內凹、塌鼻、舌稍突出、手短而厚、心臟異常、智商很低、多數約在 25 歲左右死亡。

二 人類染色體異常的其他實例

❶ Trisomy 18：智能障礙，先天性心臟病。耳低且畸形，多指趾或拇指屈曲，手指互相疊覆，通常出生 1 年內即告死亡。

❷ Trisomy 13：智能障礙，先天性心臟病。裂顎、兔唇、多指、特殊之皮膚，1 ～ 3 月內死亡。

❸ Trisomy 15：多重缺陷，出生 1 ～ 3 月內死亡。

❹ Trisomy 22：與 Trisomy 21 之唐氏症症群類似。

❺ short 5：第 5 對染色體之臂部有部分缺失 (圖 4-26)，患貓哭症 (Cat cry syndrome)，形成嬰兒一系列異常，包括：似貓鳴之哭聲，重度智障、頭小、雙眼直距離過寬，後縮頸。

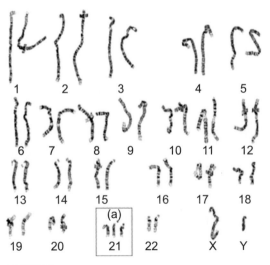

圖 4-25　唐氏症 (Trisomy 21)

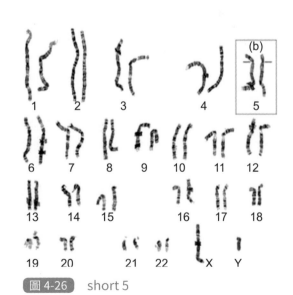

圖 4-26　short 5

本章重點

4-1 細胞分裂

① 生物直接由母體細胞分裂後產生出新個體的生殖方式稱為無性生殖。

② 細胞週期是指從某次有絲分裂結束後,再到下一次分裂結束的循環過程。細胞週期可分為有絲分裂期 (M 期)、第一間斷期 (G_1) 期、合成期 (S 期) 與第二間斷期 (G_2) 期,後三者合稱為間期。

③ 染色質是由 DNA 分子與蛋白質組成,在細胞要進行分裂時,染色質可繼續纏繞及折疊,形成外型粗短的染色體。當細胞要分裂時,所有染色體都會先進行複製,複製後的 2 條染色分體會以中節連接。

④ 根據染色體的大小,外形以及著絲點所在的位置進行排列整合,就可以得到細胞染色體的組型圖,亦稱為核型。

⑤ 在人體 46 條染色體中,可發現大小、外形與中節的位置相同的成對染色體,其中一條來自父方,另一條來自母方,稱為同源染色體。

⑥ 在一對同源染色體的相同位置上攜帶著控制同一性狀的基因,此種成對的基因稱為對偶基因。

⑦ 有絲分裂是一連續過程,通常將其分為前期、中期、後期與末期等四期。

⑧ 植物細胞與動物細胞有絲分裂過程主要差別有兩點:① 高等植物細胞分裂時,在前期無中心體和星狀體的構造。② 植物細胞有細胞壁,在細胞質分裂時不會產生分裂溝,而是於母細胞中央產生細胞板再形成細胞壁。

⑨ 生殖細胞在形成過程中,染色體數目會由雙套 (2n) 減為單套 (1n),此過程即稱為減數分裂。

⑩ 減數分裂是由具有雙套數染色體的精原細胞或卵原細胞開始,與有絲分裂相同的是,在分裂前的間期染色體會複製一次,但是隨後會經兩次的分裂,最終產生四個子細胞,每個子細胞所含染色體數目僅為體細胞染色體數目一半。

⑪ 減數分裂經過兩次的分裂,稱為第一次減數分裂與第二次減數分裂。

⑫ 生物行有性生殖時都需要進行減數分裂來產生配子,配子除了染色體數目減半以外,其基因組合的可能性更是無限的。

⑬ 精原細胞可進行減數分裂產生精子,而有絲分裂能維持精原細胞的數量不致減少,因此男性一生之中皆有製造精子的能力。

⑭ 胎兒時期女性卵巢中的生殖細胞可經有絲分裂形成卵原細胞,但此過程於出生前即停止,因此出生之後女性卵巢中的卵原細胞數量已固定,一個卵原細胞最終只會產生一個卵與三個極體,極體最終將退化、消失。

4-2 生物的遺傳

❶ 孟德爾從事豌豆雜交遺傳實驗。在正常情況下，豌豆的雄蕊會釋出花粉而掉落在同一朵花的雌蕊上，稱為自花受粉；孟德爾想要讓兩株不同豌豆進行異花受粉時，他可以在一株植物的雄蕊尚未成熟前將之全部摘除，留下雌蕊，然後把另一株植物的花粉灑在雌蕊的柱頭上。

❷ 孟德爾兩大遺傳定律：

① 分離律：當形成配子時對偶基因便互相分離，分配於不同的配子中。故每一配子只有對偶基因中的一個。

② 獨立分配律：當非對偶基因分離後，彼此互相自由組合進入同一配子中。即位於非同源染色體上的兩個（或多個）不同的基因對，其對偶基因在分配至配子的過程完全獨立。

❸ 有些遺傳性狀的對偶基因沒有顯性、隱性之分，雙方互為顯性表現出來，稱為不完全顯性或中間型遺傳。例如紫茉莉的花有紅色和白色，將紅花和白花者相互授粉，所得後代皆為粉紅花。

❹ 複對偶基因是指同一個基因位上，有多於兩種形式的對偶基因者。例如：人類的 ABO 血型遺傳。

❺ 多基因的遺傳是指一種性狀的形成受到幾對不同基因的控制，但每一個顯性基因皆具有相同的影響，又稱做數量遺傳。

❻ 若基因位於性染色體上，遺傳的結果與性別有關，稱為性聯遺傳。例如，人類的兩種性聯遺傳：色盲與血友病。

4-3 性別的決定

❶ XY 型：凡是性染色體在雌雄分別為 XX 和 XY 者稱 XY 型，絕大多數雌雄異體的動物包括人類和果蠅在內皆屬此型。

❷ ZW 型：蝶、蛾及鳥類等的性染色體屬 ZW 型，此與 XY 型的情形恰好相反。雄性的兩個性染色體相同，稱 ZZ，雌性的兩個性染色體不相同，稱 ZW。

❸ XO 型：有些種類的動物，雄性或雌性缺少一個性染色體。雄性動物的精子一半含有 X 染色體，一半不含 X 染色體（即 O），雌性動物的卵則全部含有 X 染色體。當精卵結合後，若為 XO，則為雄性；若為 XX，則為雌性。

4-4 染色體常數的改變

❶ 染色體雖然經過減數分裂，但於同源染色體聯會後並沒有再分離，稱為染色體不分離。

Note

Chapter 5
開花植物的
構造與生殖

THE STRUCTURE AND REPRODUCTION
OF FLOWERING PLANTS

組織培養拯救臺灣瀕危植物

臺灣氣候溫暖潮溼，原生植物種類豐富，但在人類開發與氣候變遷的雙重影響之下，許多原生植物面臨消失或瀕危。根據「2017 臺灣維管束植物紅皮書名錄」，目前臺灣 4000 多種原生維管束植物中，已有 27 種原生植物消失於野外，900 多種受到不同等級威脅。這些原生植物目前正由農委會特有生物研究保育中心積極搶救，保種復育。

植物具有全能性 (totipotency)，植物細胞在適宜的條件下可通過細胞分裂與分化，再生出一個完整植株。因此我們可以將植物任何部位的組織進行培養，讓它們能夠生長、發育、分化與增殖，最後長成一株完整的植物，這就是組織培養的基本原理。難以用種子繁殖的植物，如蘭科、百合科及菊科等，就適合採用組織培養方式繁殖保存。

首先研究人員自野外植物的根、莖、葉、花等器官取得組織，經過消毒，將組織置於人工培養基上，培養基包含植物細胞生長所需的養分、植物激素以及微量元素，整個過程必須在無菌操作室中進行。一段時間後，細胞會分裂為一團癒傷組織 (callus) 並逐漸分化出芽體，當芽體長到足夠大小即可進行分株，進而移栽到一般的介質。目前保育中心利用組織培養保存的植株包括：紫苞舌蘭、囊稃竹、臺灣破傘菊、七指蕨等多種瀕絕植物，將來一旦野外族群受到天災或是人為破壞減少時，可以透過保存的種源與植株來進行補充。

ⓐ 紫苞舌蘭

ⓑ 囊稃竹 (花)

臺灣的瀕絕植物

植物界中，高等維管束植物又稱為種子植物，包含裸子植物與被子植物。常見的被子植物，又稱為開花植物，可分成兩類群：**單子葉植物**與**雙子葉植物**。此兩類植物在構造和功能上相似，皆具有營養器官（根、莖、葉）及生殖器官（花、果實、種子）。

5-1 根

根通常生長於土壤中，可以固定植物體並能自土壤中吸收水與無機鹽類，運送到莖；有些植物會在根中儲藏大量養分形成儲存根，如地瓜和胡蘿蔔；有些特化根可以吸收空氣中的水分，如蘭花和榕樹的氣生根；有些特化根會生長進入宿主的維管束中，吸收宿主的水分和養分，如菟絲子的寄生根。

　　根依生長來源可分為**初生根**、**次生根**和**不定根**三種。初生根是由胚之幼苗發育而成，稱為**主根**；次生根由主根分生而成，又稱為支根；不定根則是由莖或葉部長出。依外部型態可分為**軸根系**與**鬚根系**；雙子葉植物大多為軸根系，單子葉植物大多為鬚根系。

根的縱切面

　　於顯微鏡下觀察根的縱切面（圖 5-1），自下向上可分為：

一　根冠

　　根冠位於根之最先端，包圍根尖周圍，具有保護其內部生長點細胞的作用。

二　頂端分生組織

　　根冠的內部由許多不斷分裂之**頂端分生組織**組成，又稱分生區。根的各部構造，皆由分生區細胞分裂而來。根冠細胞脫落後，亦由分生區細胞分裂補充。

三　延長部

　　延長部位於分生區之上，細胞不能分裂，但能延伸而為柱形，增加根的長度。延長部之後端部分表皮細胞向外突出而成**根毛**，為植物吸收水分與鹽類的主要場所。

四　成熟部

　　成熟部位於延長部之上，亦有根毛。根的內部組織分化皆已完成，其構造與莖的構造幾乎相同。**支根**由成熟部的**周鞘** (pericycle) 向外分生突出而形成。

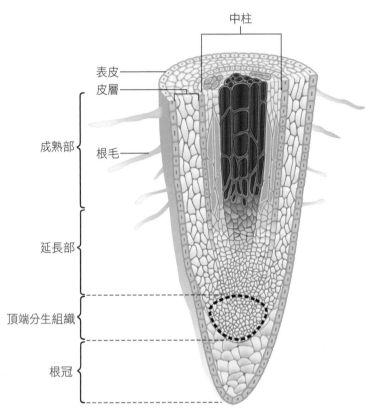

圖 5-1　根的縱切面

根的橫切面

一　表皮

　　表皮通常僅有一層細胞，細胞排列緊密，保護內部組織。部分表皮細胞向外生長成為根毛，以增加吸收表面積。

二　皮層

　　皮層位於表皮之內，由數層薄壁組織細胞組成，有貯藏水分與養分的功用。細胞間隙較大，可以讓氣體擴散，便於根部細胞進行呼吸作用。皮層最內一層細胞較小而壁厚，稱為**內皮**，內皮細胞具有木栓質及蠟質形成的**卡氏帶** (Casparian strip)，有控制水分通過的作用。

三 中柱

　　皮層以內為中柱，主要由**維管束**構成，中柱外面一層或數層薄壁細胞，稱為周鞘，其內為木質部與韌皮部。

　　木質部由**假導管**、**導管**、薄壁組織和厚壁組織組成。主要由假導管與導管負責輸送水分和鹽類，二者都有加厚的次級細胞壁，成熟時為死細胞。導管分子上下互相聯通，輸水效率較高；假導管上下封閉，輸水時須要通過**壁孔**，輸水效率較差 (圖 5-2)。木質部輸送的動力來源主要來自蒸散作用，其次有毛細作用和根壓來幫助水往上運送。而根壓的產生依賴無機鹽類的主動運輸和卡氏帶的協助。

　　韌皮部由**篩管**、**伴細胞**、纖維和薄壁組織所組成，負責有機養分的輸送，可將養分向上或向下運輸。韌皮部的養分運送需要伴細胞幫忙，將醣類裝載和卸載，再藉由篩管二端的壓力差來造成液體流動，此即**壓力流學說** (pressure flow theory)。

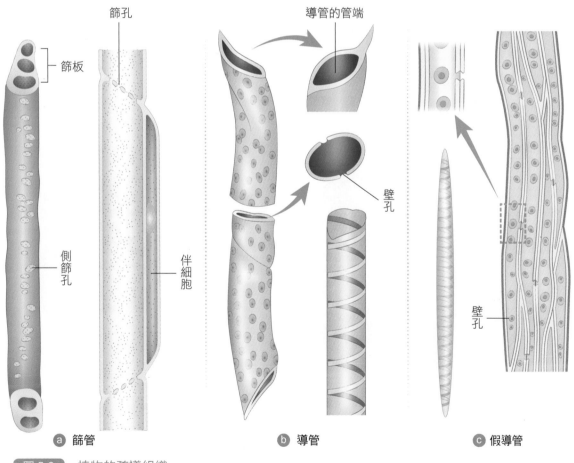

篩孔　　　　　　　導管的管端

篩板

側篩孔　　　伴細胞　　　壁孔

壁孔

ⓐ 篩管　　　　　　ⓑ 導管　　　　　ⓒ 假導管

圖 5-2　植物的疏導組織

　　雙子葉植物根的**木質部**與**韌皮部**之間有**形成層** (cambium)，能向外分裂韌皮部，向內分裂木質部，故雙子葉植物的根可以逐年生長加粗。周鞘細胞可分裂、發育出支根。單子葉植物在維管束的中央尚有薄壁細胞組成的**髓**。雙子葉植物根的木質部與韌皮部呈現輻射狀排列 (圖 5-3)。

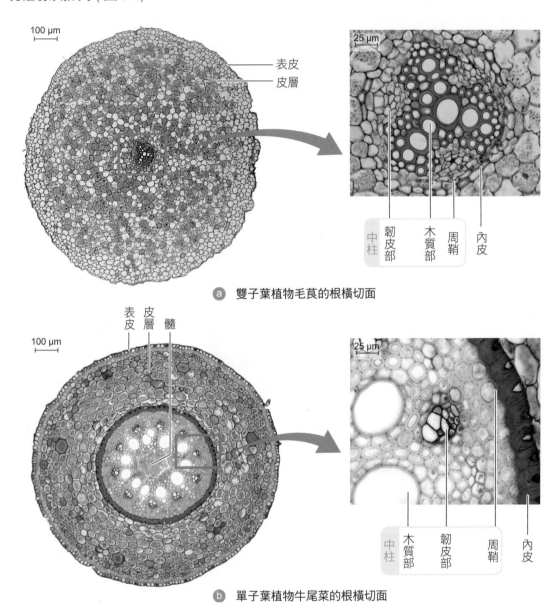

ⓐ 雙子葉植物毛茛的根橫切面

ⓑ 單子葉植物牛尾菜的根橫切面

圖 5-3 根的橫切面

5-2 莖

莖 對於植物生存有兩種重要機能：

① 支持葉片，讓葉片容易接受日光與空氣。

② 輸導各種物質，將其運送到需要利用或貯藏的器官。莖在外觀上，分為節與節間；節上有分生組織，可以分生出葉子、花芽、和枝條。部分植物具有特化莖，可以儲存養分和水分，如馬鈴薯的塊莖、洋蔥的鱗莖、香蕉的地下莖等。

　　莖依其支撐力量大小可分為**草本莖**和**木本莖**。草本莖質地較柔軟，其支持力主要靠細胞的膨壓，如一年生、二年生或多年生的蔬菜、野草和蘭花。木本莖質地較堅硬，支持力強，主要靠厚壁細胞、纖維與木質部支持，具有次級生長，可逐年長高加粗。

　　木本莖依其外型又可分為**喬木**和**灌木**。喬木可長至數十公尺高，主幹明顯，如榕樹、樟樹等。灌木通長只有數十公分至數公尺高，分枝多，無明顯主幹，如茶樹、杜鵑花等。藤本植物會攀附在其他植物體上，可分為木質藤本 (如葡萄) 和草本藤本 (如牽牛花)。

喬木　　　　　　　　　　灌木　　　　　　　　　　草本

圖 5-4　植物的外型。木本莖可分為喬木和灌木。草本植物一般較為矮小。

草本莖的橫造

　　單子葉植物大多為草本莖，而雙子葉植物有草本莖，也有木本莖。雙子葉植物草本莖橫切面構造，自外向內可分表皮、皮層及中柱三部分，維管束成**環型排列**。單子葉植物草本莖橫切面構造，自外向內可分表皮和基本組織，維管束呈**散生排列** (圖 5-5)。

一　表皮

　　表皮位於莖的最外層，由排列緊密的一層細胞所組成，具有角皮質和**氣孔**，其功用為保護內部組織及交換氣體的通路。

二　皮層

　　皮層位於表皮之內，由數層薄壁組織細胞構成，常有葉綠體，可行光合作用。有些植物的皮層中，有厚壁細胞或厚角細胞的支持組織，部分草本植物內皮細胞可貯藏澱粉。

三　中柱

　　中柱位於皮層之內，自外向內又可分周鞘、維管束和髓三部。周鞘是位於中柱外圍之薄壁組織細胞所組成。在每一維管束外緣往往有一束纖維其橫切面呈帽狀，稱為韌皮纖維，具有支持作用。維管束以髓為中心環狀排列，稱為**環狀中軸**。每個維管束自外向內分為韌皮部、形成層及木質部等三部分。

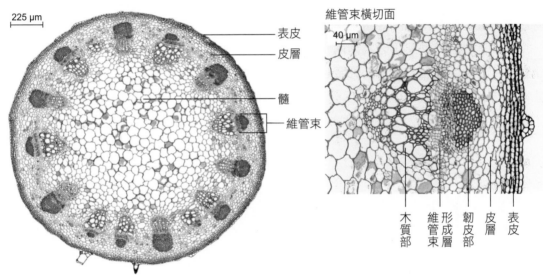

ⓐ 雙子葉植物向日葵草本莖的橫切面

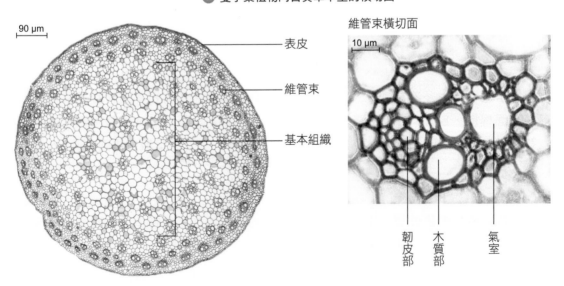

圖 5-5　草本植物莖的構造　　　ⓑ 單子葉植物玉米的莖橫切面

單子葉植物和雙子葉植物莖的主要區別為：

① 表皮終生不脫落。

② 表皮之內有數層厚壁細胞造成的機械組織。

③ 皮層、內皮、髓線及髓無明顯分化，總稱為基本組織。

④ 維管束散生在基本組織之內，稱為散生中軸。

⑤ 維管束中無形成層，故單子葉植物的莖不能無限制增粗。

木本莖的構造

一 木本莖的橫切面構造

　　木本嫩莖亦分表皮、皮層和中柱三部。但成長之後，形成層細胞開始分裂，莖能不斷的加粗。由形成層細胞分裂而產生的構造，稱為次生組織，例如年輪、木材、木栓層及皮孔等構造。嫩莖成熟過程中，表皮脫落，由皮層外側產生**木栓形成層** (cork cambium)，木栓形成層細胞分裂形成**木栓層**。木栓細胞之細胞壁內含有**木栓質**，可以防止水分的散失。木栓細胞死亡後，其外側之表皮細胞難以獲得水分，故亦死亡而隨之脫落。當莖的直徑加粗時，木栓層產生裂孔，稱為**皮孔**，為氣體交換之孔道。木本莖植物形成層以外的部分包括韌皮部、皮層、木栓層等統稱為**樹皮**（圖 5-6）。

二 年輪

　　生長在溫帶的木本植物，冬季時，形成層的細胞分裂較慢。當春季來臨，氣溫上升，形成層內側細胞分裂極快，形成細胞大、疏鬆、細胞壁薄而色淡的木材，稱為**春材** (spring wood)；夏末以後，形成層分裂減慢，產生細胞小、排列緊密、細胞壁厚而色濃的木材，稱為**夏材** (summer wood)。春材和夏材，在木材的橫切面上明顯出現許多同心的環紋，稱為**年輪**（圖 5-7）。

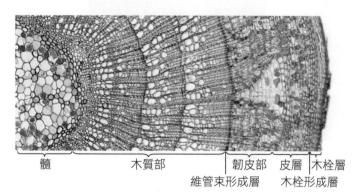

髓　　　　木質部　　　　韌皮部　皮層　木栓層
　　　　維管束形成層　　木栓形成層

圖 5-6　木本植物莖的橫切面構造

圖 5-7　由年輪的數目，可估計該樹木之年齡

5-3 葉

葉子的主要功能是行光合作用,製造植物體所需的養分;蒸散作用主要也發生在葉片。葉著生在莖的節上,一個節上只長一片葉子,稱為**互生**;每個節長出二片相對的葉子,稱為**對生**;每個節長出三片以上的葉子,稱為**輪生**。若節間很短,葉片叢集在一起,稱為**叢生** (圖 5-8)。

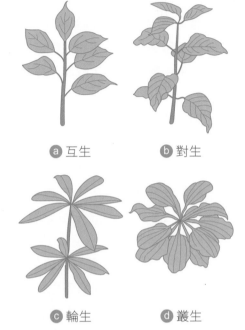

ⓐ 互生　　ⓑ 對生

ⓒ 輪生　　ⓓ 叢生

图 5-8　植物的葉序

葉的構造

多數雙子葉植物之葉可分**葉片**、**葉柄**和**托葉**。葉片通常呈寬扁狀,可增加受光表面積。托葉是著生於葉柄基部的小型葉,有保護幼芽的功能。莖中的維管束經葉柄伸入葉中,形成**葉脈**;但大多數單子葉植物並無葉柄,僅由葉基部包住莖而形成**葉鞘** (圖 5-9)。

植物的葉形上有極多變異,有單葉,有複葉,有些葉片上長有毛,鱗片甚或有鉤,亦有演變為特殊構造以利捕食者,如食蟲植物—捕蠅草。裸子植物的葉子則多為針狀或鱗狀。

ⓐ 雙子葉植物—榕樹的葉

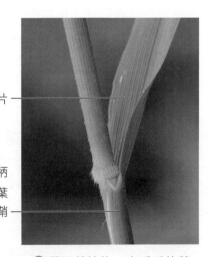

ⓑ 單子葉植物—李氏禾的葉

葉片
葉柄
托葉
葉鞘

图 5-9　葉的構造

顯微鏡觀察葉片之橫切面構造 (圖 5-10)，主要分為表皮、葉肉與葉脈三部分。

一 表皮

位於葉片之上、下表面，通常由一層排列緊密之表皮細胞所組成。表皮細胞不含葉綠體，與外界接觸之細胞壁外有角質層，具有防止水分蒸散的功能。下表皮生有許多**氣孔**，為控制氣體分子出入的通路。每一氣孔由兩個**保衛細胞**包圍而成。保衛細胞有葉綠體，也可以藉由控制水分進出細胞，來控制氣孔開關。

二 葉肉

靠近上表皮的葉肉細胞呈柱狀，細胞間隙小，排列整齊，稱為**柵狀組織**；靠近下表皮的細胞，形狀不規則，排列疏鬆，細胞間隙亦大，稱為**海綿組織**。二者細胞內皆具葉綠體，為植物光合作用的場所。

三 葉脈

莖之維管束延伸到葉中，成為葉脈，即葉的維管束。在葉脈中木質部位於上方，韌皮部位於下方。

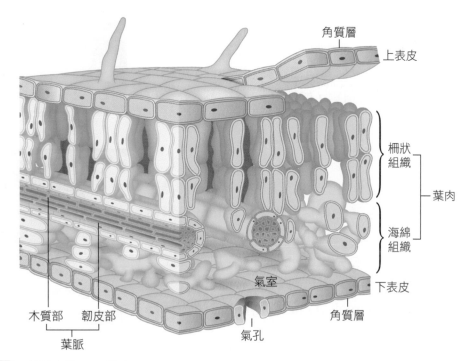

圖 5-10 葉片之橫切面構造

5-4 開花植物的生殖

種子植物可以藉由花粉管完成受精作用並產生種子，使其在乾燥的陸地環境中取得優勢。其中，被子植物除了透過花色和花蜜來吸引動物幫助傳粉外，更可產生果實保護種子並吸引動物幫助散布種子，增加繁殖上的優勢。雖然大多數植物以有性生殖來繁殖下一代，但也有許多植物能進行無性生殖。

無性生殖

　　無性生殖是低等植物普遍的生殖方法，例如綠藻的分裂生殖，但一部分開花植物亦可進行無性生殖，過程中不經減數分裂和配子結合，僅由親代的營養器官產生後代，稱為**營養繁殖**。例如地瓜的塊根、馬鈴薯的塊莖，可由芽眼處生出新的幼苗 (圖 5-11a、b)；香蕉利用地下莖發出幼芽；鳳梨用側芽來分芽；甘薯、甘蔗的插枝；薔薇、夾竹桃利用壓條；落地生根具有肥厚的葉，葉緣每一缺刻處都能發育一株新植物 (圖 5-11c)。秋海棠亦可利用葉片繁殖。此外，尚有一種嫁接的方法，常用來改良果木的品種。

　　近來生物技術發達，將植物的組織放在含有養分和植物激素的培養基上繁殖，稱為**組織培養** (tissue culture)，可大量繁殖高經濟價值的植物，如蘭花。

ⓐ 地瓜－根

ⓑ 馬鈴薯－莖

有性生殖

　　有性生殖需經減數分裂產生生殖細胞，再由精卵結合產生下一代。植物的生活史具有**世代交替** (alternation of generations) 的特徵，即二倍體的孢子體世代和單倍體的配子體世代交替出現在生活史上。在被子植物中，孢子體較發達，配子體寄生在孢子體上，只有少數細胞。花粉粒萌發後將形成雄配子體 (male gametophyte)，而雌配子體 (female gametophyte) 則包含在胚珠中。

ⓒ 落地生根－葉

圖 5-11　營養繁殖

一　完全花

　　完全花包括**花萼**、**花冠**、**雄蕊**及**雌蕊**四部分 (圖 5-12)，四者中缺乏任何一部分則稱為不完全花，如白楊、柳樹等雌雄異株的植物。花冠是由**花瓣**集合而成；花萼是由**萼片**

集合而成；花萼與花冠合稱**花被**；雌蕊與雄蕊合稱花蕊。雌蕊頂端為**柱頭**，下接**花柱**，膨大部分為**子房**。子房內有一至多室，每室生有一個或多個**胚珠**。雄蕊包括**花藥**及**花絲**二部；花藥分二藥瓣，每藥瓣具有二個花粉囊，囊內生有許多花粉母細胞經減數分裂形成花粉粒。

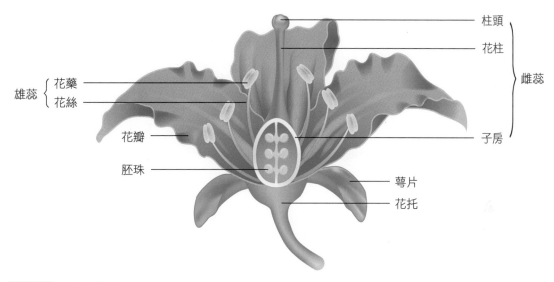

圖 5-12　花的構造

二　花粉粒之形成

花藥內花粉囊中的**花粉母細胞** (2n) 經減數分裂，產生四個**小孢子** (n)，小孢子再進行有絲分裂為二個細胞：一個為**生殖細胞**，另一個稱**管核**。花粉粒萌發時，生殖細胞會再進行一次有絲分裂，產生二個精細胞。

三　雄配子體的形成

落於雌蕊的柱頭上的花粉粒會萌發出花粉管，其中含有一管核及二精細胞，即**雄配子體**。

四　雌配子體的形成

胚珠內的珠心含有 1 個**胚囊母細胞** (2n)，經減數分裂產生 4 個單套的大孢子，其中三個退化消失，只留下一個**大孢子**。此大孢子再經三次有絲分裂發育為 8 個核的胚囊，即**雌配子體**。**胚囊**共 7 個細胞，近珠孔有 3 個，大的為**卵**，旁有 2 個**輔助細胞**，與珠孔相對的一端有 3 個**反足細胞**，以上 6 個各擁有自己之原生質及細胞膜；二極核則與胚囊中其餘之原生質合稱為**胚乳母細胞**。故一成熟胚囊計有 7 個細胞 8 個核。

五 授粉與雙重受精作用

　　花粉粒經由媒介傳至雌蕊柱頭，稱為**授粉**。當花粉傳送到雌蕊柱頭，即黏附在柱頭的分泌物中，吸收養分而萌發，向外突出一細長的**花粉管**，穿越珠被而達胚囊，此時管內兩個精細胞分別與卵細胞及二極核結合，是被子植物獨有的**雙重受精作用** (double fertilization)(圖 5-13)。

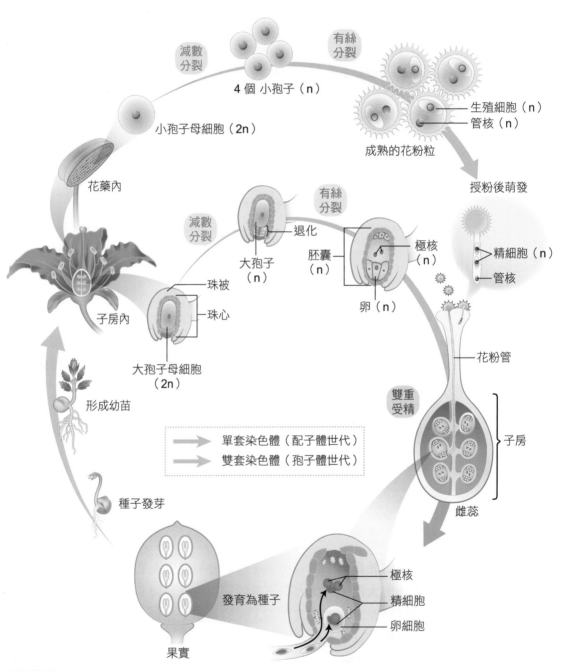

圖 5-13 雙重受精的示意圖

管核則退化消失。精細胞與卵結合，發育成為**胚** (2n)；另一精細胞與二極核 (1n + 1n) 結合，形成胚乳核 (3n)，將發育成**胚乳** (3n)。而雌配子體內其餘之細胞則分解消失。

花受精後，**胚珠**發育為**種子**，種子包括種仁及種皮；胚和胚乳合稱**種仁**，珠被則形成**種皮**；**子房壁**發育為**果皮**，果皮與種子合稱**果實**。

六 被子植物的世代交替

種子植物的根、莖、葉屬於孢子體，非常發達，而配子體渺小，不能獨立生活，必須寄生於孢子體而生存。今以**被子植物**為例說明如下 (圖 5-14)：

❶ 孢子體世代 (無性世代 / 雙倍體世代)

種子植物的受精卵發育成胚，即為無性世代的開始。種子是休眠的胚胎，在適當環境下萌發後長出根、莖、葉，即為孢子體，生活期長，為獨立個體。

❷ 配子體世代 (有性世代 / 單倍體世代)

開花植物的配子體須用顯微鏡方可見到。成熟的雄配子體由一個管核和兩個精細胞構成。雌配子體總共有 7 個細胞 8 個核。

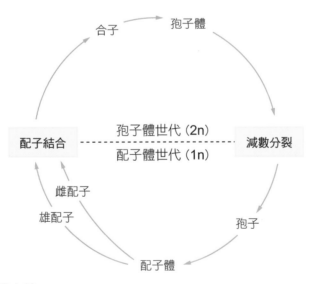

圖 5-14 植物的世代交替

七 果實

雌蕊的子房與其內所含的胚珠授粉後最後發育形成果實。果實之種類頗多，通常為保護種子、散布種子或貯藏水分與養分。若果實純粹由子房發育而來的稱之為**真果**；若發育自萼片、花瓣、或花托等其他部分者則稱為**假果** (如：蘋果、梨)。

另外，果實依其發育起源不同可分成三類型：單果、聚合果和多花果。**單果**如櫻桃，是由單一個雌蕊的花發育而成 (圖 5-15a)；**聚合果**如草莓，是從由多個雌蕊的花發育而來 (圖 5-15b)；**多花果**（複果）如鳳梨，是由多數花朵聚集合生成 (圖 5-15c)。果實也依水分的多寡與軟硬程度而分為**乾果**和**肉果**，前者成熟的果實含有硬乾的組織，例如花生 (圖 5-15d)，後者成熟的果實是軟而多肉的。乾果可藉風和動物散布，而肉果多經鳥類、哺乳動物、和其他動物吃下後，種子通過動物的消化道，在另外一個新的地方遺落時，便達到種子散播的目的。

ⓐ 櫻桃　　　　　ⓑ 草莓　　　　　ⓒ 鳳梨花　　　　　ⓓ 花生

圖 5-15　不同的果實

八 種子的來源與構造

種子乃胚珠受精後發育而成。當胚珠漸次發育形成種子之際，珠被之全部或一部，亦增大肥厚，而成種皮。

種子包括種皮與種仁，種仁又分**胚**和**胚乳**。稻、麥、玉蜀黍等種子的種仁，包括胚和胚乳兩部，稱為**有胚乳種子** (圖 5-16a)。大豆、碗豆及及瓜科植物等的種仁，因胚之形成過程中，已將胚乳消耗，故成熟的種仁中，只見胚而不見胚乳，稱之為**無胚乳種子** (圖 5-16b)，但其子葉發達，貯藏養分，可供種子萌發時之用。胚為種子的主要部位，發育為**胚芽**、**胚軸**和**子葉**。

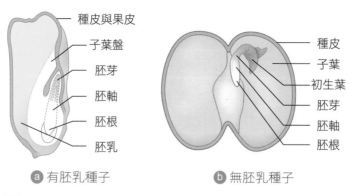

種皮與果皮
子葉盤
胚芽
胚軸
胚根
胚乳

種皮
子葉
初生葉
胚芽
胚軸
胚根

ⓐ 有胚乳種子　　　　　ⓑ 無胚乳種子

圖 5-16　種子的構造

本章重點

5-1 根

① 根依生長來源可分為初生根、次生根和不定根三種。依外部型態可分為軸根系與鬚根系；雙子葉植物大多為軸根系，單子葉植物大多為鬚根系。

② 根的縱切面自下向上可分為：根冠、頂端分生組織、延長部及成熟部。

   ① 延長部之後端部分表皮細胞向外突出而成根毛，為植物吸收水分與鹽類的主要場所。

   ② 支根由成熟部的周鞘向外分生形成。

③ 根的橫切面自外向內可分為：表皮、皮層和中柱。

   ① 表皮細胞向外生長成為根毛，以增加吸收表面積。

   ② 皮層由數層薄壁組織細胞組成，有貯藏水分與養分的功用。

   ③ 內皮細胞具有木栓質及蠟質形成的卡氏帶，有控制水分通過的作用。

   ④ 皮層以內為中柱，主要由維管束構成。

   ⑤ 木質部由假導管、導管、薄壁組織和厚壁組織組成。假導管與導管負責輸送水分和鹽類，二者都有加厚的次級細胞壁，成熟時為死細胞。

   ⑥ 韌皮部由篩管、伴細胞、纖維和薄壁組織所組成，負責有機養分的輸送，可將養分向上或向下運輸。

   ⑦ 雙子葉植物根的木質部與韌皮部之間有形成層，能向外分裂韌皮部，向內分裂木質部，故雙子葉植物的根可以逐年生長加粗。

5-2 莖

① 莖對於植物生存有兩種重要機能：

   ① 支持葉片，讓葉片容易接受日光與空氣。

   ② 輸導各種物質，將其運送到需要利用或貯藏的器官。

② 莖依其支撐力量大小可分為草本莖和木本莖。草本莖質地較柔軟；木質莖質地較堅硬，支持力強，主要靠厚壁細胞、纖維與木質部支持，具有次級生長，可逐年長高加粗。

③ 雙子葉草本莖構造：表皮、皮層和中柱。

   ① 表皮位於莖最外層，具角皮質和氣孔。

   ② 皮層由數層薄壁組織細胞構成，常有葉綠體，可行光合作用。

   ③ 中柱自外向內又可分周鞘、維管束和髓三部。維管束以髓為中心環狀排列，稱為環狀中軸。

④ 單子葉植物和雙子葉植物莖的主要區別為：

   ① 表皮終生不脫落。

   ② 表皮內有數層厚壁細胞造成的機械組織。

   ③ 皮層、內皮、髓線及髓無明顯分化，總稱為基本組織。

   ④ 維管束散生在基本組織之內，稱為散生中軸。

   ⑤ 維管束中無形成層，故單子葉植物的莖不能無限制增粗。

⑤ 木本莖的橫切面構造：

　① 木本嫩莖亦分表皮、皮層和中柱三部。但成長之後，形成層細胞開始分裂，莖能不斷的加粗。

　② 嫩莖成熟過程中，表皮脫落，由皮層外側產生木栓形成層，木栓形成層細胞分裂形成木栓層，可以防止水分的散失。

⑥ 春材和夏材，在木材的橫切面上明顯的現出許多同心的環紋，稱為年輪。

5-3 葉

① 多數雙子葉植物之葉可分葉片、葉柄和托葉。大多數單子葉植物並無葉柄，僅由葉基部包住莖而形成葉鞘。

② 葉片之橫切面構造主要分為表皮、葉肉與葉脈三部分。

　① 表皮細胞不含葉綠體。下表皮有許多氣孔，每一氣孔由兩個保衛細胞包圍而成。

　② 葉肉分為柵狀組織及海綿組織，二者皆具葉綠體，為植物光合作用的場所。

　③ 莖之維管束延伸到葉中，成為葉脈，即葉的維管束。

5-4 開花植物的生殖

① 部分開花植物亦可進行無性生殖，過程中不經減數分裂和配子結合，僅由親代的營養器官產生後代，稱為營養繁殖。

② 植物的生活史具有世代交替的特徵，即二倍體的孢子體世代和單倍體的配子體世代交替出現在生活史上。

③ 完全花包括花萼、花冠、雄蕊及雌蕊。

④ 落於雌蕊的柱頭上的花粉粒會萌發出花粉管，其中含有一管核及二精細胞，即雄配子體。

⑤ 胚囊共 7 個細胞，近珠孔有 3 個，大的為卵，旁有 2 個輔助細胞，與珠孔相對的一端有 3 個反足細胞。二極核則與胚囊中其餘之原生質合稱為胚乳母細胞。故一成熟胚囊計有 7 個細胞 8 個核。

⑥ 花粉粒經由媒介傳至雌蕊柱頭，稱為授粉。

⑦ 當花粉傳送到雌蕊柱頭，即黏附在柱頭的分泌物中，吸收養分而萌發，向外突出一細長的花粉管，穿越珠被而達胚囊，此時管內兩個精細胞分別與卵細胞及二極核結合，是被子植物獨有的雙重受精作用。

⑧ 花受精後，胚珠發育為種子，種子包括種仁及種皮；胚和胚乳合稱種仁，珠被則形成種皮；子房壁發育為果皮，果皮與種子合稱果實。

⑨ 若果實純粹由子房發育而來的稱之為真果；若發育自萼片、花瓣、或花托等其他部分者則稱為假果。

⑩ 果實依其發育起源不同可分成三類型：單果、聚合果和多花果。

Chapter 6
細胞的能量來源

ENERGY SOURCE OF LIVING CELLS

解決塑料問題的新希望—酶工程技術

我們知道酶 (enzyme) 在生物體中可以催化各種化學反應，將這種特性應用在工業上，生產人類需要的產品或用於其它目的，例如改善環境，就稱為酶工程技術 (Enzyme engineering)。聚對苯二甲酸乙二醇酯 (PET) 是最豐富的聚酯塑料之一，可用於紡織品、包裝、寶特瓶。科學家們一直在研究有效的方法回收 PET，以解決塑料的汙染問題。

2016 年，日本京都工業大學的 Kenji Miyamoto 和其同事們在《Science》上首次報導了可「吞噬」PET 的細菌。這種細菌以 PET 為主要碳源和能量源，在 30℃左右即可降解塑料垃圾，這項發現對塑料回收與環保意義重大。

2022 年 4 月，來自美國德克薩斯大學的團隊在《Nature》發表研究，他們設計出一種極具活性的水解酶 (FAST-PETase)，並以此酶測試了 51 種不同的消費後塑料容器、5 種不同的聚酯纖維以及全部由 PET 製成的織物和水瓶，證明了該酶的有效性。在某些情況下，PET 塑料可以在 24 小時內完全分解為單體。目前該團隊已經為這項新技術提交了專利申請。他們計劃擴大 FAST-PETase 的產量，以為工業和環境應用做準備。

塑料問題是世界上最緊迫的環境問題之一，雖然在 PET 的分解上露出曙光，但是其它無法被分解的塑料仍然被大量製造 (PET 目前占全球垃圾總量的 12%)，除了做好回收，少用塑膠、進而停用塑膠才是根本的解決之道。

水果盒、寶特瓶都是 PET 塑料

6-1 能量觀念

生物體維持生命以及完成代謝作用等活動，皆需能量才能進行。能量有多種形式，如輻射、電、光、熱、化學、機械等能，一般對能量的解釋為作功的能力，此種能力可使物質發生轉變。所有的能量最終都能轉變成熱能，但是細胞無法利用熱來做功，細胞只能利用特殊的能量形式來做功，它儲存在有機分子的化學鍵內，稱為化學能。

位能

運動中的物體都具有動能，靜止中的物體雖然不具動能，但也能存有能量稱為**位能**(potential energy)。位能又稱為**勢能**，是一種潛藏的能量，也可看做是一種被儲存的能量，它蘊含在物質的位置、結構或狀態之中。

位能的形式很多，例如在物理學上被拉長的彈簧具有彈力位能、在電場中的電荷具有電位能、高山上的石頭相較於平地的石頭具有更多的重力位能等，位能平時不易察覺，需經過能量的轉換方能成為可觀察或是可利用的能量。

化學能

化學能可看作是一種位能，醣類、脂肪、蛋白質等分子在合成過程中將化學能儲存在化學鍵中，稱為**高位能化合物**；分解後產生的二氧化碳與水即使將其分子的鍵結打斷也只能釋出極少能量，稱為**低位能化合物**。

儲能的化學鍵可以分二類，一種為**低能鍵**，低能鍵的化合物如醣類、脂肪、蛋白質。凡是碳、氫、氮、氧原子與另一個碳原子結合的化學鍵都是低能鍵。低能鍵比較穩定，分解時放出能量不多，不能在短時間內放出多量的化學能以供給細胞需要。細胞內另有一種含**高能鍵**的化合物，最普通的高能鍵就是**磷酸鍵**；它和普通磷酸根不同，是吸收低能鍵所放出的能量形成的。高能鍵不穩定，容易放出能量變成普通磷酸根，為了區別二者常用「~」代表高能鍵，生物體內含高能鍵的化合物可以**腺嘌呤核苷三磷酸**(adenosine triphosphate，ATP) 為代表 (圖 6-1)。

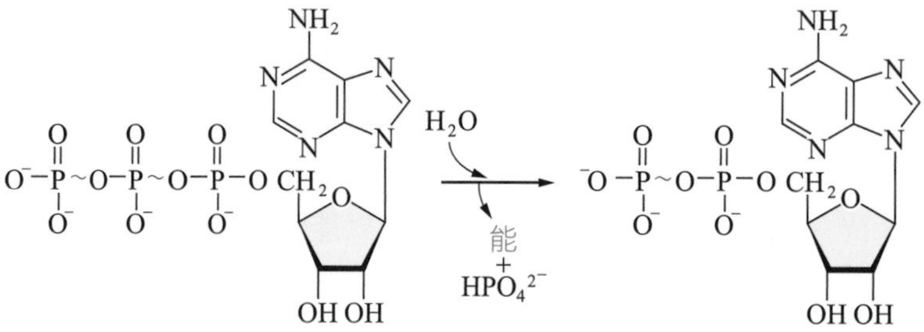

圖 6-1 ATP 與 ADP 的關係

腺嘌呤核苷三磷酸　　　　　　　　　　腺嘌呤核苷二磷酸

ATP 有兩個高能磷酸鍵，將磷酸鍵打斷可釋放能量，為一種水解反應。ATP 釋放一個高能磷酸鍵後會轉變為 ADP，ADP 可再釋放一個高能磷酸鍵形成 AMP。

ATP 的構造與功能

葡萄糖分子貯存有許多化學能，細胞中的粒線體可將葡萄糖分解，並把其中的能量轉變為細胞可以利用的形式儲存在化合物中，其中最重要的便是 ATP。ATP 是核苷酸的一種，是由核糖、腺嘌呤與三個磷酸根組成。

由葡萄糖轉移至 ATP 之能量會迅速消耗於各種細胞活動中，其間 ATP 被分解以釋放能量而轉變為 ADP（圖 6-1），ADP 尚可再釋放出一個高能磷酸鍵的能量形成 AMP；當細胞中 ATP 減少時，更多的葡萄糖會被氧化產生能量，以便將 AMP 合成 ADP，再合成為 ATP；合成後之 ATP 又會再被分解放出能量以供細胞活動所需，此一連串之反應不斷地循環發生。

6-2 細胞呼吸

細胞從分解葡萄糖、胺基酸、脂肪酸和其他有機化合物中獲取能量，過程中會消耗氧氣，產生 CO_2 和 H_2O 及能量，這個過程稱為**細胞呼吸** (cellular respiration)；多數的動植物細胞需要在氧氣充足的情況下進行呼吸作用，稱為**有氧途徑**，相較於無氧的途徑，在有氧環境下細胞能產生更多的能量。

整個呼吸作用需要多種酶參與反應，產生的能量亦可由粒線體中的酶將其儲存在高能化合物中。葡萄糖是動物細胞最直接的能量來源，其代謝的總反應式如下：

$$C_6H_{12}O_6 + 6\,O_2 + 6\,H_2O \rightarrow 6\,CO_2 + 12\,H_2O + 能量$$

細胞呼吸代謝路徑

細胞呼吸是一個複雜的代謝路徑，分解葡萄糖產生能量的過程，可分為**糖解作用**、**丙酮酸轉變成乙醯輔酶 A**、**檸檬酸循環**、**電子傳遞鏈與氧化磷酸化作用**等四個階段。

一 糖解作用

動植物細胞皆以葡萄糖作為最直接的供能物質。葡萄糖進入細胞後，首先會在細胞質中轉變為丙酮酸，稱為糖解作用，糖解作用過程中有許多步驟，每一個步驟都需要特殊的酶來催化。一分子葡萄糖分解為兩分子丙酮酸，過程中生成 4 個 ATP 分子；釋出的 4 個氫離子與 4 個電子，可使 2 NAD⁺ 轉變成 2 NADH + 2 H⁺。因過程中會消耗 2 個 ATP，所以實際淨得 2 ATP 及 2 NADH + 2 H⁺。淨反應式如下：

$$C_6H_{12}O_6 + 2\ ADP + 2\ Pi + 2\ NAD^+ \rightarrow 2\ 丙酮酸 + 2\ ATP + 2\ NADH + 2H^+ + 2\ H_2O$$

二 丙酮酸轉變為乙醯輔酶 A

糖解作用產生的丙酮酸被送入粒線體，丙酮酸分子上的羧基（－ COOH）首先被去除，放出一分子二氧化碳，這個步驟稱為去羧反應，去羧後的雙碳分子會再和輔酶 A 反應合成乙醯輔酶 A，在此過程中移出的電子與氫離子由 NAD⁺ 接受，形成 NADH。所以一分子丙酮酸轉變為一分子乙醯輔酶 A 會釋放出一分子二氧化碳，並生成 NADH + H⁺，所以由葡萄糖產生的兩分子丙酮酸共可轉變為兩分子乙醯輔酶 A，釋放出兩分子二氧化碳，並生成 2 NADH + 2 H⁺（圖 6-2）。

$$2\ 丙酮酸 + 2\ 輔酶\ A + 2\ NAD^+ \rightarrow 2\ 乙醯輔酶\ A + 2\ CO_2 + 2\ NADH + 2\ H^+$$

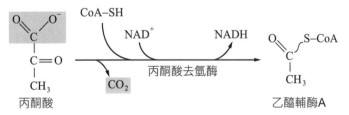

圖 6-2　丙酮酸轉變為乙醯輔酶 A

三　檸檬酸循環

檸檬酸循環發生於粒線體基質中，為英國生化學家克拉伯 (Sir Hans Krebs) 首先提出此一系列的反應，又稱為**克拉伯循環**。反應過程的第一步會生成檸檬酸，也稱**三羧酸循環** (TCA cycle)。在整個循環過程中，乙醯輔酶 A 和四個碳的草醋酸結合成六碳的檸檬酸，經過一連串的去氫、去羧和變形等反應後，最後又產生草醋酸。

每一分子的乙醯輔酶 A 經過此循環後可放出兩分子 CO_2，生成 3 NADH + 3H$^+$、1 FADH$_2$ 及 1 GTP；若是兩分子乙醯輔酶 A 進入此循環，則可生成 6 NADH + 6 H$^+$、2 FADH$_2$ 及 2 GTP，並放出四分子的 CO_2。反應式如下：

$$2 \text{ 乙醯輔酶 } A + 6 \text{ NAD}^+ + 2 \text{ FAD} + 2 \text{ GDP} + 2 \text{ Pi} + 4 \text{ H}_2\text{O}$$
$$\rightarrow 2 \text{ 輔酶 } A + 4 \text{ CO}_2 + 6 \text{ NADH} + 6\text{H}^+ + 2 \text{ FADH}_2 + 2 \text{ GTP}$$

四　電子傳遞鏈與氧化磷酸化作用

電子的傳遞流程發生於粒線體內膜上。當 NADH 或 FADH$_2$ 將電子與氫離子釋出時，其中氫離子送入基質，而一對電子則交由內膜上的電子傳遞者傳送。電子傳遞者也稱為**電子載體**，有些電子載體會組成複雜的蛋白質複合物，粒線體內膜上的複合物共有四種：complex I、complex II、complex III、complex IV，其中 complex I、complex III、complex IV 具有質子幫浦的功能，可利用電子傳遞過程釋出的能量將氫離子由基質轉運到膜間隙中 (圖 6-3)。

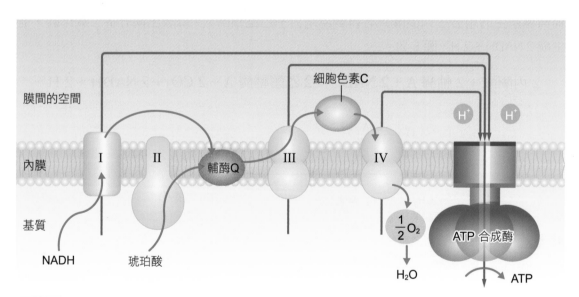

圖 6-3　電子傳遞系統 (electron transport system)

當電子由高能階的電子攜帶者傳給低能階的攜帶者時便有能量釋放出來，這些能量用來使質子通過粒線體內膜而進入膜間隙。在內膜的兩側有電化梯度形成，這是合成 ATP 的能量來源。電子和質子的最終接受者是氧氣，反應的產物是水。

ATP 的形成與電子傳遞鏈是息息相關的，電子傳遞鏈形成的質子梯度儲存著位能，能形成質子趨動力，當質子流通過 **F_0-F_1 ATP 合成酶**流向基質時，能將 ADP 轉換為 ATP，這個過程就稱為**氧化磷酸化作用**。

上述反應產生的高能化合物 NADH 與 $FADH_2$ 最終可經由電子傳遞鏈與氧化磷酸化作用將能量儲存在 ATP 中，其反應式如下：

$$NADH + H^+ + 2.5\ ADP + 2.5\ Pi + 1/2\ O_2 \rightarrow NAD^+ + 2.5\ ATP + H_2O$$
$$FADH_2 + 1.5\ ADP + 1.5\ Pi + 1/2\ O_2 \rightarrow FAD + 1.5\ ATP + H_2O$$

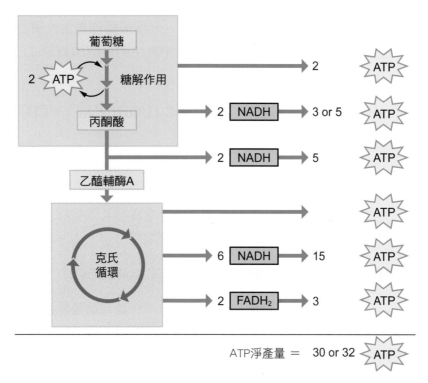

圖 6-4　呼吸作用各反應所釋放的能量

在肝、腎、心臟細胞每個糖解作用產生的 NADH 都可轉換成 2.5 個 ATP，而在骨骼肌與腦細胞則只能轉換成 1.5 個 ATP。因此分解一分子葡萄糖在肝、腎、心等細胞最終可獲得 32 個 ATP，而骨骼肌與腦細胞只能得到 30 個 ATP，這取決於由何種運送系統將細胞質 NADH 的電子轉移到粒線體基質中。

6-3 無氧呼吸

某 些細菌、酵母菌或動物的肌肉細胞在缺氧的情況下，會在細胞質中進行**發酵作用**，發酵作用進行時不需要氧氣，它是利用有機化合物作為電子的接受者，例如醋酸、乳酸和乙醇，常見的發酵作用有兩種：

酒精發酵

酵母菌在氧氣充足的環境下會進行有氧呼吸，分解葡萄糖產生大量的二氧化碳與 ATP。缺氧時，酵母菌能進行酒精發酵，將糖解作用產生的丙酮酸轉變成乙醇與二氧化碳。反應式如下：

$$CH_3COCOOH(丙酮酸) + NADH + H^+ \rightarrow C_2H_5OH(乙醇) + CO_2 + NAD^+$$

乳酸發酵

某些細菌或動物的骨骼肌細胞，在缺氧的情況下會進行乳酸發酵，將丙酮酸轉變成乳酸，反應的過程中 NADH 會氧化生成 NAD^+。反應式如下：

$$CH_3COCOOH(丙酮酸) + NADH + H^+ \rightarrow CH_3CHOHCOOH(乳酸) + NAD^+$$

缺氧環境下，乳酸發酵能維持糖解作用持續進行。一莫耳葡萄糖進行糖解作用只能產生 2 莫耳 ATP，與有氧呼吸相去甚遠。

6-4 光合作用

能量的吸收與儲存

生物必須從外界獲取各種養分來建構自身的細胞，同時也必須設法獲得能量使細胞生長並維持各種生理活動。生物獲取有機物的方式有兩種，一為**異營性生物**，一般的動物、真菌、部分細菌及部分原生生物屬於此類。牠們必需藉著攝食其他生物或有機物來獲取自身所需，這些攝取進來的有機物一部分用於氧化產生能量，維持細胞活動，另一部分則可以儲存起來或形成細胞架構使個體生長；換句話說這類生物必須仰賴其他生物合成的養分才能生活。

第二類稱為**自營性生物**，包括綠色植物、藻類、部分原生生物及部分細菌。它們不需要從其他生物獲得養分，而是可以直接吸收自然界的光能或是氧化環境中的無機物 (如：鐵、硫化物、亞硝酸鹽等) 產生能量，利用這些能量將外界的無機物 (CO_2、H_2O) 轉為生長所需的有機物。

綠色植物利用日光能與二氧化碳來合成醣類的過程稱為光合作用。光合作用主要分為兩個階段：細胞首先吸收日光能用以合成高能化合物 (NADPH 與 ATP)，過程中分解水並放出 O_2，這個反應稱為光反應；以光反應產生的 NADPH 與 ATP 為能量，將 CO_2 轉變為碳水化合物的過程即為暗反應。

葉綠體的構造與功能

一　葉綠體的構造

一般高等植物的葉肉細胞與保衛細胞中含有葉綠體，葉綠體是植物細胞行光合作用的場所，包括**葉綠體膜**、**基質**與**類囊體** (圖 6-5a)。葉綠體膜分為外膜與內膜兩層，而內部的類囊體膜則可視為第三層膜系。介於內膜與類囊體之間的區域則稱為基質，類囊體經常堆疊形成餅狀稱為**葉綠餅**，而連結葉綠餅與葉綠餅之間的膜則稱為基質類囊體。

類囊體內為相連的空腔，稱為類囊體內腔 (圖 6-5b)，內含許多溶質與氫離子。吸收光能的各種色素就存在於類囊體膜上，因此光合作用捕捉日光能的光反應便是在類囊體膜上進行。高等植物吸收光能的色素有葉綠素 a、葉綠素 b、胡蘿蔔素與葉黃素，這些色素會聚集在一起，與蛋白質共同組成光合作用系統。

類囊體膜上有兩種光合作用系統，第一種為**光合作用系統 I (photosystem I、PS I)**，其反應中心為一葉綠素 a 分子，主要可吸收 700 nm 波長的光，因此又稱為 **P700**。第二種為**光合作用系統 II (photosystem II、PS II)**，反應中心亦為葉綠素 a 分子，主要

可吸收 680 nm 波長的光，稱為 **P680**。光系一與光系二是以發現的先後來命名的。此膜上尚有各種蛋白質、輔酶及電子傳遞者，共同參與電子傳遞與 ATP 的合成。

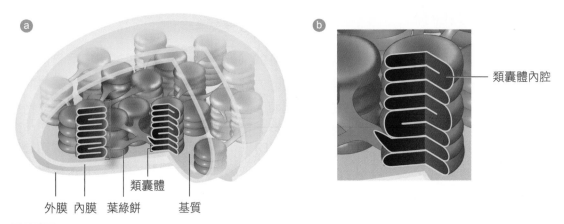

類囊體內腔

外膜　內膜　葉綠餅　類囊體　基質

圖 6-5　葉綠體的構造

ⓐ 葉綠體包含葉綠體膜（雙層）、基質與類囊體。ⓑ 葉綠餅由類囊體堆疊而成，餅與餅之間有基質類囊體相連，內部的空腔稱為類囊體內腔，含有許氫離子。

二　葉綠素的吸收光譜

　　每一種色素都可以吸收特定波長的光，利用儀器我們可以測量日光通過葉綠素時哪些光波被吸收，記錄 400～750 nm 間波長的光被葉綠素吸收的比率，可製出一曲線（圖 6-6)，此曲線可表示葉綠素對各種不同光波吸收的程度，稱為色素的**吸收光譜**。從圖上可看出葉綠素對於 400～500 nm 間的藍、紫光和 600～700 nm 間的橙、紅光吸收的比率較多，而對綠、黃光的吸收率最少。

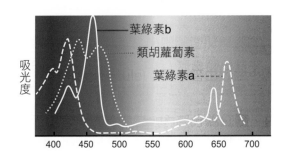

葉綠素b
類胡蘿蔔素
葉綠素a

吸光度

400　450　500　550　600　650　700

圖 6-6　色素的吸收光譜

葉綠素 a、葉綠素 b 與胡蘿蔔素的吸收光譜。葉綠素主要吸收藍紫光與橙紅光。胡蘿蔔素則吸收藍光與少部分綠光。

光合作用的生化反應

　　光合作用的要素為二氧化碳、水、日光和葉綠素。其程序是利用葉綠素吸收日光能，合成高能化合物 (ATP、NADPH)，再將二氧化碳還原成葡萄糖。光合作用在葉綠體中進行，其中二氧化碳與水為原料，光能為其動力，反應過程中葉綠素並未消耗。光合作用反應式如下表示：

$$6\ CO_2 + 12\ H_2O \rightarrow C_6H_{12}O_6 + 6\ O_2 + 6\ H_2O$$

　　光合作用的整個過程，經卡耳文 (Melvin Calvin) 等人的研究，已經明瞭其過程包括光反應與暗反應兩個階段 (圖 6-7)。**光反應**發生在葉綠餅，主要作用是吸收光能，分解水分子，釋放出氫離子和氧氣，需要葉綠素和電子傳遞者的參與。光反應產生的 ATP 和 NADPH 用於暗反應中，使二氧化碳轉變成葡萄糖。光反應不但提供化學能以趨動暗反應，並且產生氧氣供生物呼吸。**暗反應**發生在基質中，須要多種酶的參與，也需要 ATP 和 NADPH，反應最終合成葡萄糖。

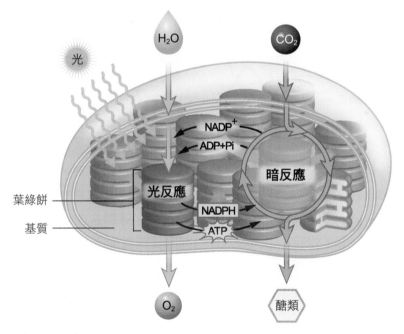

圖 6-7　　光反應和暗反應

光合作用在葉綠體中進行，其中光反應的場所在葉綠餅，它將光能轉變為化學能 (ATP、NADPH)，此階段中水會分解並釋出氧氣。暗反應是在基質中進行，它利用 ATP 與 NADPH 的能量，使二氧化碳轉變為醣類，這是生物體最基本的食物來源。ADP、Pi 和 NADP$^+$ 再從暗反應回到光反應以便進行下一次循環。

一 光反應

① 葉綠素吸收光能

　　光反應在類囊體膜上進行。吸光色素會與膜上的蛋白質共同組合成光系統，光系統有兩型，分別稱為光系 I (photosystem I) 及光系 II (photosystem II)，每個光系皆包含數百個葉綠素分子，但組成的成分二者並不完全相同。

　　捕捉光能的色素分子除葉綠素 a、b 外，尚有胡蘿蔔素與葉黃素，這些色素分子會組成天線複合物 (antenna complex)(圖 6-8)，每個天線複合物大約包含 250 ～ 400 個吸光色素，如同電視天線般可吸收特定波長的光，並將能量傳送到某一特殊的葉綠素 a 分子，稱為**反應中心葉綠素**。在反應中心葉綠素分子中的電子會被激發，跳到電子接受者上。失去電子的葉綠素 a 會引發一系列反應，最終促使水分解，分解水產生的電子能補充給葉綠素 a，此過程稱為水的**光解作用** (photolysis)。

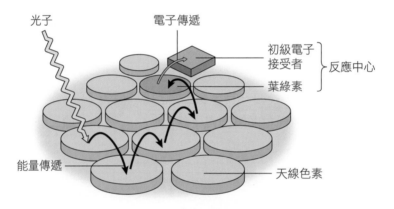

圖 6-8　天線複合物

② 光反應電子傳遞鏈

　　電子離開光系 II 後經質體醌 (plastoquinone，PQ)、細胞色素 b6-f (cytochrome b6-f) 送交質體藍素 (plastocyanin，PC)。其中質體醌為一脂溶性分子，可接受兩個電子並與基質中的兩個氫離子結合形成 PQH_2。PQH_2 經由細胞色素 b6-f 的作用，可將兩個電子傳給質體藍素，並將所攜帶的氫離子釋放到類囊體內腔中，這個步驟亦可讓類囊體內腔中的氫離子濃度增加，形成質子梯度。之後電子傳至光系 I 的反應中心 P700，再傳到鐵氧化還原蛋白 (Fd) 以及 $Fd-NADP^+$ 還原酶，最後由 $NADP^+$ 接受電子，形成 NADPH (圖 6-9)。

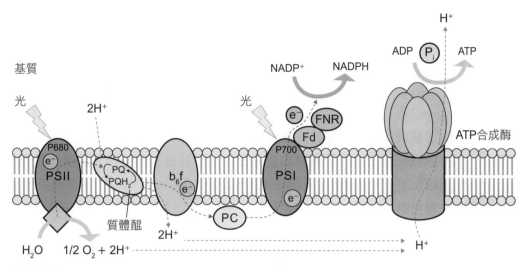

圖 6-9 光反應電子傳遞鏈

電子由 PSII 轉送給 NADP$^+$ 的過程中，電子先後經過：P680 → 脫美葉綠素 (pheophytin，pheo) → 質體醌 (plastoquinone，PQ) → 細胞色素 b6-f(cytochrome b6-f，Cytb6-f) → 質體藍素 (plastocyanin，PC) → P700 → 鐵氧化還原蛋白 (ferredoxin，Fd) → Fd-NADP$^+$ 還原酶 (ferredoxin-NADP$^+$ reductase) → NADP$^+$。類囊體內腔中高濃度質子通過膜上質子通道往基質運送時，經 ATP 合成酶的催化作用而產生能量 ATP。

　　當質子流通過類囊體膜上的 ATP 合成酶 (CF$_0$CF$_1$-ATP synthase) 時即可合成 ATP，光反應合成 ATP 的方式就稱為**光合磷酸化作用** (photophosphorylation)。

　　縱觀光反應可以說有兩種主要的工作：其一是經由水的光解作用放出電子、氧氣並釋出氫離子。其二是 NADPH 及 ATP 的形成。

二　暗反應

　　暗反應在基質中進行。1954 年美國加州大學卡耳文 (Melvin Calvin) 與其同事利用放射性同位素碳 (C^{14}) 的追蹤法，以 C^{14}O$_2$ 做為光合作用的碳源，檢驗植物吸收 C^{14}O$_2$ 後會將 C^{14} 轉變為細胞中的何種化合物。利用放射性同位素追蹤就可以知道植物細胞如何利用碳轉變為醣類。

在**卡耳文環** (Calvin cycle) 中，二氧化碳同化後的第一個產物是三碳的化合物 (3-PGA)，故亦稱 C3 途徑 (C3 pathway)。代表的植物有水稻與小麥。整個反應可分為三步驟 (圖 6-10)：

❶ 二氧化碳的固定

二氧化碳首先與已經存在於葉綠體中的五碳化合物 1,5- 雙磷酸核酮糖 (ribulose-l,5-bisphosphate，RuBP) 分子結合，形成六碳的中間產物，此六碳中間產物並不穩定，會分解成兩個三碳的 3- 磷酸甘油酸 (3-phosphoglycerate，3-PGA)。

❷ 碳的還原反應

首先 3-PGA 接受來自 ATP 的磷酸根 (Pi) 形成 1,3- 雙磷酸甘油酸 (1,3-DPGA)，然後再與 NADPH 作用產生 3- 磷酸甘油醛 (3-PGAL 或 G3P)。

❸ RuBP 的再生

在卡耳文環中每固定 6 個二氧化碳就可形成 12 個 PGAL，其中 10 個 PGAL 進行重新排列產生新的 RuBP，僅 2 個 PGAL 用以合成葡萄糖。

至此，光反應吸收的光能經過一連串能量轉變的過程，最後以化學能的形式儲存於醣類中。

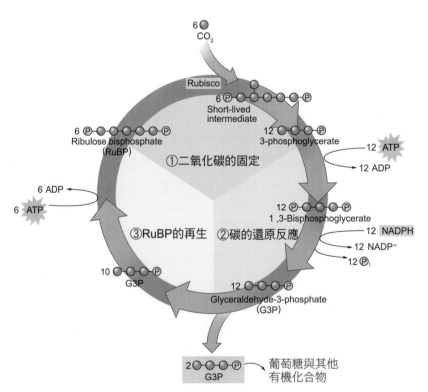

圖 6-10　卡耳文環

本章重點

6-1 能量觀念

❶ 運動中的物體都具有動能，靜止中的物體雖然不具動能，但也能存有能量稱為位能（又稱為勢能），是一種潛藏的能量，也是一種被儲存的能量。

❷ 當原子間之電荷作用形成化學鍵時，便將化學能貯藏於化學鍵中，因此若要利用化學能做功，需先將化學鍵打斷，讓能量釋放出來。

❸ 葡萄糖分子中貯存有許多化學能，細胞中的粒線體可將葡萄糖分解，並把其中的能量轉變為細胞可以利用的形式儲存在特殊的化合物中，其中最重要的便是 ATP。

6-2 細胞呼吸

❶ 細胞從分解葡萄糖、胺基酸、脂肪酸和其他有機化合物中獲取能量，過程中會消耗氧氣，產生 CO_2 和 H_2O 及能量，這個過程稱為細胞呼吸。呼吸作用中，葡萄糖是動物細胞最直接的能量來源，其代謝的總反應式如下：

$C_6H_{12}O_6 + 6 O_2 + 6 H_2O$
$\rightarrow 6 CO_2 + 12 H_2O + 能量$

❷ 細胞呼吸是一個複雜的代謝路徑，分解葡萄糖產生能量的過程分為糖解作用、丙酮酸轉變成乙醯輔酶 A、檸檬酸循環、電子傳遞鏈與氧化磷酸化作用等階段。

❸ 糖解作用：一分子葡萄糖分解為兩分子丙酮酸，過程中用去兩分子 ATP，並合成 4 分子 ATP 及 2 NADH + 2H$^+$。淨反應式如下：

$C_6H_{12}O_6 + 2 ADP + 2 Pi + 2 NAD^+$
$\rightarrow 2\ 丙酮酸 + 2 ATP + 2 NADH + 2H^+ + 2 H_2O$

❹ 丙酮酸轉變成乙醯輔酶 A：兩分子丙酮酸轉變為兩分子乙醯輔酶 A，過程中放出兩分子 CO_2，並合成 2 NADH + 2 H$^+$。反應式如下：

$2\ 丙酮酸 + 2\ 輔酶 A + 2 NAD^+$
$\rightarrow 2\ 乙醯輔酶 A + 2 CO_2 + 2 NADH + 2H^+$

❺ 檸檬酸循環：兩分子乙醯輔酶 A 進入檸檬酸循環，總共放出四分子 CO_2，並生成 2 GTP、6 NADH + 6 H$^+$ 及 2 FADH$_2$。反應式如下：

$2\ 乙醯輔酶 A + 6 NAD^+ + 2 FAD + 2 GDP$
$+ 2 Pi + 4 H_2O$
$\rightarrow 2\ 輔酶 A + 4 CO_2 + 6 NADH + 6H^+$
$+ 2 FADH_2 + 2 GTP$

❻ 電子傳遞鏈與氧化磷酸化作用：上述反應產生的高能化合物 NADH 與 FADH$_2$，可經由電子傳遞鏈與氧化磷酸化作用合成 ATP，其反應式如下：

$NADH + H^+ + 2.5 ADP + 2.5 Pi + 1/2 O_2$
$\rightarrow NAD^+ + 2.5 ATP + H_2O$
$FADH_2 + 1.5 ADP + 1.5 Pi + 1/2 O_2$
$\rightarrow FAD + 1.5 ATP + H_2O$

6-3 無氧呼吸

❶ 某些細菌、酵母菌或動物的肌肉細胞在缺氧的情況下，會在細胞質中進行發酵作用，常見的發酵作用有酒精發酵與乳酸發酵兩種。

❷ 酵母菌在缺氧時能進行酒精發酵，將糖解作用產生的丙酮酸轉變成乙醇與二氧化碳。反應式如下：

$CH_3COCOOH$(丙酮酸) + $NADH + H^+$
→ C_2H_5OH(乙醇) + $CO_2 + NAD^+$

❸ 某些細菌或動物的骨骼肌細胞，在缺氧的情況下會進行乳酸發酵，將丙酮酸轉變成乳酸，反應的過程中 NADH 會氧化生成 NAD^+。反應式如下：

$CH_3COCOOH$(丙酮酸) + $NADH + H^+$
→ $CH_3CHOHCOOH$(乳酸) + NAD^+

❹ 一莫耳葡萄糖進行糖解作用只能產生 2 莫耳 ATP，與有氧呼吸相去甚遠。

6-4 光合作用

❶ 生物獲取有機物的方式：

① 異營性生物：一般的動物、真菌、部分細菌及部分原生生物屬於此類。牠們必需藉著攝食其他生物或有機物來獲取自身所需。

② 自營性生物：包括綠色植物、藻類、部分原生生物及部分細菌。它們不需要從其他生物獲得養分，而是可以直接吸收自然界的光能或是氧化環境中的無機物產生能量。

❷ 葉綠體是植物細胞行光合作用的場所，包括葉綠體膜、基質與類囊體。葉綠體膜分為外膜與內膜兩層，介於內膜與類囊體之間的區域則稱為基質，類囊體經常堆疊形成餅狀稱為葉綠餅。

❸ 類囊體膜上有兩種光合作用系統，第一種為光合作用系統 I (photosystem I、PS I)，其反應中心為一葉綠素 a 分子，主要可吸收 700 nm 波長的光，因此又稱為 P700。第二種為光合作用系統 II (photosystem II、PS II)，反應中心亦為葉綠素 a 分子，主要可吸收 680 nm 波長的光，稱為 P680。

❹ 葉綠素對於 400 ～ 500 nm 間的藍、紫光和 600 ～ 700 nm 間的橙、紅光吸收的比率較多，而對綠、黃光的吸收率最少。

❺ 光合作用的要素為二氧化碳、水、日光和葉綠素。其程序是利用葉綠素吸收日光能，合成高能化合物 (ATP、NADPH)，再將二氧化碳還原成葡萄糖。反應式如下表示：

$6\ CO_2 + 12\ H_2O → C_6H_{12}O_6 + 6\ O_2 + 6\ H_2O$

❻ 光反應在類囊體膜上進行。色素分子會組成天線複合物，每個天線複合物大約包含 250 ～ 400 個吸光色素，將能量傳送到某一特殊的葉綠素 a 分子，稱為反應中心葉綠素。在反應中心葉綠素分子中的電子會被激發，跳

到電子接受者上。失去電子的葉綠素 a 會引發一系列反應,最終促使水分解,分解水產生的電子能補充給葉綠素 a,此過程稱為水的光解作用。

7 電子由 PS II 轉送給 NADP⁺ 的過程中,電子先後經過:P680 → 脫美葉綠素 (pheo) → 質體醌 (PQ) → 細胞色素 b6-f (Cytb6-f) → 質體藍素 (PC) → P700 → 鐵氧化還原蛋白 (Fd) → Fd-NADP⁺ 還原酶 → NADP⁺。類囊體內腔中高濃度質子通過膜上質子通道往基質運送時,經 ATP 合成酶的催化作用而產生能量 ATP,稱為光合磷酸化作用。

8 在卡耳文環中,二氧化碳同化後的第一個產物是三碳的化合物 (3-PGA),故亦稱 C3 途徑。代表的植物有水稻與小麥。整個反應可分為三步驟:

① 二氧化碳的固定

② 碳的還原反應

③ RuBP 的再生

Note

Chapter 7
人體的構造與功能

STRUCTURE AND FUNCTION
OF HUMAN BODY

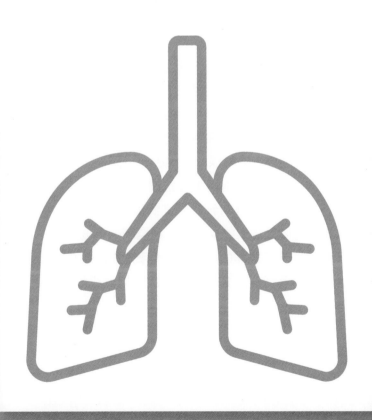

新冠肺炎與抗體之戰

新冠肺炎 (Covid-19) 疫情自 2019 年爆發以來，在全球造成了非常重大的傷亡。隨著疫情發展，各種對疫情進行監測、治療以及預防的手段，也逐漸被研發出來，並加以實用化或是改善。

由於新冠肺炎的傳染力相當強，具有一定的重症率及致死率，卻與感冒有極高相似度，也都是病毒感染所導致的疾病，如何鑑別新冠肺炎與感冒的差別，作為確診與否的依據，就成為公共衛生領域非常重要的實務主題。

快篩試劑 (圖 1) 的研發與推陳出新，即以抗原－抗體關係的原理進行。藉由收集病人鼻咽部的分泌物，加入快篩試劑套組所附的緩衝液進行處理之後，成為樣本液。將樣本液滴加於檢驗處。隨著樣本液的移動擴散，抵達快篩檢驗板內含的抗體反應區，如樣本液中具有新冠肺炎病毒的抗原成分，快篩檢驗板的呈色抗體與抗原結合之後，將繼續向前漂移。當含有抗原－呈色抗體的樣本液，漂移至 T 線區域，抗原連同呈色抗體將被此區的另一種抗體捕捉，並呈現出顏色，顯示為檢驗陽性 (圖 2)。若僅有 C 線區域出現呈色抗體，而沒有在 T 線區域呈色，則表示樣本液在 T 線區段無反應，樣本液中無抗原存在，為檢驗陰性。研究人員更因應疫情需求，研發出同時可以鑑別 IgM 與 IgG 的快篩試劑套組，藉以判斷檢驗陽性的病人是處於感染初期，或是已有一段時間，以利於疫情足跡調查。

由於新冠肺炎的殺傷力，研發疫苗，強化社區群體免疫，以利於減少感染數，也是很重要的衛生計畫。如今各國已有各種疫苗，包含死病毒疫苗、腺病毒載體疫苗、重組蛋白質次單元疫苗以及 mRNA 疫苗。這些疫苗注射入體內之後，將病毒的抗原帶入人體內，或是使病毒的抗原被細胞製造，免疫系統得以辨認這些抗原，活化 T 細胞與 B 細胞的免疫功能。體內受過訓練的 T 細胞能辨認病毒的抗原，進而摧毀遭到病毒感染的細胞，阻止病毒的擴散。B 細胞則製造抗體，專門與病毒的抗原結合，提早阻止病毒入侵體內與抑制傳播。再加上針對新冠肺炎病毒所研發的抗病毒藥物，給予病人進行針對性的治療，都是新冠肺炎疫情能以漸漸得到控制的重要因素。

了解免疫系統運作的原理，能使我們對於傳染病的發生以及預防，更有較為確實的知識，也幫助我們從眾多未經查核把關的資訊當中，更容易分辨出科學事實與誇大不實訊息的差異。

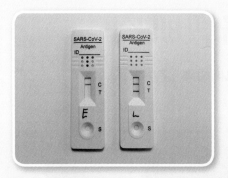

圖 1 新冠肺炎抗原快篩試劑，左邊的樣本呈現陰性，右邊的樣本呈現陽性

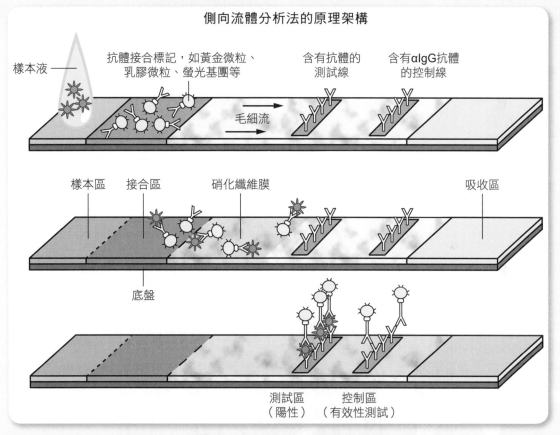

圖 2 新冠肺炎快篩試劑運作的原理

當樣本液滴上分析板後，隨著樣本液的展開，先與呈色抗體接觸，若樣本液中含有新冠肺炎病毒抗原，將被呈色抗體捕捉。樣本液繼續將與病毒抗原結合的呈色抗體沖至 T 線區域，在此處的抗體，與呈色抗體捕捉同樣的抗原，連同呈色抗體一起固定於此處，呈現出顏色。而若是呈色抗體並未捕捉到抗原，將繼續被樣本液沖至 C 線區段呈色。因此 T 線段的呈色代表感染陽性。

7-1 皮膚、骨骼與肌肉

人類四大基本組織，包含**上皮組織**、**結締組織**、**肌肉組織**、**神經組織**（圖 7-1）。它們聯合構成各種器官，發揮功能。

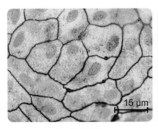
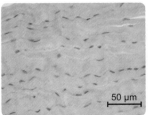
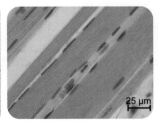
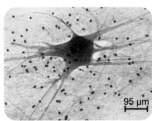

| 上皮組織 | 結締組織 | 肌肉組織 | 神經組織 |

圖 7-1　人體四大組織形態

皮膚系統

人類身體的最外層由皮膚系統構成。**皮膚**由淺至深，分成**表皮**、**真皮**，以及**皮下組織**（圖 7-2）。

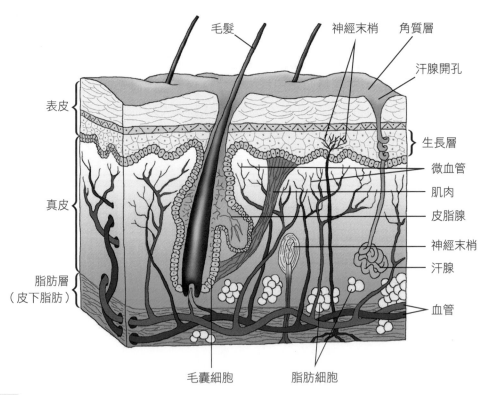

圖 7-2　皮膚的構造

表皮最上方的角質層，為十數層扁平死細胞所構成，可擔負防禦微生物的功能，經常脫落，再由下方組織繼續向上補充。最底下的基底層負責進行細胞分裂，產生新的細胞，維持組織生長，並含有**黑色素細胞**，合成**黑色素**，吸收紫外線，減輕其對皮膚組織的傷害，也使膚色有深淺之分。

　　真皮層較為複雜，具有**毛囊**、**豎毛肌**、**汗腺**、**皮脂腺**、**感覺受器**，以及支持它們的**血管**與**神經末梢**。皮下組織則以結締組織和脂肪組織為主要構成物。皮膚除了具有保護的功能之外，也具有感覺作用，並利用汗腺作為調節體溫和排泄的功能。

骨骼系統

　　骨骼系統的功能是用來支撐身體。成人總計有 206 塊硬骨，可區分為 80 塊**中軸骨骼** (axial skeleton) 及 126 塊**附肢骨骼** (appendicular skeleton)(圖 7-3)。

　　骨骼可分為**硬骨** (bone) 及**軟骨** (cartilage)。軟骨由**軟骨細胞** (chondrocyte) 與其所分泌的**胞外基質**所組成，其基質內含**膠原蛋白**、**彈性蛋白**、**糖蛋白**和水分 (圖 7-4)，分布於**關節**、**耳廓**，以及**椎間盤**等處。硬骨的成分包含蛋白質，與磷酸鈣為主的鹽類所構成。

　　硬骨當中有**緻密骨** (compact bone) 和**海綿骨** (spongy bone) 的組織差異。緻密骨質地堅硬。海綿骨具備多孔隙，內含**骨髓**。骨髓分為**紅骨髓**與**黃骨髓**，前者具備造血功能。隨著年齡增長，紅骨髓會慢慢被脂肪組織取代，而成為黃骨髓，失去造血功能。成人的紅骨髓常見於顱骨、胸骨、肋骨、脊椎骨、髖骨、肱骨及股骨上端。

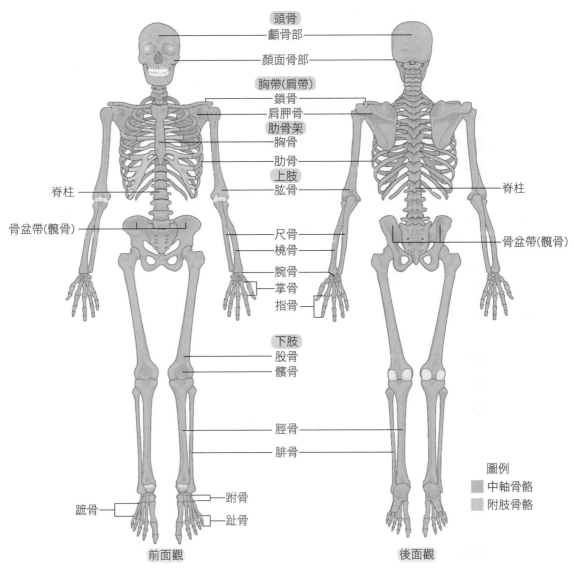

圖 7-3 人體骨骼概觀

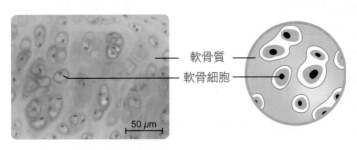

圖 7-4 軟骨組織

骨骼的功能除了支撐身體、與肌肉協同運動以外，還能保護器官如腦、心、肺、脊髓。同時，骨骼還是體內鈣與磷儲存之處。骨骼與骨骼相連之處稱為**關節** (joint)，依其活動程度可分為下列三類：**不動關節**，如顱骨相接癒合，無法活動；**微動關節**，以軟骨為媒介，如脊椎骨椎體之間，容許較小程度的滑動；**可動關節**，可做大範圍的運動，如肩、膝、肘、手指等。而在關節處，可以見到**韌帶** (ligament) 與**肌腱** (tendon) 的結構 (圖 7-5、7-6)。韌帶負責連結不同骨骼，而肌腱則將肌肉連結於骨骼上，兩者皆與關節運動有密切關係。

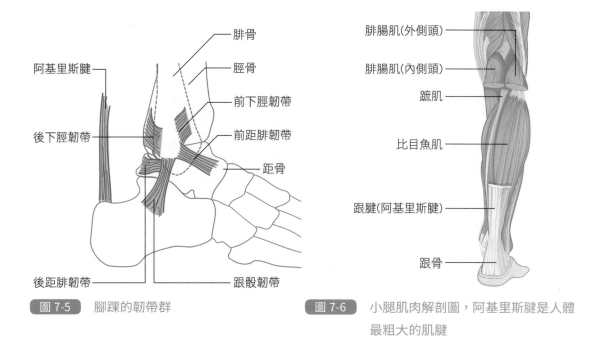

阿基里斯腱
腓骨
脛骨
前下脛韌帶
後下脛韌帶
前距腓韌帶
距骨
後距腓韌帶
跟骰韌帶

| 圖 7-5 | 腳踝的韌帶群

腓腸肌(外側頭)
腓腸肌(內側頭)
蹠肌
比目魚肌
跟腱(阿基里斯腱)
跟骨

| 圖 7-6 | 小腿肌肉解剖圖，阿基里斯腱是人體最粗大的肌腱

肌肉系統

　　人體的肌肉分為三種類型：**心肌** (cardiac muscle)、**平滑肌** (smooth muscle)、**骨骼肌** (skeletal muscle)(圖 7-7)。心肌為構成心臟的肌肉，平滑肌則出現在內臟器官與血管壁，兩者皆不受意識支配，為**不隨意肌**；骨骼肌附著在骨骼上，受意識支配而運動，為**隨意肌**。心肌和骨骼肌皆有橫紋特徵，另稱為**橫紋肌**。各種肌肉組織的特徵整理如表 7-1。

骨骼肌

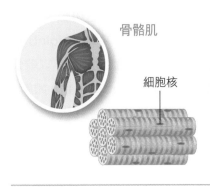

細胞核

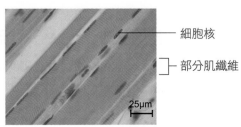

細胞核
部分肌纖維
25μm

心肌

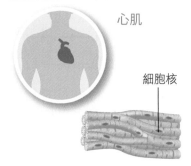

細胞核

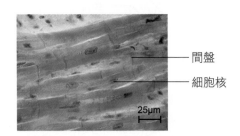

間盤
細胞核
25μm

平滑肌

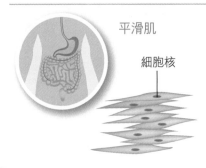

細胞核

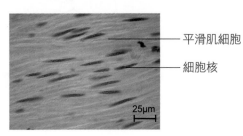

平滑肌細胞
細胞核
25μm

圖 7-7　三種肌肉組織的區別

表 7-1　肌肉組織的比較

	骨骼肌	心肌	平滑肌
位置	附著於骨骼上	心臟	臟器、血管
意識控制	隨意肌	不隨意肌	不隨意肌
纖維形狀	圓柱形	長條形，有分支	紡錘形
橫紋	有	有	無
單一纖維細胞核數目	多個	一個	一個
收縮速度	最快	中等	最慢
持續收縮能力	最小	中等	最大

7-2 營養與消化作用

人的消化系統 (圖 7-8)，由**消化管**及**消化腺**組成。消化管自**口腔**開始，經過**喉**、**食道**、**胃**、**小腸**、**大腸**、**直腸**，至**肛門**；消化腺則包括**唾腺**、**胃腺**、**胰腺**、**肝臟**、**小腸腺**。

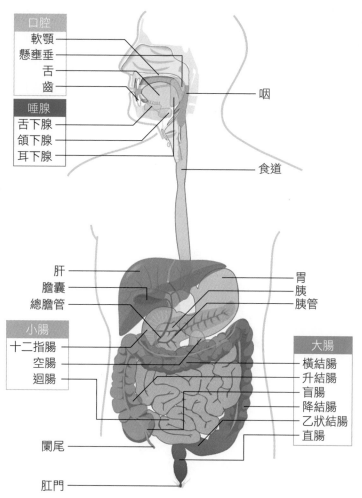

圖 7-8　消化系統

口腔與胃

在牙齒對食物進行咀嚼之後，唾液腺分泌唾液用以潤溼食物、幫助吞嚥，以及**唾液澱粉酶**，用以消化**澱粉**與**肝醣**，將其分解為**麥芽糖**與**糊精**。

口腔消化過後的食物團塊，經由**食道**向下，經過**賁門**括約肌以後，運送到胃。胃可以容納食物進行較長時間的消化。在此處，胃腺分泌出**胃液**，內含的鹽酸可用以殺菌，另外還有**胃蛋白酶**，可以分解蛋白質。若賁門閉鎖不完全，有可能使胃酸上溢，造成**胃食道逆流**（圖 7-9）。由於食物會在胃部停留一定時間，為了避免胃酸與胃蛋白酶將胃部組織分解，致其受損，胃壁會分泌黏液蓋住胃部組織，減少其與胃酸接觸的機會。另外，胃蛋白酶在分泌之初，也以**酶原**的形式分泌，即**胃蛋白酶原**，與胃酸接觸之後，才進一步活化成胃蛋白酶執行功能。

胃潰瘍為胃酸侵蝕胃壁組織，導致產生傷口的不適症狀（圖 7-10）。其中一種常見的成因，是**幽門螺旋桿菌**（*Helicobacter pylori*）的感染。此菌具有抵抗胃酸的能力，因而可以在胃中生存。

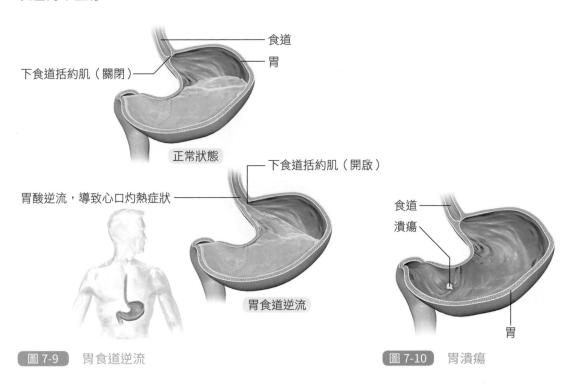

食道

胃

下食道括約肌（關閉）

正常狀態

下食道括約肌（開啟）

胃酸逆流，導致心口灼熱症狀

胃食道逆流

食道

潰瘍

胃

圖 7-9 胃食道逆流　　　　　　　**圖 7-10** 胃潰瘍

胰臟

食物在胃部消化後，經過**幽門**，向下送入**十二指腸**。在十二指腸處，有胰臟和肝臟的消化液在此注入 (圖 7-11)。胰臟分泌的**胰液**當中，含有多種酵素：**胰蛋白酶**、**胰凝乳蛋白酶**、**胰澱粉酶**、**胰脂酶**、**核糖核酸酶**、**去氧核糖核酸酶**，可以對多種成分進行分解，成為更細小的單元分子，利於消化系統吸收。其中的胰蛋白酶和胰凝乳蛋白酶，同樣以酶原形式分泌，分別為**胰蛋白酶原**、**胰凝乳蛋白酶原**，以免在分泌過程中，分解胰臟自身組織。另外，胰液為鹼性，用以中和來自胃的強酸。

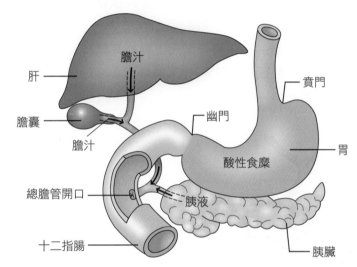

圖 7-11　胃、胰、肝之關係

肝臟

肝臟分泌的消化液為**膽汁**。膽汁為膽鹽的水溶液，內含血紅素代謝後留下的的**膽紅素**，呈現墨綠色。膽汁自肝臟分泌之後，會儲存在**膽囊**中，待食物抵達十二指腸之後，膽囊收縮將膽汁擠出，經由**總膽管**流入十二指腸。膽汁可對脂肪進行**乳化**，使脂肪顆粒分散變小，總表面積增加，利於胰臟和小腸分泌的脂酶對其分解。如果肝功能不良，膽汁合成過程受阻，使其成分在血液中累積，可造成**黃疸**症狀。**膽結石**則可能使膽汁排放發生堵塞，同樣也可能造成黃疸，需以手術處理。

胰臟和肝臟的活動，除了受到臟器神經的調控以外，也受內分泌分子的影響。當食物進入十二指腸，**胰泌素**與**膽囊收縮素**由小腸上皮細胞分泌以後，透過血液循環，作用到胰臟與肝臟，增加胰液的分泌，也增加肝臟分泌膽汁。

小腸

食物進入小腸，由十二指腸開始，依序通過**空腸**、**迴腸**。小腸進行**蠕動**，將其內的**食糜**繼續推送，並加以攪拌，使其和消化液充分混合。**小腸液**也是鹼性，協助對胃酸進行中和。在小腸中有**腸脂酶**和**核苷酸酶**可以將脂肪與**核苷酸**分解成更簡單的分子，另有**蔗糖酶**、**麥芽糖酶**，可以將雙糖分解成單糖。

小腸的吸收功能頗為複雜。在小腸壁皺褶上有極其眾多的**絨毛**結構，每一個絨毛結構的上皮細胞又有**微絨毛**生於頂部 (圖 7-12)，能擴張小腸吸收的總表面積至將近一個網球場大小，吸收效率極高。

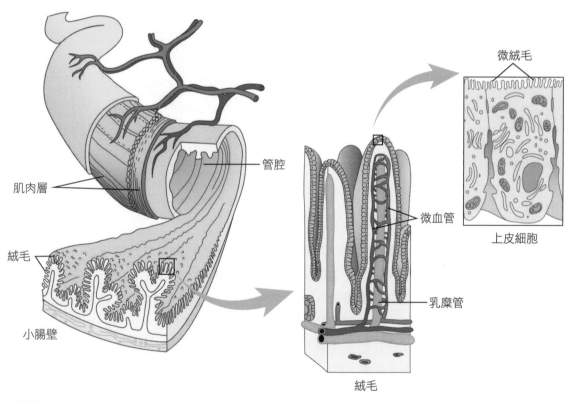

圖 7-12 小腸絨毛與微絨毛結構

小腸能大量吸收水分，對水溶性的分子如葡萄糖、多肽類、胺基酸，以主動運輸穿越細胞膜的方式進行；對脂溶性的分子如脂肪酸、脂溶性維生素，則以簡單擴散進入細胞內部的方式進行。葡萄糖與胺基酸進入絨毛以後，會被送至絨毛內部的**微血管**，進入血液循環，由**腸繫膜靜脈**收集後，匯聚到**肝門靜脈**，進入肝臟處理。脂溶性分子如脂肪酸，則由絨毛上皮細胞將其與**脂蛋白**混合以後，形成**乳糜小球**，分泌至絨毛內的**乳糜管**。乳糜管收集脂溶性營養後，會進入淋巴管，再匯聚到**胸管**，向上輸送至**左鎖骨下靜脈**，注入血液循環。

大腸

　　在大腸與小腸的相接處，有**盲腸**與**闌尾**的構造 (圖 7-13)，內含多種**共生菌**，可以協助穩定腸內的環境。草食動物的盲腸與闌尾非常發達，內含的共生菌，可以分泌**纖維素酶**，協助消化草料，肉食及雜食動物則無此消化能力。大腸承接小腸而來的消化殘渣，並能繼續吸收其中的水分。在大腸裡還有其他共生菌可以協助人類製造維生素 B12 與維生素 K，分別有助於造血以及凝血。食物在大腸當中完成吸收以後，剩餘的殘渣則從**直腸**及肛門排出。

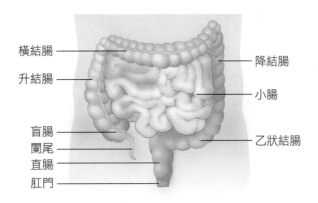

橫結腸
升結腸
盲腸
闌尾
直腸
肛門
降結腸
小腸
乙狀結腸

圖 7-13　大腸解剖構造

7-3 心臟與循環系統

人體當中，氧氣與營養的分布，二氧化碳及細胞代謝廢物的排除，都需要血液透過循環系統的運作，來加以執行。

心臟

人類的心臟為二心房、二心室之結構 (圖 7-14)。在左、右**心房** (atrium) 之間，由**心房中膈**將其分開。**心室** (ventricle) 位於心房之下，上承來自心房的血液，其肌肉壁較厚，將血液自心室壓縮送出，並承受輸送血液時的血壓。

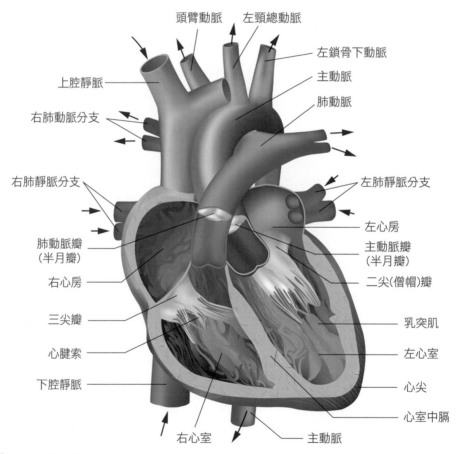

頭臂動脈　左頸總動脈
左鎖骨下動脈
主動脈
肺動脈
上腔靜脈
右肺動脈分支
左肺靜脈分支
右肺靜脈分支
左心房
肺動脈瓣（半月瓣）
主動脈瓣（半月瓣）
右心房
二尖(僧帽)瓣
三尖瓣
乳突肌
心腱索
左心室
下腔靜脈
心尖
心室中膈
右心室　　主動脈

圖 7-14　心臟的構造

心臟內尚有**瓣膜**可以引導血液進行單方向的流動。位於心房與心室之間的稱為**房室瓣**，左右各一：位於左側者稱為**二尖瓣**，亦稱**僧帽瓣**；位於右側者稱為**三尖瓣**。如果瓣膜偏離原位或是固定不周全，將產生血液之**擾流**，影響循環功能。心臟於主動脈及肺動脈基部尚有**主動脈瓣**及**肺動脈瓣**，各為三片半月狀之瓣膜組合而成，亦稱為**半月瓣**。

　　心臟周圍的血管，分為動脈與靜脈，分別有**主動脈、左／右肺動脈、上腔靜脈、下腔靜脈、左／右肺靜脈**。

血液循環

　　人類的血液循環有四種路線系統：**體循環、肺循環、門脈循環**與**冠狀循環**。

一　體循環

　　體循環亦稱大循環，負責自心臟送出至主動脈，乃至於全身的血液流動。當血液自**左心室**出發，進入主動脈，依序將進入近端的**動脈**、較遠端的**小動脈**，最終送入組織。在組織當中，血液由**微血管**分布運送，微血管管壁極薄，可供組織細胞與其之間進行**擴散作用**，用以交換氧氣、二氧化碳、營養物質，與代謝廢物。通過微血管之後，血液進入**小靜脈**，再進入較粗之**靜脈**，最後，頭頸部及上肢之缺氧血，與軀幹及下肢之缺氧血，分別匯聚入上腔靜脈、以及下腔靜脈，回收進入心臟的**右心房**。

二　肺循環

　　肺循環又稱小循環。當血液由右心房，經三尖瓣進入**右心室**，而後由右心室送出，進入肺動脈，分別流入左肺與右肺，在**肺泡**處進行氣體交換，重新使氧氣進入**缺氧血**，與**血紅素**結合，成為**充氧血**。充氧血經由肺靜脈，自左肺及右肺流出，流回至**左心房**，重新進入心臟，準備將高含氧的血液再一次供應全身。門脈循環係描述微血管與微血管之間的血液運輸。

三　門脈循環

　　人體有兩處門脈循環構造，分別為**肝門脈系統**與**腦下腺門脈系統**。肝門脈循環於消化系統中占非常重要之地位，**肝門靜脈**負責收集小腸而來的水溶性養分，送入肝臟進行營養代謝的處理。腦下腺門脈系統則負責荷爾蒙從腦部**下視丘**運輸到**腦下腺**的功能。

四　冠狀循環

　　冠狀循環 (圖 7-15) 係供應**心肌細胞**之氧氣與養分需求,暨執行二氧化碳及代謝廢物清除之需要。**冠狀動脈**將氧氣與養分輸入微血管,心肌藉由微血管獲取氧氣與養分之後,其產生之二氧化碳及代謝廢物則由**冠狀靜脈**攜帶清除,冠狀靜脈最後在心臟背側匯聚注入右心房,完成冠狀循環。

　　由於冠狀循環係直接供應心肌活動所需之氧氣與養分,如果發生異常,將直接對心臟造成重大之風險。在成年人,冠狀動脈可能因為**血栓**,或是血脂過高產生的組織堆積,而發生阻塞,將使心肌發生缺氧。缺氧之心肌細胞一旦壞死,將導致**心律不整**與**心絞痛**之症狀,嚴重者可致死,是為**心肌梗塞**,向來為臺灣地區十大死因之前三名。

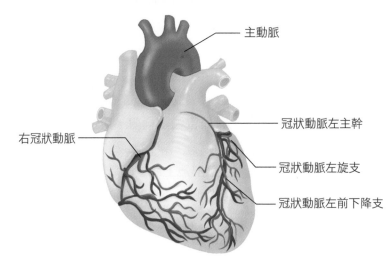

主動脈

右冠狀動脈

冠狀動脈左主幹

冠狀動脈左旋支

冠狀動脈左前下降支

圖 7-15　冠狀動脈

　　每一次的心搏,透過**聽診器**的聽取,可以獲得 lub-dub 兩個聲音,稱為**第一心音**與**第二心音**。第一心音是由於心室收縮,房室瓣關閉與心室內血流的撞擊所產生,其頻率較低,為時較長;第二心音則是由於心室舒張,半月瓣關閉,與主動脈及肺動脈內血流的撞擊所產生,其頻率較高,為時較短。如果瓣膜出現缺損或是**脫垂**現象,導致瓣膜**閉鎖不全**,病人可能會感到胸悶與缺氧的症狀,血液在心內將產生擾流或逆流,產生**心雜音**,可由聽診器聽出。

血管

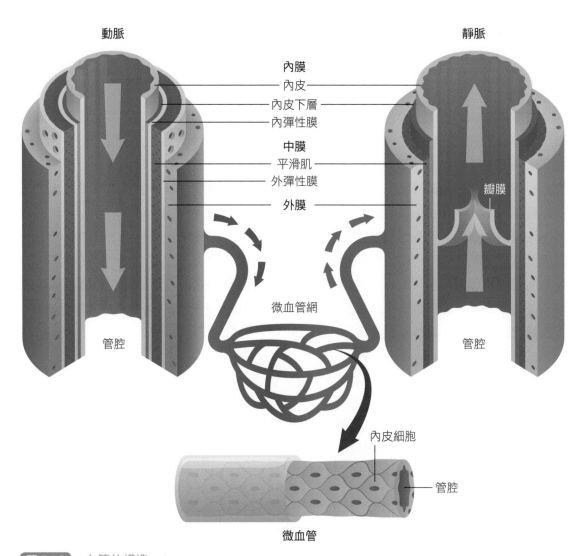

圖 7-16　血管的構造

　　血管分為**動脈**、**靜脈**、**微血管**三種 (圖 7-16)。動脈具備較厚之管壁，富含**彈性纖維**
與平滑肌，彈性良好，能夠順應血液的灌流而延展，擴張其容量，與心搏節律性相同，
稱為**脈搏**。動脈往遠端發展成小動脈，再分支成為微血管，深入組織。微血管之管壁僅
由一層**內皮細胞**構成，在組織中，藉由擴散作用提供氧氣、養分、二氧化碳、代謝廢物
的交換。血液當中的**血漿**如果滲出微血管到組織中，則稱為**組織液**，即含有上述血漿中
之物質。離開組織時，微血管匯合成小靜脈，小靜脈再匯集成靜脈，將血液送回心臟。
靜脈的管壁較薄，管腔較大，亦較缺乏彈性纖維，故彈性不如動脈。然其較大之管腔，

使其具備暫時儲納血液之功能。靜脈當中尚有**靜脈瓣**之構造，可以防止血液在輸送方向上出現逆流。人體的下肢血液因受重力之影響，較不易回流心臟。靜脈瓣的存在，以及肌肉的收縮、姿勢的改變，可以幫助下肢的靜脈血液回流。

血壓

血液存在於血管內，作用於血管壁的壓力，稱為**血壓**。心室收縮，將血液從心臟送出至血管中，使血壓得以維持。愈靠近心臟的動脈，血壓愈大。血液流經動脈、小動脈，進入微血管。在微血管的極多分支中，血壓已經降低，到流入靜脈時，回到心臟時，則趨近於零。血壓的測量法則，為記錄**血壓計**所獲取之**收縮壓**與**舒張壓**。正常青年人的標準血壓，為 120/80 mmHg。在休息狀態之下測量血壓，如超過 140/90 mmHg，可判定為不正常的**高血壓**，需要注意追蹤或就醫。高血壓的成因非常多，其中之一為動脈彈性減退，造成**動脈硬化**所引發。動脈硬化有可能增加血管破裂，或是血栓形成的機率，導致心血管疾病與**腦中風**。如果不控制**血脂肪**、**血膽固醇**的話，過量的血脂與膽固醇可能堆積在動脈壁內，減低動脈壁的彈性，並在動脈壁內造成不規則的**斑塊**，造成動脈狹窄，此為**粥狀動脈硬化**，與心血管疾病高度相關。

血液

血液的酸鹼值大約為 pH7.4，其成分極為複雜。血液由血漿與**血球**共同構成（圖 7-17），其中血漿約占 55%，血球約占 45%，此比例關係稱為**血球容積比**。一成年人所含的總血量大約是體重的 1/13。血球三大類型為**紅血球**、**白血球**以及**血小板**（圖 7-18），其參考數據如表 7-2。

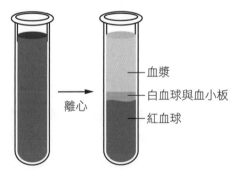

離心

血漿
白血球與血小板
紅血球

圖 7-17 血液離心後之結果

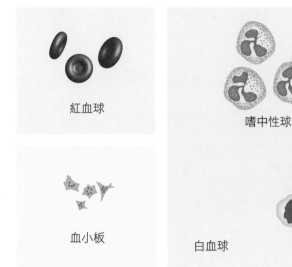
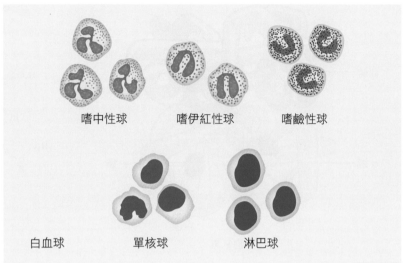

圖 7-18　血球

表 7-2　成年人血球檢驗數據表

項目	直徑	數目
紅血球	6～8 μm	男性：5.4 百萬 / μl 女性：4.8 百萬 / μl
白血球	10～15 μm	4,000～10,000 / μl
血小板	2～4 μm	20,000～50,000 / μl

一　紅血球

　　紅血球是人體中數量最多的血球，形狀為雙凹圓盤狀，直徑約 6～8 μm。男性的紅血球數目通常多於女性。紅血球由紅骨髓造血產生，成熟的紅血球方可進入血液中，哺乳類成熟的紅血球不具細胞核。紅血球平均壽命 120 天，含有大量之血紅素 (圖 7-19)，可以攜帶氧氣。血紅素為具有四個次單元 (含兩個 α 球蛋白及兩個 β 球蛋白) 之四級結構蛋白，每一個次單元內含**血基質**。每一個血基質在充氧血的環境中，可以與一個氧分子結合，而在組織將其釋放。如紅血球或血紅素數目不足，病人將發生**貧血**現象。除了與氧氣結合以外，血紅素亦可以與一氧化碳結合，然而因其與一氧化碳之結合力高於氧氣，故在一氧化碳洩漏或瀰漫的環境中，容易造成缺氧窒息事件，常有人員的傷亡，應當注意。

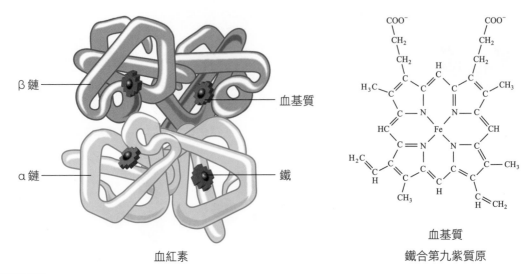

血紅素　　　　　　　血基質
　　　　　　　　　　鐵合第九紫質原

圖 7-19　血紅素

二　白血球

　　白血球在人體當中擔任免疫與防禦的功能，形狀為球狀，有細胞核、不具色素，有必要時可以穿出微血管壁，進入組織之中，對**病原**進行攻擊。白血球可分為五種：**嗜中性球、嗜伊紅性球**（或稱**嗜酸性球**）、**嗜鹼性球、單核球**以及**淋巴球**。

　　嗜中性球在白血球中數目最多，約占 50 ～ 70%，在感染初期會最先抵達感染區域；嗜伊紅性球約占 1 ～ 4%；嗜鹼性球約占 0.4%；單核球約占白血球的 2 ～ 8%，在感染發生之後，會快速增長分化成更具吞噬力的**巨噬細胞**；淋巴球與免疫功能相關，約占 20 ～ 40%。白血球皆由紅骨髓製造，進入血液，淋巴球則需要在**淋巴器官**中進行選汰，才可加入免疫功能。多數白血球的壽命較紅血球短，以嗜中性球為例，平均為 5.4 天以內，但淋巴球分化而成的**記憶細胞**卻可能存活長達數年。

三　血小板

　　血小板在人體當中扮演**凝血**的角色，其壽命約為 4 天。血小板體積極小，無核、無色素。當組織受到損傷，血管破裂，接觸到破裂面的血小板凝集成為暫時性的**團塊**，並啟動一系列之生化反應，活化諸多蛋白質與**凝血因子**，使破裂面堵塞，達成凝血。如有凝血因子缺乏，將導致凝血反應發生異常，病人即無法順利達成凝血，為**血友病**的成因。

生物專欄

血型與輸血

　　自英國醫學家威廉 · 哈維 (William Harvey，1578 ～ 1657) 於 17 世紀發現人體循環系統的結構及原理以來，**輸血**的處置即不停地被嘗試，用以挽救大出血的病患。輸血時，需要確認血型。紅血球細胞膜表面的糖蛋白，在免疫上的角色如同**抗原** (antigen)，由於參與血液凝集，故又稱為**凝集原**；血漿中則具有**凝集素**，能與凝集原結合，使紅血球發生凝集 (圖 7-20)。凝集原有 A 與 B 兩種，具有 A 凝集原的人，其血液為 A 型；具有 B 凝集原的人，其血液為 B 型；同時擁有 A 與 B 凝集原的人，其血液為 AB 型；紅血球表面不具凝集原的人，其血液為 O 型。

	A 型	B 型	AB 型	O 型
紅血球類型	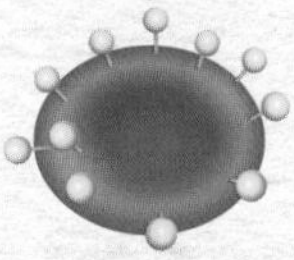	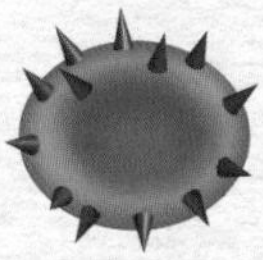	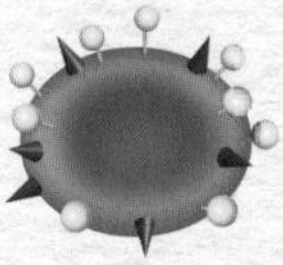	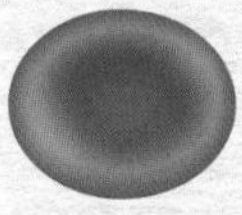
血漿內含抗體	 抗 B 抗體	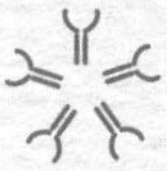 抗 A 抗體	無	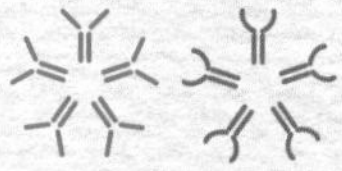 抗 A 與抗 B 抗體
紅血球抗原	A 抗原	B 抗原	A 與 B 抗原	無

圖 7-20　人類紅血球抗原與血漿抗體

　　輸血時，應當再三確認**供血者**與**受血者**的血型，以免發生輸血意外造成病人危急。除了 ABO 系統以外，人類血型尚有另一套 **Rh 系統**應用在臨床上，其重要性僅次於 ABO 系統。依照紅血球上 **Rh 表面抗原**的有無，將血液分為 **Rh 陽性** (Rh⁺) 與 **Rh 陰性** (Rh⁻)。無論是 Rh 陽性或 Rh 陰性的人，其血漿當中皆無抗 Rh 的抗體。Rh 陽性血型的血液，不宜輸入至 Rh 陰性血型的人身上，因 Rh 陽性血之 Rh 血球表面抗原，會在 Rh 陰性血型的人體內引發免疫反應，產生**抗體**，日後若再次輸入 Rh 陽性血，會在 Rh 陰性血型的人體內造成前述之血液凝集與急性溶血反應，帶來致命危險。與 Rh 陽性血相比，Rh 陰性血在人類族群中，多為少數。白人族群約有 15% 的人口為 Rh 陰性，華人族群為 Rh 陰性者則少於 1%。

7-4 免疫系統與功能

防禦機制分為**非專一性防禦機制**與**專一性防禦機制**。非專一性防禦機制，通常是描述黏膜組織的**物理性阻隔**，以及白血球的**吞噬作用**，此種防禦機轉會盡其所能地阻止**病原體**入侵至體內，或是清除入侵至體內的外來異物。專一性防禦機制則是利用免疫反應，產生**抗體**，專一性地辨識特定病原與外來異物，其特色為具有專一性及高效率。

先天性免疫

　　人體的防禦機制尚可以三道防線的觀點視之。第一道防線為**黏膜**的阻隔保障，第二道防線為白血球的吞噬作用，第三道防線則為免疫反應與抗體的產生，用以對抗入侵致病原。

　　第一道防禦位於人體最外層的皮膚，以及消化道、呼吸道、泌尿道、生殖道的內襯組織。皮膚的真皮具有皮脂腺與汗腺，所分泌的油脂與汗液的混合物，呈現弱酸性，能抑制細菌繁殖。汗腺的汗液裡，還含有**溶菌酶**用以殺菌。此外，皮膚尚有角質層的構造，可以有效防止微生物入侵至體內。如果皮膚有所創傷、破損、或是昆蟲叮咬，便將成為微生物感染的入口。

　　除了皮膚的汗液以外，淚腺所分泌的淚液、唾腺所分泌的唾液，也具有溶菌酶。胃液當中的**胃酸**，可以殺死經由飲食進入胃中的細菌。**氣管**與**支氣管**的內襯上皮細胞，具有能夠分泌黏液的**杯狀細胞**，將進入呼吸道內的微生物及外來異物黏附，同時利用**纖毛細胞**的不斷擺動，將其送至喉頭，經食道落至胃裡，由胃酸分解。泌尿道與生殖道的化學環境通常為酸性且有共生菌叢存在，微生物在此環境下不易繁殖，亦有抑菌的功用。

　　如果有微生物突破第一道防線，進入體內，人體尚有其他方法來加以排除，亦即第二道防線。第二道防線包含**吞噬細胞**的行動、**抗菌蛋白**的作用以及**發炎反應**。吞噬細胞為白血球，含嗜中性球、嗜伊紅性球、巨噬細胞。嗜中性球在細菌入侵時，是最先大量增殖的白血球，能夠移動離開血管進入組織，對細菌進行攻擊與吞噬。嗜伊紅性球可以針對**寄生蟲**進行攻擊。巨噬細胞則是由單核球分化而來，可以增長至原有體積之數倍，有效增加其攻擊力與吞噬活動（圖 7-21)，壽命最長可達數月。

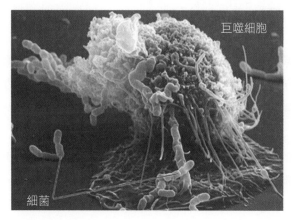

巨噬細胞

細菌

圖 7-21　巨噬細胞對細菌進行攻擊

 生物專欄

補體與干擾素

　　除了吞噬細胞以外，人體內尚含有一些蛋白質具有殺菌或抗菌的功能，被統稱為**補體** (complement)，存在於血液、組織液中。補體活化後，能造成菌體破裂死亡，或是活化免疫反應，加強吞噬作用。除了補體可以抗菌以外，還有**干擾素** (interferons) 可以抗病毒。當病毒入侵時，被感染的細胞會製造出干擾素，向外釋放，鄰近的細胞接收到干擾素後，會摧毀來犯病毒的遺傳物質，使其複製失效，來達成抗病毒感染的目的。

　　當細菌或病毒入侵，造成組織感染時，感染區域的組織會釋出眾多化學物質，促進**發炎反應** (inflammatory response)。感染區域組織當中的**肥大細胞** (mast cell) 分泌的**組織胺** (histamine)，能夠引發血管擴張、血管通透性增加，以增加血流、促使白血球聚集，並穿透血管至組織對抗病原。血流的增加，造成組織出現紅與熱的現象；血管通透性增加，水分滲出，造成組織**水腫**；發炎物質的作用也會刺激神經，使組織產生疼痛。故發炎的四大徵象為紅、熱、腫、痛。發炎反應能活化白血球的聚集與活動，以對抗入侵之微生物，然而若是感染情況較為嚴重，無法立即將病原清除，則可在感染處見到黃綠色的**膿**，為死亡之白血球、死亡之組織細胞，以及微生物的殘餘碎片，所形成之混合物。

　　另一方面，如果感染程度嚴重，有可能導致**發燒**。發燒的目的是藉著溫度的升高，來抑制某些細菌的生長或繁殖，並提升免疫反應的效率，然而若是發燒失控，體溫過高，有致命的危險，需要立即送醫處置。

後天性免疫

前述提及黏膜阻隔、白血球吞噬作用、抗菌蛋白、發炎反應等，乃是每一個人與生俱來的共同免疫途徑，因此稱為先天性免疫。而另一種形式的免疫途徑，由於在出生之後經歷不同環境的刺激與形塑，造成人人發展與表現不同，故稱為**後天性免疫**，或**適應性免疫**。

後天性免疫功能的發揮，由**淋巴球**來執行。淋巴球所在的系統，稱為**淋巴系統**，其基本組成為**淋巴器官**與**淋巴管**。血液中之血漿如滲出到組織當中，成為組織液。組織液由**微淋管**回收 (圖 7-22)，成為**淋巴液**，內含白血球及抗體。淋巴循環收集組織液回收至血液循環，協助淋巴細胞與抗原接觸並誘發免疫反應，以及幫助脂肪的吸收與運輸。而身體骨骼肌的收縮，以及姿勢的改變，也可幫助淋巴液的流動。在流回血液循環系統之前，淋巴液會經過許多滿布全身的**淋巴結**，直徑大約 1～2 公分，是許多淋巴球聚集的場所。淋巴結能淋巴液中的細菌及異物進行過濾與排除，以及提供淋巴球增殖。

組織細胞
組織內空間
微淋管
小靜脈
小動脈
組織液流動方向
淋巴管

圖 7-22 組織液經微淋管回收成為淋巴液

脾臟為人體最大的淋巴器官，位於腹腔，內部分為**紅髓**、**白髓** (圖 7-23a)。紅髓能夠破壞老舊的紅血球；白髓則聚集許多淋巴球，執行免疫功能。正常人的脾臟尚具備儲血的功能，在大出血的情況下，脾臟會收縮，將其內部的血液釋放。

胸腺位於胸腔，胸骨之下 (圖 7-23b)，是 T 細胞分化與達到成熟之處。在兒童時期會有發達的發展，然而在大約超過 12 歲以後，會慢慢地萎縮。

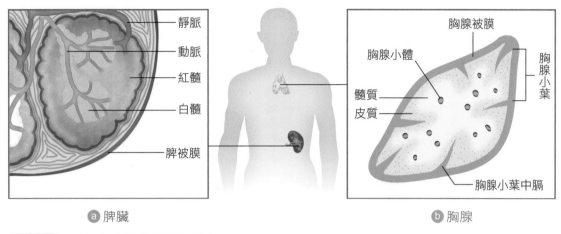

ⓐ 脾臟　　　　　　　　　　　　　　　　ⓑ 胸腺

圖 7-23　脾臟和胸腺的位置與構造

　　淋巴細胞即淋巴球，分為 **T 細胞** (T cells)、與 **B 細胞** (B cells)。皆能針對抗原識別結合，引發免疫反應，於以下說明。

一　細胞媒介性免疫

　　T 細胞，因其在骨髓製造，卻在胸腺成熟，故得此名稱。T 細胞能夠分為四種：**胞毒型 T 細胞**、**輔助型 T 細胞**、**調節型 T 細胞**與**記憶型 T 細胞**，其功能各異。胞毒型 T 細胞亦稱為**殺手 T 細胞**，負責消滅異常的細胞，包含腫瘤細胞、遭病毒感染的細胞，或是其他外來的細胞。當胞毒型 T 細胞與細胞表面的抗原結合，發現到異常的抗原，例如來自病毒的碎片、細胞突變的產物，或是外來的細胞成分，就會與目標細胞結合，釋放**穿孔蛋白**，在其細胞膜上造孔，使水分進入目標細胞內，破壞其滲透壓，造成其死亡。由胞毒型 T 細胞主導的免疫行動，稱為**細胞媒介性免疫** (cell-mediated immunity)(圖 7-24)。

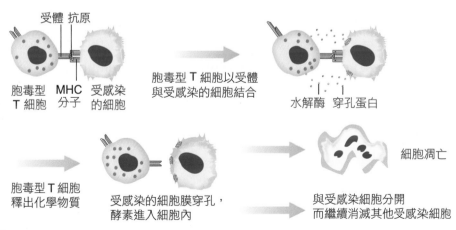

圖 7-24　細胞媒介性免疫

胞毒型 T 細胞經由受體辨認異常細胞以後，釋出穿孔蛋白，致其死亡。

輔助型 T 細胞的功能較為特殊，負責偵測異常抗原的存在，將訊息傳給其他白血球，令其活化，將病原摧毀或吞噬，故其功能為免疫活動的協調 (圖 7-25)。調節型 T 細胞與維持**免疫耐受性**，以及防止**自體免疫疾病**發生有關。

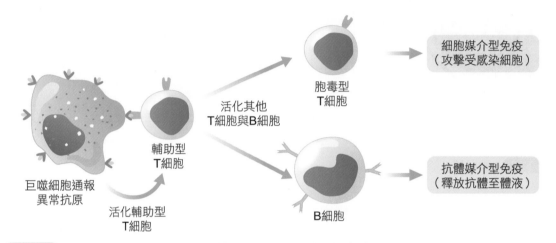

圖 7-25 輔助型 T 細胞協調活化胞毒 T 細胞與 B 細胞進行免疫作用

未曾遭遇抗原的 T 細胞，在遭遇抗原之後，有一部分會轉變成記憶型 T 細胞。待日後遭遇同一種抗原時，能夠快速大量地增殖，對同樣的抗原作出反應。

二 抗體媒介性免疫

B 細胞得名於其初次發現於鳥類尾部的免疫器官**法氏囊** (bursa of Fabricius)。在人體，B 細胞由骨髓製造、在脾臟成熟。B 細胞活化以後，會快速轉變成**漿細胞**並大量增殖。漿細胞能夠針對特定的抗原，大量製造相對應的抗體，釋放至血漿當中，用以對付病原 (圖 7-26)。另一群 B 細胞在遭遇抗原以後，沒有轉變成漿細胞，而是轉變成**記憶型 B 細胞**，可存活長達數年，一旦再次遭遇同樣的抗原，記憶型 B 細胞能快速分化轉變為漿細胞，產生抗體，為身體提供保護。由 B 細胞途徑所主導的免疫，稱為**抗體媒介性免疫** (antibody-mediated immunity)，或**體液性免疫** (humoral immunity)。

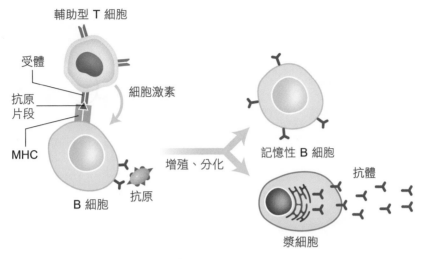

圖 7-26　B 細胞由抗原活化以後，釋放抗體執行免疫

　　抗體 (antibody) 又稱為**免疫球蛋白** (immunoglobulin)，為漿細胞所製造，其分子結構為一 Y 形，左右對稱 (圖 7-27)。抗體與抗原結合具有專一性，一種抗體只能對應到一種抗原。抗體有多種功能，包括**中和反應**、**凝集反應**、**沉澱反應**、**調理反應**。若抗原本身是微生物或其他生物所分泌的**毒素**分子，或致病相關構造，抗體與其結合，使其失效，稱為中和反應 (圖 7-28)。如果微生物為多個抗體分子所結合、遭到圍困，形成一叢凝集**團塊**，吞噬細胞將前來執行吞噬作用，此為抗體凝集反應 (圖 7-29)。沉澱反應係描述當抗體與可溶性抗原結合時，使得抗原被從血清中脫離，沉澱形成團塊，吸引吞噬細胞。抗體結合至微生物表面的抗原時，能夠發揮與補體相同的角色，使微生物較易被吞噬細胞吞噬，為調理反應 (圖 7-30)。

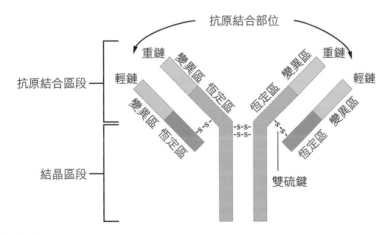

圖 7-27　抗體結構

圖 7-28　抗體的中和反應，病毒（左）、毒素（中）、細菌鞭毛（右）遭到抗體的中和

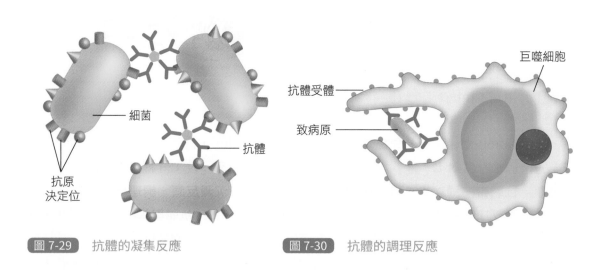

圖 7-29　抗體的凝集反應　　　　圖 7-30　抗體的調理反應

　　抗體依照其結構差異，可以分為五種等級：IgG、IgM、IgA、IgD、IgE。人體中最多的抗體種類是 IgG，達 80%；在感染初期，IgM 是最早出現的抗體，也最快增加；IgA 可以隨著體液分泌以執行作用，如唾液、淚液，以及母乳；IgD 的功能是作為 **B 細胞受體**；IgE 與**過敏**有關。其餘資訊請參照表 7-3。

表 7-3　五種抗體分級	IgG	IgM	IgA	IgD	IgE
結構 (抗體形態)					
單元數	1	5	2	1	1
抗體結合位數	2	10	4	2	2
分子量 (Da)	150,000	900,000	385,000	180,000	200,000
含量比例	80%	6%	13%(單元)	<1%	<1%
通過胎盤與否	可	不可	不可	不可	不可
功能	中和反應 凝集反應 調理反應 補體活化	中和反應 凝集反應 補體活化	中和反應 圍困黏膜病原	B 細胞受體	嗜鹼性球與肥大細胞的活化 產生過敏現象

 生物專欄

主動免疫與被動免疫

　　若有一未曾出現在人體內的抗原首次出現，人體免疫系統搜尋或產生對應 B 細胞加以活化，時間會較長，抗體的產量會較低，稱為**初級免疫反應** (primary immune response)。一旦曾受特定抗原感染，免疫系統留下記憶型 B 細胞，當同樣的抗原再次入侵，記憶型 B 細胞能夠快速地轉變成漿細胞，大量增殖、大量釋放抗體。此時與初次暴露於抗原時相比，抗體的產量顯著增加，反應的速度顯著增快，稱為**次級免疫反應** (secondary immune response)(圖 7-31)。

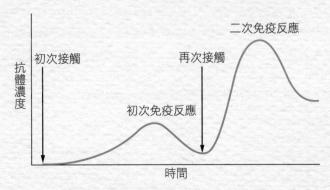

圖 7-31　初次免疫反應與二次免疫反應

然而，某些傳染病的病原，具有較高的突變率，導致其產生新品系病原的速度，比人體產生新型對應抗體的速度還快。如欲預防此疾病的流行，難度將會較高。例如**流行性感冒病毒** (influenza virus)，由於每一年的品系未必相同，因此在預防相關的措施一直都相當有挑戰性。

疫苗預防接種與疾病免疫的原理，是由人體攝入抗原以後，產生出相對應的抗體，來與抗原反應，並且有記憶性，此稱為**主動免疫** (active immunity)。世界上第一支成功的疫苗，是由英格蘭醫師愛德華・詹納 (Edward Jenner)(圖 7-32) 研發的**天花** (small pox) 疫苗，從與其相似但症狀輕微許多的**牛痘** (cow pox) 得到靈感。牛痘為人畜共通傳染疾病，詹納注意到曾經確診感染過牛痘的農舍女工，當中無一感染天花。他採用罹患牛痘的病患身上所採取的檢體，接種在數十位未曾感染過天花的人身上，獲得成功，於疫情流行期間，未曾有人遭到天花感染，後將此研究成果出版，詹納因此被世人尊為免疫學之父。

圖 7-32　愛德華・詹納

如今有相當多種傳染性疾病，已有常規疫苗可以應用，進行預防接種，包含**脊髓灰質炎** (poliomyelitis，小兒麻痺)、**破傷風** (tetanus)、**白喉** (diphtheria)、**百日咳** (pertussis)、**結核病** (tuberculosis)、**B 型肝炎** (hepatitis B)、**日本腦炎** (Japanese encephalitis)、**麻疹** (measles)、**腮腺炎** (mumps)、**德國麻疹** (rubella) 等。

另外一種應用抗體進行治療的技術，稱為**被動免疫** (passive immunity)。將抗原注入動物身上，由動物產生抗體之後，將其抗體分離加以保存，用以對抗抗原。此種方法所得之產品稱為免疫血清或**抗血清** (antiserum)。遭毒蛇咬噬，送醫緊急處理施打的蛇毒抗血清，即以此法產生。抗血清的優點是能夠立即生效，不過為時並不長久。

少數特定情形之下，抗體與抗原之間的結合，會引發**過敏反應** (圖 7-33)。我們將能夠引發過敏反應的抗原，稱為**致敏原**。IgE 是與過敏相關的抗體，附著於肥大細胞上。當過敏原與 IgE 抗體結合，會使得肥大細胞活化，將其內儲存的**組織胺**等過敏媒介物釋放至胞外、造成局部血管擴張、血管通透性增加、血流增加的現象，因而導致過敏常見的症狀，如水腫、發紅、發癢、噴嚏、流鼻水、流眼淚等，如**過敏性鼻炎**、**蕁麻疹**。常見的過敏原，有食物、藥物、灰塵、花粉、黴菌孢子、動物毛髮或羽毛等。

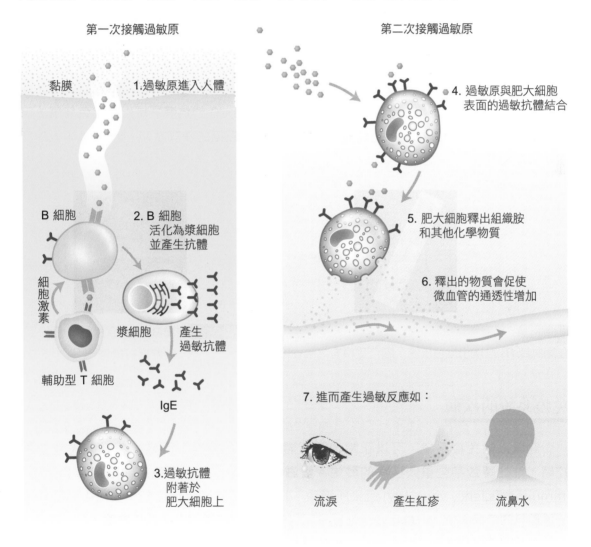

圖 7-33　過敏反應圖解

氣喘亦為過敏引發的一種疾病，因為肥大細胞的作用，使支氣管發生水腫，造成呼吸氣流減少，引發呼吸不順。如果過敏的情況更嚴重，引起氣管與支氣管平滑肌收縮，使呼吸道狹窄情況加重，造成嚴重**呼吸困難**，需要馬上進行處置。另一種嚴重的過敏反應，稱為**全身性過敏反應**，是由於肥大細胞反應過劇，造成過敏物質過量釋放，引發的一系列症狀。常會造成快速出現的紅疹、劇癢、呼吸困難、暈眩感等，嚴重者可能引發**過敏性休克**而致命。故一旦發生全身性過敏，必須送醫。極少數食物與藥物能引發全身性過敏反應，而最常造成全身性過敏反應的過敏原，係來自於蟲螫的**毒素**。

　　由於生物化學與生物技術的進步，如今已經可以應用特殊抗體進行常規生物或醫學檢測，抗體檢測的優點為速度快、準確性可靠，ABO 血型的檢驗即為一例。懷孕初期時，著床的**胎盤**會製造**人類絨毛膜促性腺激素** (human chorionic gonadotropin, hCG)，孕婦血漿中此激素的濃度即增加，因此驗尿時，若附有抗 hCG 的抗體區域出現呈色反應，可證實懷孕的發生。近期則有針對**新冠肺炎** (Covid-19) 感染的快篩試劑 (圖 7-34)，原理與驗孕試劑相同。

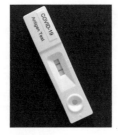

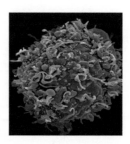

圖 7-34　新冠肺炎快篩試劑　在測試線 (T) 呈現出呈色反應，顯示受檢者為陽性案例。

圖 7-35　愛滋病毒正在對輔助型 T 細胞進行感染

免疫系統的疾病

　　健康人的免疫系統，可以正常地防禦體內環境的安全。而當免疫系統失效或失控時，往往導致某些重大疾病的發生。**愛滋病** (AIDS)，為**人類免疫缺陷病毒** (human immunodeficiency virus, HIV) 感染所導致。1981 年，美國疾病控制與預防中心發佈了全球首見的疾病案例。一群年輕男性感染罕見的**肺囊蟲肺炎**與**卡波西氏肉瘤**，不久死亡。由於其共同病徵皆致因於免疫機能喪失的嚴重感染，故於 1982 年將其命名為**後天免疫缺陷症候群** (acquired immune deficiency syndrome)。愛滋病毒為一**反轉錄病毒**，能感染人類的輔助型 T 細胞、以及巨噬細胞，導致其死亡 (圖 7-35)。當這些細胞死亡，其數目減少，免疫系統對抗原識別的能力大幅減低，進而增加病人感染其他併發症而死亡的機率。

愛滋病感染初期，約於一個月內，會出現類似流行性感冒的症狀，持續時間約 1 至 2 週，並已經具有傳染性。而後病毒活動會下降，進入臨床潛伏期，最長可達 20 年。之後再次發病，病人出現淋巴結腫大、發熱、疲勞、食慾不振、體重下降等症狀。待愛滋病進入晚期時，常出現原蟲、真菌、病毒感染的併發症，如肺囊蟲肺炎、結核菌感染、卡波西氏肉瘤的發生，最後多重感染而死亡 (圖 7-36)。

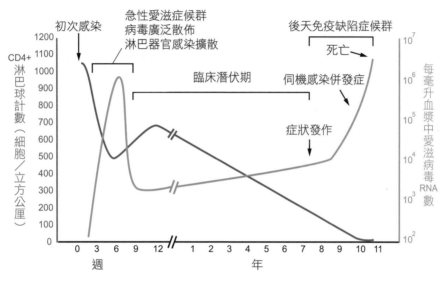

圖 7-36　愛滋病毒感染時間與病程追蹤

　　愛滋病毒存在於人體的體液中，尤其是血液、精液，以及陰道分泌物。雖暴露於空氣中對愛滋病毒生存極為不利，然於血液中可存活較長時間，故常見之傳染機制為血液傳播，包含針頭共用、輸血、母嬰垂直傳播、以及性行為傳播。基於愛滋病對人體之危害，目前對於捐血與輸血之血液檢查，皆有嚴格之標準與程序。另外，雖然愛滋病血液篩檢已經成為血庫血液檢驗的必要常規程序，民眾依然不可，也不該利用捐血來藉機為自己進行愛滋篩檢。由於病毒突變率與抗原複雜性，截至 2021 年，尚無有效疫苗可以預防愛滋，亦無特效藥可以治療。現有治療愛滋病之醫療措施，以華裔美籍科學家何大一 (David Ho) 發明之合併式抗反轉錄病毒藥物療法，或俗稱雞尾酒療法 (AIDS cocktail therapy) 較為著名。此療法原理是抑制愛滋病毒的複製，進而降低病人的死亡率，目前仍在研發改良藥效中。

普通生物學

7-5 呼吸系統與功能

人體於空氣當中呼吸，獲得氧氣，令細胞的**有氧呼吸**得以進行，產生能量推動**細胞代謝**，並移除代謝過程產生的二氧化碳，皆與呼吸系統的功能有密切的關係。

人體的呼吸系統

呼吸系統由**呼吸器官**構成。自鼻孔開始，依序經過**鼻腔**、**咽**、**喉**、**氣管**、**支氣管**、**細支氣管**、**肺泡**。鼻腔具有潤溼以及溫暖吸入空氣的功能，其前端靠近鼻孔處，密生**鼻毛**，可過濾進入鼻中之異物如塵埃等，避免其直接進入呼吸道中。鼻腔內的鼻黏膜則分泌黏液，黏附進入鼻中的塵埃或微生物，而後將其送入後方的咽，待其滑下至胃中由胃酸殺死。

咽是呼吸道和消化道交會之處 (圖 7-37)，咽之下為喉。喉內含**聲帶**，當其活動時，藉著空氣的流通，發生振動，產生聲音 (圖 7-38)。可由支配之神經調整其張力，改變發聲頻率。喉內於氣管和食道的交界處尚有**會厭軟骨**，當吞嚥時，喉部肌肉與會厭軟骨下降，蓋住氣管，防止食物或水意外滑入。

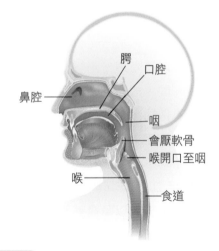

圖 7-37　鼻、咽、喉的解剖構造

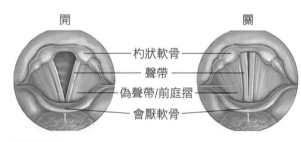

圖 7-38　聲帶的開與關

呼吸道自喉以下進入氣管。氣管由平滑肌構成，有軟骨圍繞於其周圍。氣管下為支氣管，左右各一，亦有軟骨圍繞，將其撐開，使呼吸道保持通暢。在支氣管與細支氣管的內襯黏膜，具有**杯狀細胞**與**纖毛細胞**。杯狀細胞分泌黏液，黏附進入氣管與支氣管的灰塵與微生物，而後由纖毛細胞將其往上推送至喉部，任其滑下食道，進入胃中由胃酸分解，避免微生物進入肺中造成感染。支氣管之後進入細支氣管，再進入肺泡 (圖7-39)。

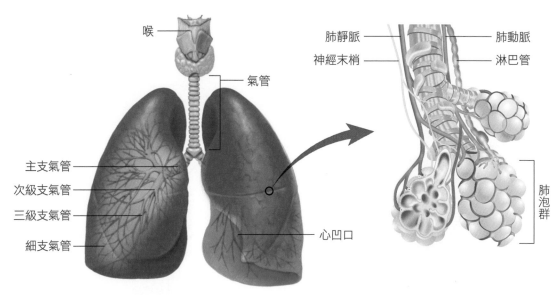

圖 7-39　支氣管、支氣管分枝、肺

　　肺泡為單層上皮細胞所構成，周圍有微血管分布，可直接以**簡單擴散**的方式，與大氣進行氧氣及二氧化碳的交換 (圖 7-40)，使**缺氧血**重新成為**充氧血**。成年人大約有 3 億個肺泡，總表面積至少 70 平方公尺，肺泡本身不含軟骨，由其組織內的**彈性纖維**成為其支持的來源，亦使肺具有彈性。

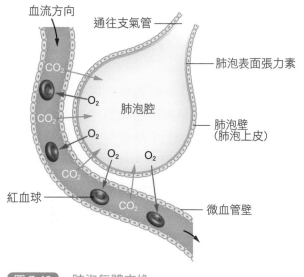

圖 7-40　肺泡氣體交換

人類的呼吸運動

　　呼吸運動的執行，來自於**肋間肌**與**橫膈**的交互收縮與放鬆，使胸腔發生擴大與縮小，進而影響肺的體積、改變**肺內壓**的大小，導致氣流的出入。吸氣時，肋間肌收縮，將胸骨與肋骨舉起，同時橫膈收縮，使胸腔擴大，造成肺內壓減少，使吸氣發生；呼氣時，肋間肌舒張，將肋骨與胸骨放下，同時橫膈舒張，使胸腔縮減，肺內壓增加，導致呼氣的發生（圖 7-41）。吸氣為呼吸相關肌肉收縮所造成，但呼氣是由肺與胸壁的彈性回位所致。

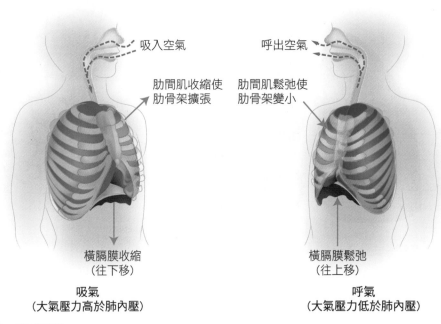

吸入空氣　　　　　呼出空氣

肋間肌收縮使　　　肋間肌鬆弛使
肋骨架擴張　　　　肋骨架變小

橫膈膜收縮　　　　橫膈膜鬆弛
（往下移）　　　　（往上移）

吸氣　　　　　　　　**呼氣**
（大氣壓力高於肺內壓）（大氣壓力低於肺內壓）

圖 7-41　呼吸運動

　　呼吸運動造成空氣的吸入與呼出，能夠經由**肺量計**的測量畫出相對應的曲線，稱為**肺容量**（圖 7-42）。肺容量的各參數定義請參考表 7-4。由於健康成人的肺容量數值變動不大，故經由肺容積數值的判讀，可以作為呼吸系統疾病的評估與診斷參考。

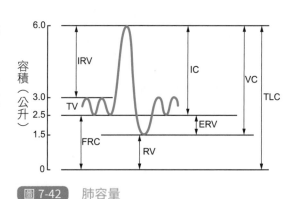

圖 7-42　肺容量

表 7-4　肺容量的參數	
術語	定義
潮氣容積 (tidal volume, TV)	自然不費力呼吸週期中，吸入或呼出的氣體容積
吸氣儲備容積 (inspiratory reserve volume, IRV)	用力呼吸期間，減去潮氣容積後，所能吸入的最大氣體容積
呼氣儲備容積 (expiratory reserve volume, ERV)	用力呼吸期間，減去潮氣容積後，所能呼出的最大氣體容積
肺餘積 (residual volume, RV)	最大呼氣之後，肺部內氣體殘餘的容積
肺活量 (vital capacity, VC)	進行最大吸氣之後，所能呼出的最大氣體容積
總肺容量 (total lung capacity, TLC)	進行最大吸氣之後，肺部內氣體的總量
吸氣容量 (inspiratory capacity, IC)	正常呼氣後，能吸入氣體的最大量
功能性肺餘積 (functional residual capacity, FRC)	正常呼氣後，肺部內氣體的剩餘量

氣體交換與運輸

　　氧氣在血液中的運輸，以和**血紅素** (hemoglobin, Hb) 的結合為主。血紅素具有四個次單元，每一個單元可與一個氧分子結合。當氧分壓高時，血紅素愈易與氧分子結合；當氧分壓降低時，氧分子愈易從血紅素上脫離。此現象稱為血紅素的**協同作用**，血紅素因此成為絕佳的氧氣運輸者。隨著海拔高度的升高，氧氣分壓會逐漸下降。氧分壓下降會影響血紅素的飽和程度，也會影響組織獲取氧氣的效率。如果處在高海拔環境，身體組織不易獲取氧氣，將導致缺氧。而長期居於高山地區的居民，尚可以藉著產生更多的血紅素或紅血球，來適應高海拔的環境，此生理現象稱為**高海拔適應**。

　　除了氧氣以外，另一種容易和血紅素結合的氣體為一氧化碳，如暴露於過多之劑量，會造成一氧化碳中毒。一氧化碳與血紅素的**親和力**為氧氣的 200 倍以上，因此一旦被一氧化碳占據，經由血紅素運送的氧氣將減少，即導致**缺氧**。

　　二氧化碳在血液中的運輸，為 8% 以氣體形式溶於血漿內，20% 結合於血紅素，以及 72% 以**碳酸氫根** (HCO_3^-) 離子的形式，於血漿內運輸。血漿內的水的存在，使二氧化碳能夠在**碳酸酐酶**的催化下，與水結合成**碳酸**，碳酸再解離成氫離子與碳酸氫根，如下式。

組織微血管

$$CO_2 + H_2O \underset{\text{碳酸酐酶}}{\overset{\text{碳酸酐酶}}{\rightleftharpoons}} H_2CO_3 \rightleftharpoons H^+ + HCO_3^-$$

肺部微血管

此一過程在紅血球內運行。碳酸氫根水溶性極佳，可離開紅血球，溶於血漿中運輸。當紅血球從組織被運輸至肺泡，二氧化碳離開肺泡微血管，以上的反應將反向進行。

呼吸的調控

呼吸的控制，由**延腦**和**橋腦**聯合執行。延腦具有**呼吸中樞**，橋腦則具有**呼吸調節中樞**。另外，人類亦可以透過意識，由大腦的**運動皮質**來主導呼吸。當進行劇烈運動時，組織會消耗氧氣，增加產生二氧化碳。由於缺氧的緣故，會導致呼吸加快、加深，同時配合血液循環的加速，增加供氧量與加速二氧化碳排除。這些身體內部環境的變化，會由呼吸的化學調節機制來偵測，並回傳訊息至中樞神經系統，對呼吸的需求進行調整。

7-6 腎臟、泌尿與排泄功能

代謝過程所產生的代謝廢物，除了二氧化碳可由呼吸系統排除之外，還有另一種主要產物為尿素，由泌尿系統排除。

含氮廢物

動物體中產生的含氮廢物，多數來自胺基酸與核酸等含氮化合物的代謝過程。當蛋白質被分解成胺基酸，胺基酸進一步代謝時，其過程在體內會產生具有細胞毒性的**氨**，故需儘快降低其在體內的含量。魚類以及水生無脊椎動物，產生氨以後，直接將其釋放至水中；鳥類、爬蟲類，以及昆蟲，則將氨轉變成低毒性的**尿酸**，以濃縮的結晶形式，加入糞便中一起排除；哺乳類動物則將氨轉變成較不具毒性的**尿素**，透過泌尿系統的途徑將其以**尿液**的形式排除 (圖 7-43)。

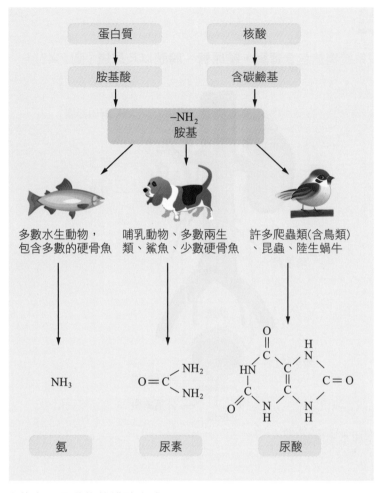

當哺乳動物代謝胺基酸產生氨以後，由肝細胞為將其轉變為尿素，通過腎經由尿液排出；當人類代謝核酸的**嘌呤**，將產生尿酸。如果尿酸無法及時經由腎臟排除，導致血液尿酸濃度提高，稱為**高尿酸血症**，如果尿酸濃度升高，容易形成結晶，堆積在關節處，造成極為不適的症狀，稱為**痛風** (圖 7-44)。

圖 7-44　痛風病人關節抽出之關節液，可見尿酸結晶。

人類泌尿系統

人類的泌尿系統構造包含**腎臟**、**輸尿管**、**膀胱**以及**尿道** (圖 7-45)。

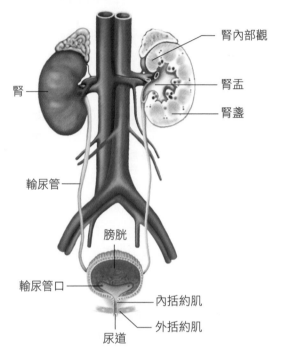

腎內部觀

腎盂

腎盞

腎

輸尿管

膀胱

輸尿管口

內括約肌

外括約肌

尿道

圖 7-45 人類泌尿系統簡圖

  腎臟位於人的背側，左右各一。腎臟的解剖結構可大致分為靠外側的**腎皮質**，與靠內側的**腎髓質**，腎髓質經由**腎盂**與輸尿管相連。

  腎皮質與腎髓質內有許多及精密的微細結構，為腎臟工作的基本單位，稱為**腎元** (nephron)(圖 7-46)。腎元由**腎小體**和**腎小管**構成。腎小體包含兩部分：**腎絲球** (glomerulus) 與**鮑氏囊** (Bowman's capsule)；腎小管由**近曲小管**、**亨利氏環**、**遠曲小管**構成。以上的構造，最後匯合成為**集尿管**，將尿液送入腎盂，再往下經輸尿管送至膀胱。腎元的不同部位，所進行的生理功能皆有所差異。

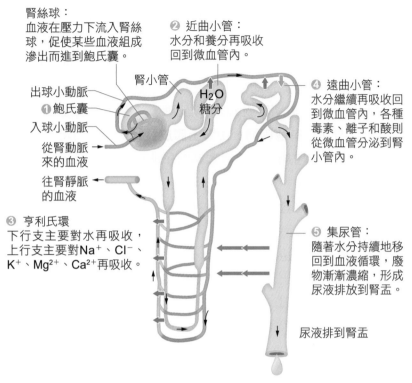

腎絲球：
血液在壓力下流入腎絲球，促使某些血液組成滲出而進到鮑氏囊。

❷ 近曲小管：
水分和養分再吸收回到微血管內。

出球小動脈
腎小管
❶ 鮑氏囊
入球小動脈
從腎動脈來的血液
往腎靜脈的血液

H_2O
糖分

❹ 遠曲小管：
水分繼續再吸收回到微血管內，各種毒素、離子和酸則從微血管分泌到腎小管內。

❸ 亨利氏環
下行支主要對水再吸收，上行支主要對Na^+、Cl^-、K^+、Mg^{2+}、Ca^{2+}再吸收。

❺ 集尿管：
隨著水分持續地移回到血液循環，廢物漸漸濃縮，形成尿液排放到腎盂。

尿液排到腎盂

圖 7-46　腎元的構造

　　腎臟製造尿液的過程，與微血管系統密切配合，分為**過濾作用**、**再吸收作用**以及**分泌作用**。當血液送入腎元時，會經由**入球小動脈**進入腎絲球，而後由**出球小動脈**離開。腎絲球為一團高度纏繞之微血管所構成。血液流經此處時，容許小分子的物質通過濾出，例如葡萄糖、電解質、胺基酸、尿素；而細胞與大分子的蛋白質不被容許通過，故不會被濾出。血液通過腎絲球之後，進入鮑氏囊，此時稱為**濾液**。

　　經由腎絲球過濾而成之濾液，每日約有 180 公升，但是只有 1.5～2 公升的尿液被排出。因此，大約有 99% 的過濾液要回到血管系統，如不回收，會造成嚴重的體液和電解質流失。故腎臟在腎小管處有再吸收作用，將濾液內的物質重新吸收回體內。近曲小管負責最大量的再吸收，且吸收的物質種類也最多，例如胺基酸和葡萄糖，大部分的水和電解質 (Na^+, Cl^-, K^+)，以及 HCO_3^-。亨利氏環與遠曲小管可對部分的電解質和水做再吸收。集尿管可對水分做最後的再吸收。再吸收的過程，大部分以**主動運輸**的方式，經由特定的**運輸蛋白**，使物質自管腔回收至腎小管細胞內。

　　濾液經過近曲小管之後，繼續流入亨利氏環，在此發生進一步的濃縮。而當濾液進入遠曲小管，再注入集尿管後，稱為尿液。集尿管受到**抗利尿激素** (antidiuretic hormone, ADH) 作用，調整對水分的再吸收。當人缺水時，大腦的**下視丘**會下令抗利尿激素釋放至血液中，此激素能促進更多水分在遠曲小管與集尿管回收，使尿液更濃縮。如 ADH 製造釋放量不足，或集尿管對 ADH 無反應，將導致**尿崩症**，病人會有多尿、劇渴的症狀。除 ADH 之外，尚有**醛固酮**，由**腎上腺皮質**製造，在血壓下降導致腎臟小動脈血流量下降時，其分泌量會增加，直接導致鈉離子的再吸收增加，以及促進鉀離子的分泌，使血壓得以上升穩固。

　　為了維持健康，人體代謝產生的多數廢物，可經由腎小管的分泌作用排除，藥物和毒物亦會由分泌作用自體中移除。分泌作用可以在腎小管的全段發生，而最重要的分泌作用，是鉀離子和氫離子，由遠曲小管執行，皆與主動運輸有關。氫離子的分泌可以調節體液的酸鹼平衡，避免身體出現**酸中毒**或**鹼中毒**的情況；鉀離子的分泌則可以調節體內電解質平衡，維持神經與心臟的正常運作。當體液經過腎絲球的過濾、腎小管的再吸收與分泌，以及在集尿管進行最後的水分再吸收後，才會排泄進入腎盂，注入輸尿管，至膀胱儲存 (圖 7-47)。

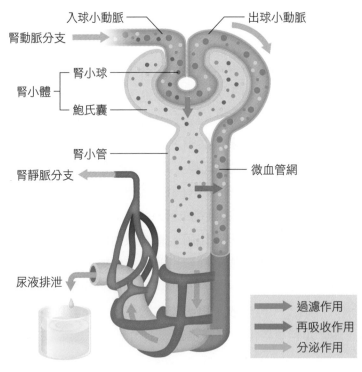

入球小動脈
出球小動脈
腎動脈分支
腎小球
腎小體
鮑氏囊
腎小管
微血管網
腎靜脈分支
尿液排泄

過濾作用
再吸收作用
分泌作用

圖 7-47　尿液形成簡圖

泌尿系統疾病

　　一般人常見的泌尿系統疾病，除了腎絲球受損導致的慢性腎功能不全之外，尚有**結石**與**泌尿道感染**。結石為尿液中礦物質濃縮結晶沉積在腎臟或泌尿道任何位置，例如腎結石、輸尿管結石、膀胱結石，其成分多以草酸鈣或磷酸鈣為主 (圖 7-48)。若結石過大，會使泌尿道發生堵塞，使尿液排除不順，對腎功能造成損傷，亦可能造成**血尿**或疼痛。常見結石的成因，有遺傳、飲食控制不良、水分攝取不足等。日常飲水 2,000 ～ 3,000 mL、適度運動，可以防止結石形成，也有助於結石排出。然而，如果結石過大，或發作引起**腎絞痛**時，需要儘速就醫處理。泌尿道感染則是由於細菌伺機性感染所引發，常見於膀胱與尿道部位，會造成排尿疼痛，女性由於尿道較短，且肛門和尿道開口距離也較近，因此較男性容易有泌尿道感染，約過半數的女性在其一生中有出現過泌尿道感染的情形。雖然泌尿道感染可用抗生素治療，然近期發現細菌抗藥性日漸嚴重，如不積極處理，細菌感染可能上行至輸尿管以及腎臟，引發更嚴重的**腎盂腎炎**。

圖 7-48　　患者身上取出之腎結石

7-7 神經功能的運作

日常生活的感覺、運動，以及身體內部環境的平衡，都需要快速的反應速度，而身體執行快速反應的關鍵，即與神經系統有密切關係。

神經元結構與神經衝動的傳導

神經系統的基本單元是**神經細胞**，又稱為**神經元** (neuron)，其基本構造為細胞核所在的**細胞本體**，以及**神經突起**。神經突起分為**軸突**與**樹突**（圖 7-49）。軸突的功能為神經衝動的傳出，樹突的功能則為接收神經衝動。軸突或樹突集合形成較粗的構造為**神經纖維**，負責神經衝動的傳導。神經傳導的速度，最快約為 120 m/s。

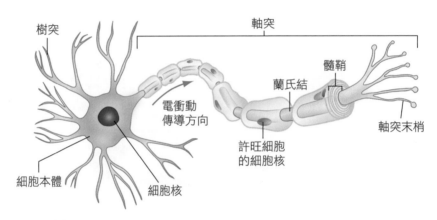

圖 7-49 神經元結構

另外，神經元軸突經常會具有**髓鞘** (myelin sheath) 的結構，幫助其傳導速度的提升。髓鞘的成份為脂質在軸突的周圍行多層包裹而成，位於兩髓鞘之間，未受包覆的區域，稱為**蘭氏結** (node of Ranvier)。髓鞘因其脂質的成分，具有絕緣的功能，故能增加神經傳導的速度，稱為**跳躍式傳導**。

人體的神經系統，由數百億計的神經元構成，從解剖上可分為**腦**與**脊髓**所在的**中樞神經系統** (central nervous system, CNS)，以及位於其外的**周邊神經系統** (peripheral nervous system, PNS)。中樞神經系統含有**運動神經元**、**聯絡神經元**以及**感覺神經元**的細胞本體，而周邊神經系統則為運動神經元及感覺神經元的神經纖維所在之處。位於周邊的感覺神經元樹突遠端通常為特化之**感覺受器**，可以因物理性或化學性的刺激引發其興奮，進一步形成動作電位，此動作電位將沿**感覺神經**自周邊輸入，傳往中樞神經系統，由中樞神經系統內含的大量感覺神經元與聯絡神經元，進行訊息整合，合作解讀以後完

成決策，再由中樞神經的運動神經元做出指令，發出動作電位，藉**運動神經**輸出通往**動器**，即其所支配之肌肉或腺體，導致肌肉收縮或腺體分泌。此即簡單的**刺激－反應迴路**(圖 7-50)。

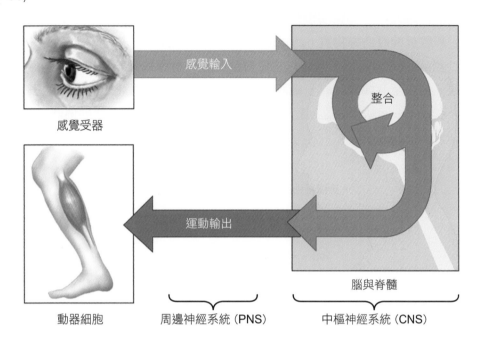

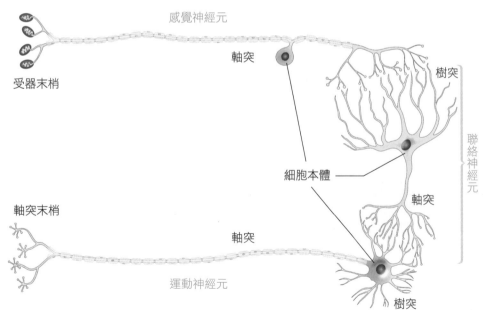

圖 7-50 刺激－反應迴路

神經細胞之間，因無直接接觸，故無法直接傳遞動作電位。神經細胞與神經細胞之間，需要**突觸** (synapse) 的構造來維持動作電位的傳遞。突觸傳遞的原理，是透過化學物質的反應，間接引發有效的電衝動，或稱**動作電位** (action potential)。每一個突觸皆由一個**突觸前神經元**與一個**突觸後神經元**構成。突觸前神經元的軸突末梢，內含許多的**突觸小囊**，裝載著**神經傳導物質** (neurotransmitters)，儲存在末梢 (圖 7-51)。以**乙醯膽鹼** (acetylcholine, ACh) 為例，當動作電位傳至此處，會導致突觸前神經末梢活化，釋放出乙醯膽鹼，結合至突觸後神經元細胞膜上的受體，並開啟受體，導致鈉離子流入突觸後神經元，引發下一個動作電位，於是電訊號可以在不同的神經元之間傳遞。

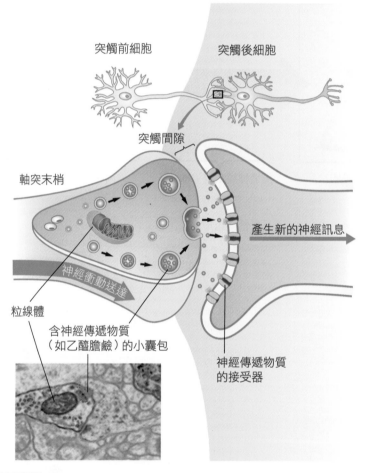

圖 7-51　突觸示意圖

腦與脊髓的構造

人類的腦較為明顯的結構，有**大腦** (cerebrum)、**視丘** (thalamus)、**下視丘** (hypothalamus)、**小腦** (cerebellum)、**中腦** (midbrain)、**橋腦** (pons)、**延腦** (medulla oblongata)。

大腦是人類腦最明顯的結構，分為左右大腦半球。側面觀之，分為**額葉**、**頂葉**、**枕葉**以及**顳葉** (圖 7-52)。額葉的功能包含思考與意識、記憶，以及運動執行；頂葉的功能包含感覺的輸入處理與整合；枕葉負責視覺訊息的輸入處理與整合；顳葉則與聽覺和語言，以及記憶功能相關。

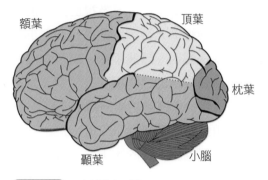

圖 7-52　大腦側面觀

大腦表面的**皮質**，尚具有詳細的功能性分區，大致可分為三種：**感覺區**、**運動區**與**整合區**。感覺區能將傳入的感覺訊息進行接收與處理，運動區負責發出指令，藉運動神經元控制隨意運動的執行，整合區則被視為連接感覺區與運動區的中間區域，能將感覺與運動訊息進行整合，判讀感覺訊息的意義，以待下一步的行動，所有整合區的協同工作，其造成的組合結果，與人的思考、學習、語言、記憶、人格有相關性。較詳細的大腦皮質功能分區如圖 7-53 所示。

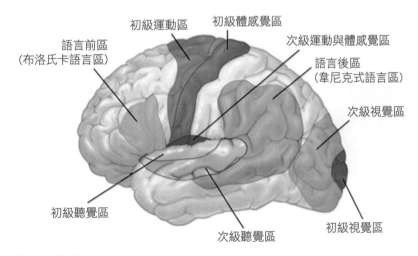

圖 7-53　大腦功能分區

若將大腦橫切，可以觀察到其內部有顏色深淺的分別，顏色較深的部分稱為**灰質**，位於外側，為神經元細胞本體所在，厚度僅約 2 ～ 4mm，即為大腦皮質。內側顏色較淺的部分稱為**白質**，為神經纖維所構成。左右大腦半球之間，有一巨大的神經束，稱為**胼胝體**，連接左右大腦半球，使神經衝動的訊息能夠彼此交換，使運動功能的協調與整合達到完善。

　　位於胼胝體以下，為**視丘**與**下視丘**所在 (圖 7-54)。視丘左右各一，其功能為負責脊髓與**腦神經**傳入至大腦之感覺訊息的轉接，包含視覺、味覺、觸覺、痛覺、以及聽覺，下視丘是體溫、體液平衡、以及食慾的中樞，並參與內分泌，調控**腦下腺**的活動，同時也與**自律神經**的活動相關，參與非常多範圍的體內恆定調控，以及**晝夜節律**的調整。**基底核**主要參與運動功能的精細控制，如其出現損傷或其他問題，則將導致運動功能障礙。例如**帕金森氏症** (Parkinson's disease) 的肢體顫抖即與基底核退化有關。

　　小腦位於大腦的後下方，參與人類動作的平衡以及肌肉的協調。小腦受損的病人，將出現運動協調障礙、步態異常，平衡感以及動作精確性的喪失 (圖 7-55)。另外，來自比較解剖學的研究顯示，鳥類的小腦為動物之中最發達，以勝任其高速及精確運動的需求。

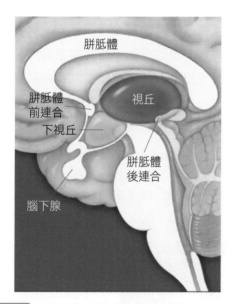

圖 7-54　視丘與下視丘位置示意圖

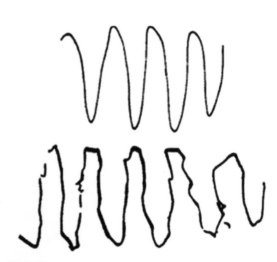

圖 7-55　1912 年的研究紀錄，小腦疾病患者模仿上方曲線的筆跡

中腦、**橋腦**、**延腦**，位於大腦正下方，小腦之前，合稱**腦幹** (brainstem)(圖 7-56)。中腦參與動作的協調，以及視覺和聽覺的反射。橋腦為大腦與小腦之間的連結中介，並為呼吸調節中樞所在。延腦上接橋腦，下連脊髓，經常被稱為「生命中樞」。延腦可以參與調控心搏、呼吸、血壓，也是吞嚥、嘔吐、噴嚏、咳嗽等的反射。綜合以上，**腦死** (brain death) 判定的原理，即以嚴謹的評估，依據腦幹相關功能與反射的消失，從眾多徵象之中，確認病人無法維生。

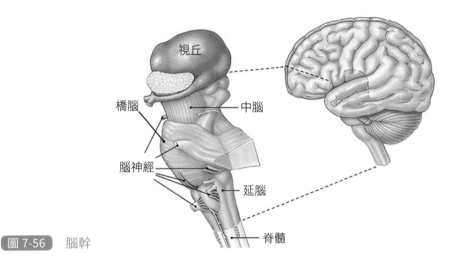

圖 7-56　腦幹

　　脊髓 (spinal cord) 位於延腦以下，為脊椎骨包圍串連保護，其側面有脊神經發出。脊髓的橫切面，可見外側的白質，與內側呈蝴蝶形狀的灰質，分別由神經纖維與神經細胞本體構成 (圖 7-57)。脊髓擔任身體周邊受器訊息傳入腦，以及腦的運動訊息發出至周邊動器的通路，並為**體反射**的中樞。

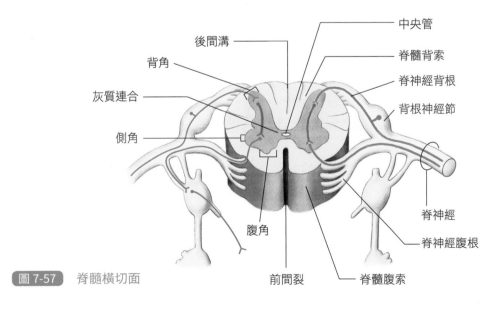

圖 7-57　脊髓橫切面

腦神經與脊神經

　　腦與脊髓分別透過腦神經與脊神經，自周邊的受器接收訊息，並發送命令至周邊動器。腦神經自前至後共有 12 對，分布範圍遍布眼、耳、口、鼻、顏面、咽喉，以及頸部，第十對之迷走神經則分布至內臟器官與周邊血管。腦神經之名稱與功能見表 7-5。脊神經則有 31 對，負責聯繫手腳與軀幹的感覺及活動。

表 7-5　腦神經

名稱	連接端	組成	功能
嗅神經 (I) Olfactory nerve	嗅球	感覺神經	嗅覺傳導
視神經 (II) Optic nerve	眼球	感覺神經	視覺傳導
動眼神經 (III) Oculomotor nerve	眼球部位肌肉	運動神經為主	眼球與眼瞼活動、對焦、瞳孔活動
滑車神經 (IV) Trochlear nerve	眼球部位肌肉	運動神經	眼球轉動
三叉神經 (V) Trigeminal nerve	眼眶、上頜、下顎	混合神經	接收臉部與頸部感覺、支配咀嚼
外旋神經 (VI) Abducens nerve	眼球部位肌肉	運動神經為主	眼球轉動
顏面神經 (VII) Facial nerve	臉部與口腔	混合神經	唾液分泌、顏面與舌尖感覺、味覺、表情
前庭耳蝸神經 (VIII) Vestibulocochlear nerve	耳蝸與前庭	感覺神經	聽覺、平衡覺
舌咽神經 (IX) Glossopharyngeal nerve	舌根、咽喉	混合神經	舌運動、吞嚥、味覺
迷走神經 (X) Vagus nerve	胸腹內臟器官、血管	混合神經	血壓調控、腺體分泌、內臟平滑肌收縮
副神經 (XI) Accessory nerve	頸部與喉部肌肉	運動神經為主	吞嚥、頸部活動
舌下神經 (XII) Hypoglossal nerve	舌部肌肉	運動神經為主	吞嚥、語言

反射

　　人體內的神經系統，按照意識控制的與否，被區分為**體神經系統** (somatic nervous system)，與**自律神經系統** (autonomic nervous system)。體神經系統，經由大腦**運動皮質**發出指令，支配動器，完成依照意識控制的行動，例如肌肉收縮達成走路、游泳、語言發聲、寫字等。然而，在人體當中，尚有一個機制，不經意識指揮，即可即刻引起並完成動器的反應，是為反射。由脊髓主導的稱為**體反射**，其內涵如下：刺激自周邊傳入脊髓，不傳向大腦進行意識決策，脊髓即刻經由**反射弧**的架構發出運動指令，傳向動器，達成反應。最簡單的反射弧為**膝反射**（圖 7-58)。反射的意義在於能藉由訊息傳遞路徑的縮短，減少反應所需的時間，對緊急應變有利。如踩中尖物或手指遇熱，產生的**縮回反射**，皆能提早使肢體避開危險，減少傷害性。

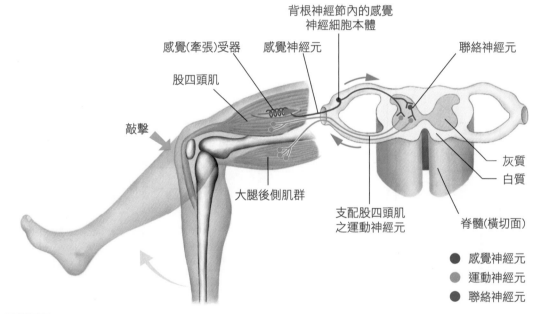

背根神經節內的感覺
神經細胞本體

感覺(牽張)受器　　感覺神經元　　　聯絡神經元

股四頭肌

敲擊

大腿後側肌群

支配股四頭肌
之運動神經元

灰質
白質

脊髓(橫切面)

● 感覺神經元
● 運動神經元
● 聯絡神經元

圖 7-58　膝反射之反射弧

自律神經系統

　　人體內另有一群可以調控身體內在環境的恆定的神經迴路，稱為自律神經系統。自律神經系統又可分為**交感神經系** (sympathetic nervous division) 與**副交感神經系** (parasympathetic nervous division)。交感神經系支配目標器官，以正腎上腺素為神經傳導物質。副交感神經支配目標器官時，則分泌乙醯膽鹼為神經傳導物質。交感神經作用時，人通常處於高度專注或緊張的狀態；而副交感神經作用時，人通常展現出平靜的狀態。當交感與副交感神經作用至同一目標時，其效果常為相反，因此兩者之間具有**拮抗作用** (antagonism)(圖 7-59)，平日需要處於適當的平衡，才能保持人體的健康狀態。

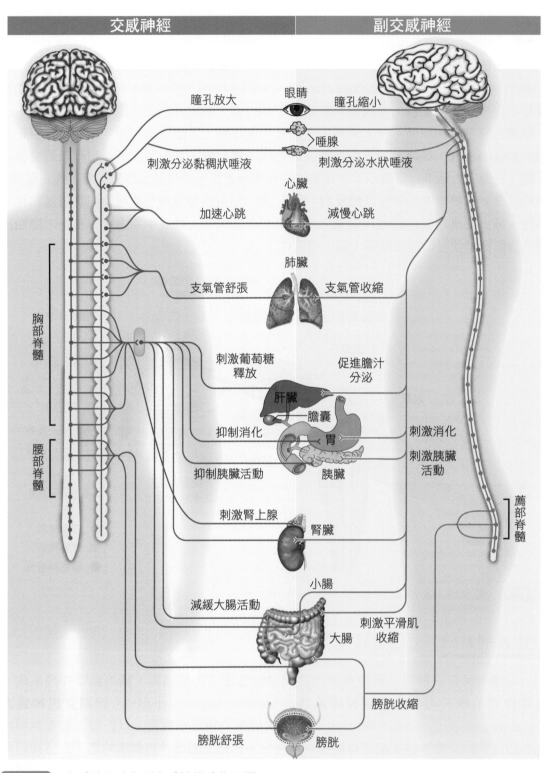

交感神經	副交感神經

眼睛
瞳孔放大　瞳孔縮小

唾腺
刺激分泌黏稠狀唾液　刺激分泌水狀唾液

心臟
加速心跳　減慢心跳

肺臟
支氣管舒張　支氣管收縮

胸部脊髓

腰部脊髓

刺激葡萄糖釋放　促進膽汁分泌

肝臟
膽囊
抑制消化　胃　刺激消化

刺激胰臟活動
抑制胰臟活動　胰臟

刺激腎上腺　腎臟

薦部脊髓

小腸

減緩大腸活動　刺激平滑肌收縮
大腸

膀胱收縮

膀胱舒張　膀胱

圖 7-59　交感神經系與副交感神經系作用圖

特殊感覺

人類與動物接受刺激，將電訊號傳入中樞神經系統，整合判定訊息性質以後，再傳回周邊作出反應。以下將說明體內各種物理化學感受器，以及觸覺、視覺、聽覺、平衡覺、味覺、嗅覺的作用原理。

一 體感覺

體感覺包括皮膚感受器及本體覺感受器所接受到的感覺。皮膚的感覺包括觸、壓、冷、熱及痛覺，皆由不同的神經元樹突末梢所傳導。皮膚的真皮層，埋藏著各種不同的**受器**（圖 7-60），對各種不同的刺激有專一性，例如不同深度的觸覺與壓覺，不同頻率的震動觸覺，以及溫度覺與痛覺。若刺激吻合受器興奮的條件，這些受器即會產生動作電位，將訊息傳往視丘以及大腦的體感覺區。

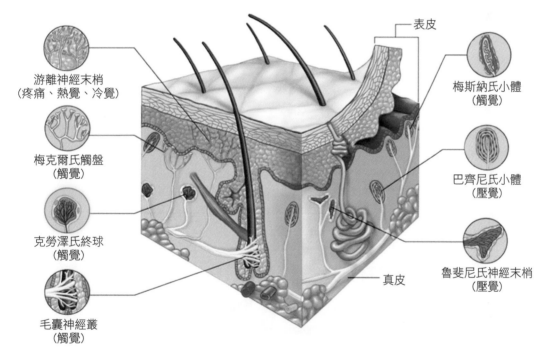

游離神經末梢
（疼痛、熱覺、冷覺）

梅克爾氏觸盤
（觸覺）

克勞澤氏終球
（觸覺）

毛囊神經叢
（觸覺）

表皮

梅斯納氏小體
（觸覺）

巴齊尼氏小體
（壓覺）

真皮

魯斐尼氏神經末梢
（壓覺）

圖 7-60　皮下感覺受器

二 視覺

視覺的傳導，透過眼球諸多構造，到達視網膜。視網膜內具備多層特化之細胞，其中直接偵測光線的是**視桿細胞** (rod cells) 與**視錐細胞** (cone cells)（圖 7-61）。視桿細胞負責偵測光線的強弱，但幾乎不偵測光線的色彩，因此在光線微弱的環境下，人的視野無法有效辨別顏色，為黑白視野；視錐細胞則負責偵測光線的色彩，對光線的敏感度較差，

因此在光線充足的環境下方可發揮其作用。當人從明亮的環境當中，忽然進入暗室，最初無法看見視野內的任何物件，需要數分鐘或以上的時間才能漸漸視物，此為視覺敏感度反應提升的結果，此過程稱為**暗適應**。

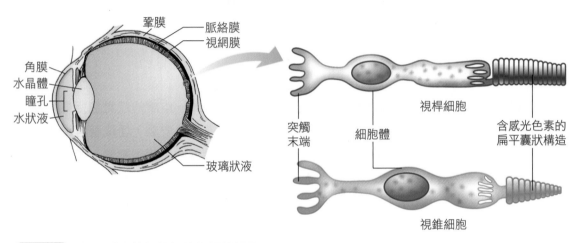

圖 7-61 視網膜上的視桿細胞與視錐細胞

三 聽覺

　　人的聽覺，乃聲音由外耳進入，自鼓膜傳入三塊**聽小骨**，而後傳至**耳蝸** (cochlear)，在耳蝸內引發**毛細胞** (hair cells) 的振動，產生動作電位，由**耳蝸神經**傳入**聽覺皮質**（圖 7-62）。

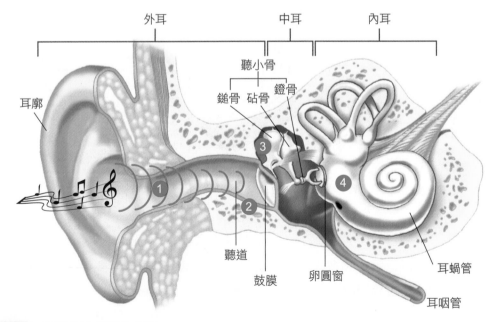

圖 7-62 聽覺器官與聲音傳導

四　平衡覺

　　人的**平衡覺**，以及**方向感**的產生，則來自於**前庭系統** (圖 7-63) 的活動。前庭系統與耳蝸共同構成**內耳**，由**耳石器**以及**半規管**組成。耳石器具有一群毛細胞，為膠狀物質及一層**耳石**所覆蓋。當人姿態改變，或是進行加速運動時，因慣性作用，毛細胞會發生偏折，於是產生動作電位，經**前庭神經**傳入腦中多處區域，協助維持人類運動的平衡與姿態的穩定。半規管的管內充滿液體，當頭部旋轉時，半規管內液體會行相對流動，使毛細胞發生偏折，引發動作電位，傳入腦中多處區域，助人判定旋轉方向。半規管有三條，互相垂直，故可偵測三度空間的頭部旋轉。

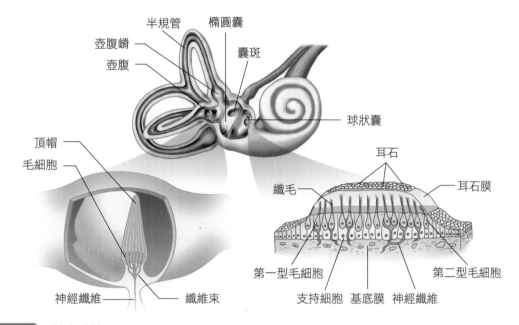

圖 7-63　前庭系統

五　味覺

　　味覺由舌感應。**味覺受器**位於**味蕾** (taste buds) 上 (圖 7-64)。味覺受器在接觸到飲食的分子以後，活化產生動作電位，將此訊息送入大腦味覺皮質，能產生將近十數種的組合，偵測各種不同程度的味覺。過去認為人類的基本味覺為酸、甜、苦、鹹，直至 1980 年代，研究人員才將**鮮** (umami) 列入基本味覺的行列，鮮味本於日文，原意為好味道，源自番茄醬、海帶湯內豐富的麩胺酸。辣的感覺，則源自於食物分子對神經末梢的刺激，產生的痛覺反應。

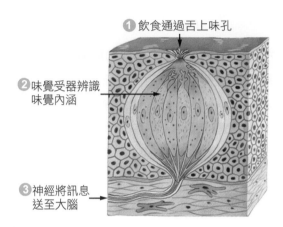

1 飲食通過舌上味孔

2 味覺受器辨識
味覺內涵

3 神經將訊息
送至大腦

圖 7-64　味蕾作用原理

六　嗅覺

　　當空氣中出現氣味的分子，進入鼻腔，會與鼻黏膜接觸。**嗅覺上皮**位於鼻內頂端，其含有非常多的**嗅覺細胞**。當氣味分子與嗅覺細胞上的**氣味分子受體**結合之後，會以一連串的細胞內化學反應引發神經衝動。神經衝動的訊號傳遞至**嗅球**，內含複雜神經迴路，訊號在此接受過濾與整理 (圖 7-65)，再傳至**嗅覺皮質**。狗的嗅覺上皮表面積比人類大十倍以上，為牠們具備靈敏嗅覺的原因。

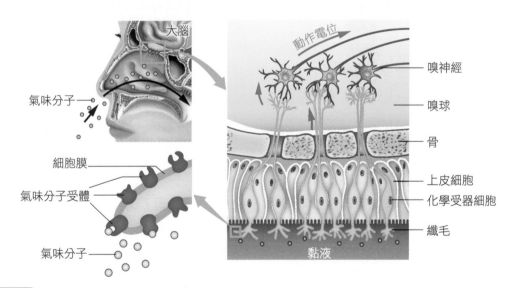

大腦

動作電位

氣味分子

細胞膜

氣味分子受體

氣味分子

嗅神經

嗅球

骨

上皮細胞

化學受器細胞

纖毛

黏液

圖 7-65　嗅覺的形成

7-8 激素與內分泌調節

與神經系統相比，內分泌系統傳遞訊息的速度緩慢許多，然而其僅需要微量或少量的參與，即可引發其效果。其傳遞訊息所分布的範圍較神經系統廣泛，效果也較長。

內分泌系統的作用原理

內分泌系統以**激素** (hormones)，或稱荷爾蒙，作為訊息傳導的憑藉。**內分泌腺**製造特定的激素，分泌至其周圍的微血管，藉由血液循環系統的運輸，使其到達目標器官。在目標器官的細胞，含有特定的**激素受體**，與激素結合之後，可以產生一系列的細胞內反應，導致激素生效。

下視丘

下視丘位於腦中，是內分泌的調控中樞。在解剖上屬於中樞神經系統，在功能上則兼具神經系統與內分泌系統的特性。下視丘能夠調控**腦下腺** (pituitary) 的活動；也分泌**催產素** (oxytocin) 以及**抗利尿激素** (antidiuretic hormone, ADH)。催產素能夠促進子宮的收縮，在生產時會大量分泌，並能促進乳腺平滑肌收縮，使孕婦母乳泌出，稱為**射乳機制**。抗利尿激素又稱為**血管加壓素** (vasopressin)，能夠加強水分的再吸收，減少尿液的產生。當抗利尿激素分泌不足時，尿液量會大量增加，導致**尿崩症**。

腦下腺

腦下腺為一懸掛於下視丘之下的內分泌器官，亦稱腦下垂體，其內部結構與下視丘有非常密切之連結。腦下腺分為**前葉**與**後葉**，前葉能製造並分泌多種激素；後葉儲存下視丘製造之催產素與抗利尿激素，待有需求再將其釋出 (圖 7-66)。

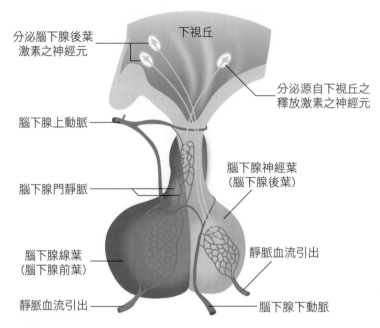

分泌腦下腺後葉
激素之神經元

下視丘

分泌源自下視丘之
釋放激素之神經元

腦下腺上動脈

腦下腺門靜脈

腦下腺神經葉
（腦下腺後葉）

腦下腺線葉
（腦下腺前葉）

靜脈血流引出

靜脈血流引出

腦下腺下動脈

圖 7-66　腦下腺結構

　　腦下腺於前葉製造並分泌多種激素如下：

　　生長激素 (growth hormone, GH) 能夠促進細胞的代謝與生長速度。若在幼年時期分泌不足，將導致**侏儒症**（圖 7-67a）。若幼年時期分泌過多，生長過劇，則造成**巨人症**（圖 7-67b）。另若在成年分泌過量，則會造成末端肢體與骨骼的增生，患者有粗大的手指與凸出的臉部骨骼，為**肢端肥大症**（圖 7-67c)。

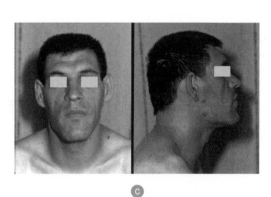

ⓐ　　　　　　　　ⓑ　　　　　　　　　　　　ⓒ

圖 7-67　生長激素分泌異常

ⓐ 中世紀侏儒藝人的畫像，由西班牙畫家 Diego Velázquez 繪於西元 1645 年。ⓑ 著名巨人症患者羅伯瓦德洛 (Robert Wadlow，1918～1940)，身高 272 公分。ⓒ 肢端肥大症之病人，可見其明顯之臉部骨骼增長。

甲狀腺刺激素 (thyroid-stimulating hormone, TSH) 會刺激甲狀腺分泌甲狀腺素 (thyroid hormone, TH)，若分泌過多或不足，皆會影響甲狀腺的功能。腎上腺皮質刺激素 (adrenocorticotropic hormone, ACTH) 對腎上腺皮質有促進的功能，使皮質激素分泌量增加，若不足或過量，亦會對健康造成影響。濾泡刺激素 (follicle-stimulating hormone, FSH) 能夠促進女性卵巢的濾泡發育，進而導致雌激素增加，對排卵有誘發的效果，也能促進男性的精子形成。黃體刺激素 (luteinizing hormone, LH) 與卵巢的發育有正相關，並參與在女性生殖週期，能夠使黃體素 (progesterone) 增加分泌，並能促進排卵。催乳素 (prolactin) 促進乳腺以及乳房的發育，並在生產後促進乳汁的製造。

甲狀腺與副甲狀腺

甲狀腺橫跨於氣管之上 (圖 7-68)。其所分泌的甲狀腺素，能夠增加細胞的基礎代謝率與耗氧量，如分泌過多，造成的症狀為甲狀腺亢進，病人易有體重減輕、發熱、神經緊張、心跳與呼吸增速、眼凸、肢體輕微顫抖等症狀，可藉由減少碘的攝取加以改進。自體免疫疾病引起的甲狀腺亢進症狀則為格瑞夫氏症 (Grave's disease)，女性罹病率較男性高，除上述症狀之外，生理週期亦不穩。甲狀腺功能低落通常為缺碘所引起，如發生在胎兒或嬰兒時期，會導致呆小症，病人的神經系統與肌肉骨骼系統皆發育不良。如於成年時期，因碘的攝取量不足，則可能引發甲狀腺腫，可於飲食中添加碘劑加以改善。此病症多見於居於內陸遠離海岸地區之居民。甲狀腺亦分泌降鈣素 (calcitonin)，抑制骨骼釋出鈣離子，使血鈣含量降低。副甲狀腺位於甲狀腺的背後，共有四個。其分泌的激素為副甲狀腺素 (parathyroid hormone, PTH)，能促進鈣在小腸的吸收，以及在腎臟的再吸收，來提升血鈣。

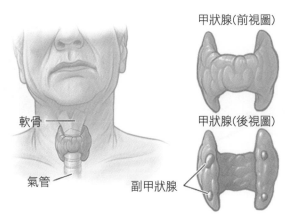

甲狀腺(前視圖)

甲狀腺(後視圖)

軟骨

氣管

副甲狀腺

圖 7-68　甲狀腺與副甲狀腺

胰臟

　　胰臟在人體內相當特殊，具有胰腺與胰管，以**外分泌**形式參與在消化作用中，亦有內分泌的功能參與血糖的調節。胰臟中含有內分泌細胞的單元，稱為**胰島** (pancreatic islets)。胰島能分泌兩種激素調控血糖：**升糖素** (glucagon) 與**胰島素** (insulin)，升糖素藉由促進**肝糖分解**與**葡萄糖新生作用**，將血糖調升。胰島素促進身體組織對葡萄糖的吸收利用，從而降低血糖，通常在飲食之後分泌。胰島素與升糖素彼此功能相反，因此具有拮抗作用。若胰島素分泌量不足或效果不佳，將導致血糖居高不下，是為**糖尿病** (diabetes mellitus) 的症狀，病人會表現出「三多」症狀：多吃、多喝、多尿。

腎上腺

　　腎上腺位於腎臟上方，左右各一，分為**皮質**與**髓質**（圖 7-69）。皮質主要分泌**皮質醇**與**醛固酮**。皮質醇的主要功能為促進血糖的增加，也能提高血壓。多項研究指出，當人處於環境或身心壓力當中時，ACTH 分泌增加，皮質醇也會增加，故可作為壓力的指標，稱為**壓力荷爾蒙**。皮質醇濃度升高時，能抑制免疫系統，故在必要時會作為抗炎藥物使用。若皮質醇分泌量不夠，為**愛迪生氏症** (Addison's disease)，病人會有低血糖、低血壓、疲倦、體重減輕等症狀。皮質醇如分泌過多，則會產生**庫欣氏症候群** (Cushing's syndrome)，病人會有一系列典型的識別性症狀，包括肩頸以及臉部脂肪的堆積（水牛肩與月亮臉）、肥胖體型、高血糖與高血壓、毛髮分布增加，如為女性，尚可能出現男性第二性徵，以及生理期紊亂的症狀。醛固酮能夠增加腎臟對鈉離子與水分的再吸收，以及鉀離子的分泌。

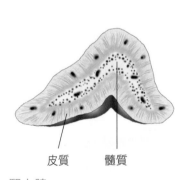
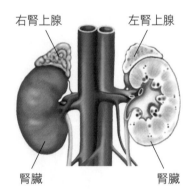

皮質　　髓質

右腎上腺　　左腎上腺

腎臟　　腎臟

圖 7-69　　腎上腺

腎上腺髓質分泌**腎上腺素** (epinephrine) 與少數**正腎上腺素** (norepinephrine)，皆會造成代謝率增加、血壓增加、血糖上升、以及交感神經活動相關反應增加。通常為緊急狀況時，才會將腎上腺素大量分泌。如分泌過量，易造成神經緊張的相關症狀。

睪丸與卵巢

　　人類的生殖功能，在男性以**睪丸** (testis)(圖 7-70a) 為調控目標。睪丸細精管製造**睪固酮** (testosterone)，能促進精子生成、男性生殖器官的發育，以及男性第二性徵的展現，例如身高、肌肉與鬍鬚的生長，以及聲音的低沉化。女性亦分泌微量睪固酮，功能尚未完全明瞭。

　　卵巢 (ovary) 內具有數百個濾泡的構造 (圖 7-70b)，當進入青春期時，濾泡的其中之一會漸漸生長發育，開始週期性分泌**動情素** (estrogen)。動情素能誘發卵子生成，以及女性生殖器官的發育。自青春期後，能增加子宮內膜的厚度，以及輸卵管的活動，為受孕作準備。亦使女性第二性徵發育，如月經週期的出現、乳房的發育，以及脂肪的堆積。男性亦製造微量動情素，功能尚未完全明瞭。

　　當濾泡在女性生殖週期中因排卵，破裂之後形成**黃體** (corpus luteum) 時，黃體內的組織除繼而代之分泌動情素之外，會開始分泌黃體素，亦被稱為助孕酮。黃體素能夠促進內膜的增生、維持子宮內膜的厚度，也抑制子宮的收縮。若是婦女黃體素分泌不足，便有可能發生早期流產的現象，甚至影響在更早期的時候，會使胚胎不易著床而導致不孕。

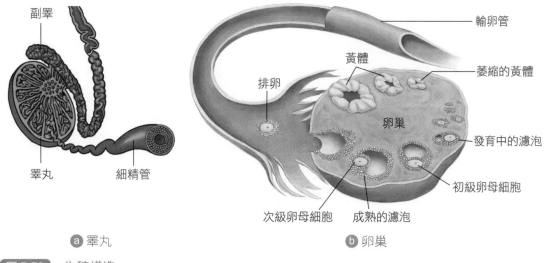

ⓐ 睪丸　　　　　　　　　　　　　　ⓑ 卵巢

圖 7-70　生殖構造

松果腺

　　松果腺位於腦部後方 (圖 7-71)，因其形狀有如松果鱗片而得名。松果腺分泌**褪黑激素** (melatonin)，與人類的**晝夜節律**有密切的關係。在光線微弱時，褪黑激素分泌量會升高，促進日行性動物的睡眠；反之，光照增強時，褪黑激素分泌量即降低，促進日行性動物的活動。由於與睡眠有關，褪黑激素被用來應用為調整睡眠周期與時差的藥物。

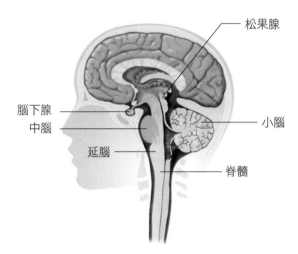

圖 7-71　松果腺在腦中的位置

內分泌系統運作的調節

　　內分泌系統在體內運作時，遵守一個由上到下的階層制度，由下視丘－腦下腺－內分泌腺，組成一個上游至下游的功能鏈。以腎上腺為例，下視丘接受其他生理訊息的輸入，視情形分泌腎上腺皮質刺激素釋放激素 (CRH)，此激素經血液循環作用至腦下腺，使腦下腺分泌出腎上腺皮質刺激素 (ACTH)，腎上腺皮質刺激素經血液循環，作用於腎上腺皮質，使腎上腺皮質分泌出皮質醇，進而調整血糖的上升，以及其他反應。此作用的順序構成的架構稱為**下視丘－腦下腺－腎上腺軸** (hypothalamic-pituitary-adrenal axis, HPA axis)。其他具有此架構的激素系統還有**下視丘－腦下腺－甲狀腺軸** (hypothalamic-pituitary-thyroid axis, HPT axis)，由甲狀腺刺激素釋放激素 (TRH)、甲狀腺刺激素 (TSH)、甲狀腺素 (TH) 參與，以及**下視丘－腦下腺－生殖腺軸** (hypothalamic-pituitary-gonadal axis, HPG axis)，由**促性腺激素釋放激素** (gonadotropin-releasing hormone, GnRH)、濾泡刺激素 (FSH) 與黃體刺激素 (LH)、睪固酮與動情素共同參與。

以上軸內的激素，在日常運作時，尚遵行**負回饋**原則。以 HPT 軸為例 (圖 7-72)，下視丘分泌甲狀腺刺激素釋放激素 (TRH)，使甲狀腺刺激素 (TSH) 分泌增加；甲狀腺刺激素的增加，則促使甲狀腺素 (TH) 分泌增加。當甲狀腺素分泌接近過量時，其在血液中的濃度會升高。甲狀腺素濃度的升高，會降低腦下腺分泌甲狀腺刺激素的活動，也能對下視丘分泌甲狀腺刺激素釋放激素產生抑制作用。此二者分泌量的減少，即可將最下游的甲狀腺素分泌量降低，此為典型的負回饋作用。腎上腺以及生殖腺相關的激素亦有此現象，可以自行調節激素的分泌量，避免過高或過低。

　　人體內的激素尚有另一套**正回饋**系統，在特定的時候會開啟運作以達成目的。生產分娩時，催產素分泌量漸上升，使子宮收縮頻率與強度增加；子宮收縮的過程，將嬰兒推出產道，通過子宮頸時，子宮平滑肌內的牽張受器將感覺訊息傳回大腦，進而引發更多的催產素分泌，加強子宮的收縮，直到將胎兒產出為止。產後泌乳哺育幼兒時，當幼兒的口碰觸到母親的乳頭，感覺神經將訊息傳入大腦，會使下視丘增加分泌催產素與催乳素，催產素能促進乳腺平滑肌的收縮，將乳汁送出，稱為**射乳反射**，催乳素則可以促使乳腺增加乳汁的製造，以上的運作皆有益於哺乳的日程增加。

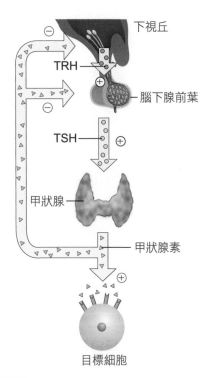

圖 7-72　甲狀腺素的負回饋調控

7-9 生殖與胚胎發生

生殖是人類最複雜的現象之一，牽涉到諸多解剖結構、細胞活動與內分泌的合作關係。

男性生殖功能

男性生殖系統由外生殖器與內生殖器構成。外生殖器為肉眼可見之構造，包含外露之**陰莖**、**陰囊**。內生殖器則包括**睪丸** (testis)、**副睪** (epididymis)、**輸精管** (vas deferens)，以及**儲精囊** (seminal vesicles)、**前列腺** (prostate gland) 等附屬腺體 (圖 7-73)。

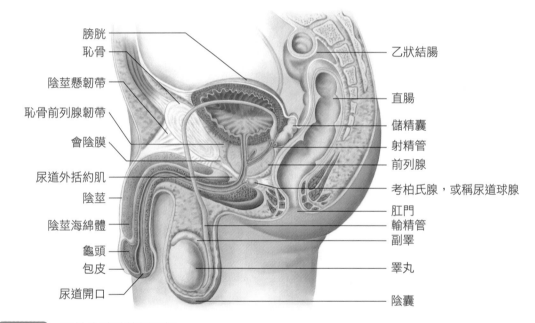

膀胱
恥骨
陰莖懸韌帶
恥骨前列腺韌帶
會陰膜
尿道外括約肌
陰莖
陰莖海綿體
龜頭
包皮
尿道開口

乙狀結腸
直腸
儲精囊
射精管
前列腺
考柏氏腺，或稱尿道球腺
肛門
輸精管
副睪
睪丸
陰囊

圖 7-73 男性生殖系統側面觀

睪丸共有兩粒，位於陰囊之中，懸於腹腔外，其所處環境較低的溫度有利於成年時期精子的生成。睪丸內含極多細小彎曲的**細精管** (圖 7-74a)，是**精子生成**的場所。其管壁內有為數眾多的**精原細胞** (spermatogonium) 以及**賽氏細胞** (Sertoli cell)，細精管之間則有另一群特殊的細胞稱為**萊氏細胞** (Leydig cell)(圖 7-74b)。精原細胞在細精管內進行發育、有絲分裂以及減數分裂，依序儲備產生**初級精母細胞**、**次級精母細胞**、**精細胞**、最後分化為**精子**。細精管管壁的賽氏細胞，協助精子生成過程當中，對上述各階段生殖

細胞的滋養，也控制養分與激素進入細精管，幫助精子發育與成熟。管外的萊氏細胞分泌**睪固酮**，有助於生殖器官發育、精子生成，以及男性第二性徵的表達。

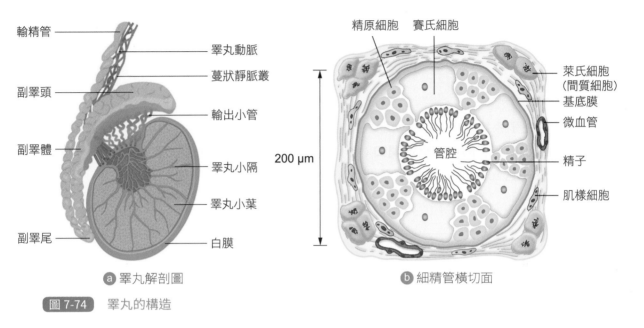

ⓐ 睪丸解剖圖 　　　　　　　ⓑ 細精管橫切面

圖 7-74　　睪丸的構造

　　成熟精子 (圖 7-75) 的頭部將幾乎只含有細胞核，攜帶遺傳物質。其頂端罩覆一層內含酵素的囊泡，稱為**頂體**。頂體內含酵素，讓精子得以穿透卵，使受精作用發生。精子的尾部，為一條**鞭毛**，讓精子可以快速游動前進，其動力由位於精子頭部後方的**粒線體**提供，因此精子是高度功能特化的細胞。正常的男性，每日的精子製造數目大約是 3,000萬個。

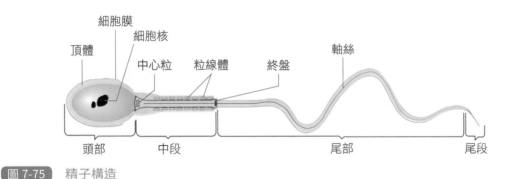

圖 7-75　　精子構造

　　精子生成完畢之後，會從睪丸輸出進入**副睪**，暫時儲存。當男性進入性興奮狀態時，將有陰莖的**勃起**，以及可能導致**射精**。勃起的成因，乃是因為陰莖的**海綿體**血管腔充血所導致，同時有**副交感神經**的興奮輸入，舒張陰莖動脈平滑肌，有助於充血。射精發生時，透過**交感神經**的興奮，使內生殖器的平滑肌收縮，精子即從副睪，經由輸精管、儲

精囊、射精管、前列腺，排放進入尿道，尿道平滑肌的收縮，則接手將精液排出體外。**精液**乃精子與源自儲精囊與前列腺分泌之液體的混合物，可延續精子的活性。男性生殖系統的功能，除了受到內分泌因素的控制之外，亦可能受到**脊髓損傷**，或是心理因素的影響。

女性生殖功能

女性生殖系統同樣由外生殖器與內生殖器構成。外生殖器包含為肉眼可見之**陰阜**、**大陰唇**、**小陰唇**、**陰蒂**與**陰道開口**(圖 7-76a)。內生殖器則包括**陰道** (vagina)、**子宮頸** (cervix)、**子宮** (uterus)、**輸卵管** (fallopian tube) 與**卵巢** (ovary)(圖 7-76b)。

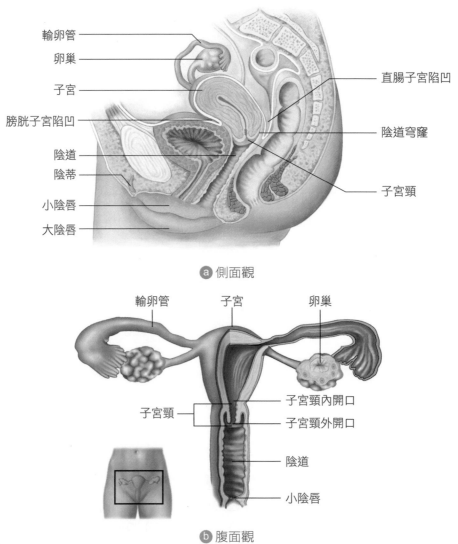

ⓐ 側面觀

ⓑ 腹面觀

圖 7-76　女性生殖系統

卵巢共有兩粒，左右各一，位於腹腔底部。內含的**卵原細胞** (oogonium) 約於胚胎七個月大時，停止有絲分裂，發育成**初級卵母細胞**，隨著胎兒出生。到了青春期，初級卵母細胞才會重新進入減數分裂活動，**產生次級卵母細胞與極體**。次級卵母細胞隨著女性生殖週期，自卵巢的成熟濾泡排出，若與精子相遇發生受精，則將發生第二次減數分裂，形成**卵子**。

女性出生時，卵巢中的卵是數以百萬計，但一生當中，只約有 400 顆卵排出。當卵還在卵巢中時，會由濾泡的結構包裹著。最起始的濾泡稱為**初始濾泡**。隨著青春期的到來，在激素的作用下，初始濾泡與內含的卵細胞漸漸長大，成為**初級濾泡**。初級濾泡再發育成為**成熟濾泡**，持續分泌動情素，用以維持卵子機能 (圖 7-77)。

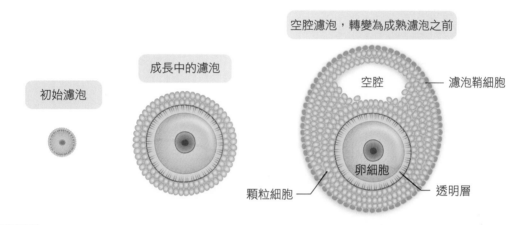

圖 7-77 卵巢中濾泡的發育示意圖

在每一個**月經週期**時，卵巢內會有選汰的活動發生，每一次從十幾個初級濾泡中，選出一個進行發育，作為**排卵**之用。成熟濾泡在適當的時機到來，外層會發生破裂，將內含之卵細胞釋放，進入輸卵管，即為排卵。

女性在進入青春期後，開始出現月經週期，代表生殖活動的出現。月經週期的運作，源自於內分泌系統的週期性活動 (圖 7-78)。月經週期的日程平均為 28 日，由月經來潮的第一日開始起算。子宮的活動分為**行經期**、**增生期**以及**分泌期**。受到下視丘的影響，自第一日開始，腦下腺開始分泌濾泡刺激素 (FSH)，促使濾泡生長，卵巢進入**濾泡期**，並由優勢濾泡大量分泌動情素，動情素能增加子宮內膜的厚度，為日後受精卵的**著床**作準備，此刻的子宮即處於增生期的狀態。大約在週期的中點，濾泡刺激素和黃體刺激素 (LH) 會同時出現分泌量的升高，以黃體刺激素尤甚，稱為**驟升**，之後即會導致排卵的發生，於排卵當日時，人的體溫會微幅上升，將近攝氏一度。排卵之後，濾泡轉變為黃體，

卵巢進入**黃體期**。此時的卵巢除分泌動情素以外,另分泌黃體素,使子宮內膜的腺體與組織血管持續增生,為準備迎接成功受精胚胎的著床,同時此時的子宮處於分泌期。如著床未發生,在負回饋機制的作用下,將導致黃體退化萎縮,動情素與黃體素分泌量下降,無法維持子宮內膜的厚度,於是崩解以血液及碎片的形式排出,即為下一次的行經期。

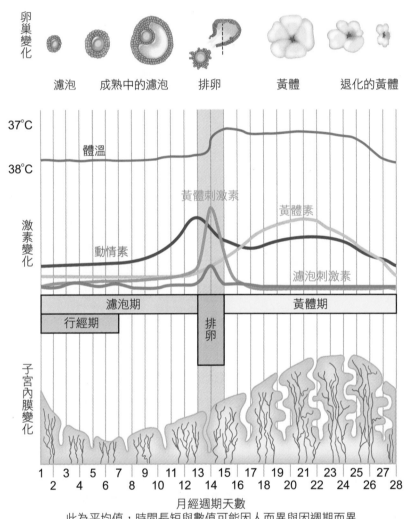

圖 7-78　人類女性的月經週期

精子在進入女性體內之後約有 2～3 日壽命，排卵之後的未受精卵，壽命則約為 1～2 日。因此如有計畫**懷孕**，可考慮在排卵前 2～3 日，以及排卵後 1～2 日，引入精子。女性排卵之後，卵將由輸卵管的開口捕捉，進入管中之後，輸卵管內的纖毛會進行波浪式的擺動，將排出的卵，慢慢地自輸卵管向子宮傳送。如未在 48 小時之內受精，卵將死亡。當精子在性行為之後進入子宮，多數只能依靠自身的鞭毛擺動，作為動力，朝輸卵管前進。此過程需要克服女性陰道內的酸性環境，還要通過子宮頸口的黏液屏障，因此精子半途的死亡率相當高，最後能抵達輸卵管區域的精子通常不足 200 個。

　　在抵達輸卵管，與卵相遇之後，若干精子圍繞於卵的周圍，繼續向前推進，其頭部頂端的頂體漸漸破裂，釋出酵素，分解卵細胞周圍的透明層。第一個穿透透明層，進入卵子的精子，將與卵融合，產生**受精卵**。受精之後，受精卵馬上產生一連串的細胞內化學變化，阻止其他精子繼續穿透卵細胞，因而阻止了**多重受精**。精卵細胞核發生融合之後，開始進行**胚胎發育**，並向前朝子宮推進，預備進行著床。在少見的情況下，胚胎著床於輸卵管，甚至是外逸至腹腔，此情形為**子宮外孕**。子宮外孕無助於成功生產，反而有造成母體嚴重大出血的風險，因此必須進行手術加以移除。如卵未成功受精，則會逐漸死亡並瓦解。

　　受精之後，受精卵進行胚胎發育。經由一連串內部的**卵裂**，成為 16～32 個細胞的細胞團。之後持續進行**有絲分裂**，成為**囊胚**，開始進行**細胞分化**，並準備進行著床。囊胚著床於子宮內膜上，進一步發展出**胎盤** (placenta)，長成**胎兒**。藉由高密度的微血管網路，母體與胎兒在胎盤處交換物質。母體提供氧氣與養分，並帶走胎兒產生的二氧化碳及代謝廢物。懷孕日程漸長，胎兒漸漸長成，漂浮於**羊膜腔**內的**羊水**之中，減緩受到撞擊的干擾，同時藉由**臍帶** (umbilical cord) 連接胎盤，與母體進行物質交換 (圖 7-79)。

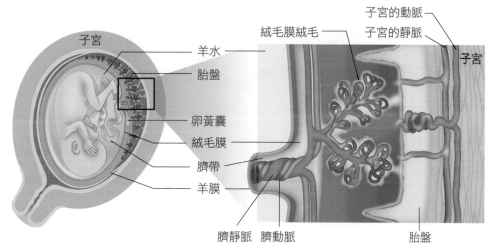

子宮

子宮的動脈
子宮的靜脈
絨毛膜絨毛
子宮

羊水
胎盤
卵黃囊
絨毛膜
臍帶
羊膜

臍靜脈　臍動脈
胎盤

圖 7-79　胎盤與臍帶

在懷孕時期，有許多因素可以影響胚胎以及胎兒的發育，例如營養、微生物感染、以及藥物的服用。營養不良或不均，將導致胎兒發育不良與成長障礙，微生物感染可能損及胎兒性命。藥物、酒精的服用，與有毒物質的接觸（如香菸、毒品、以及環境汙染物），因可能通過胎盤到達胎兒體內，有導致胎兒畸形的風險，因此在懷孕時期，母體需要特別注意健康的生活型態。

分娩約發生於懷孕的第 40 週後。懷孕後期，子宮會漸漸出現小規模、低頻率的收縮，並將胎兒向下移降。當分娩之前，胎兒的頭部會被調整至朝下，面對子宮頸。分娩發生時，羊膜破裂、羊水流出，在催產素的作用下，伴隨子宮平滑肌出現強烈且規律性的收縮，胎兒在子宮內被推向子宮頸。子宮頸接受到刺激，將此刺激訊息經由神經傳回下視丘，下視丘即增加催產素的合成並令其釋放，催產素持續使子宮平滑肌收縮，直到將胎兒產出，此為一正回饋作用所導致的過程（圖 7-80）。

胎兒產出之後，子宮平滑肌持續收縮，直到將胎盤與臍帶排出，才算完成生產。產後，乳房的**乳腺**，會接受泌乳素與催產素的刺激，在內分泌系統與神經系統的聯合作用之下，執行**泌乳**，分泌乳汁。伴隨射乳反射的執行，可維持至嬰幼兒**斷奶**為止。乳汁的主要成分為水分、蛋白質、脂肪、以及乳糖。乳汁亦含有抗體，有益於嬰兒免疫與健康。然而，某些藥物以及酒精也可以通過乳腺進入乳汁，將造成胎兒的健康損害。因此，懷孕以及哺乳期間，皆不宜飲酒，以及擅自服用藥物。

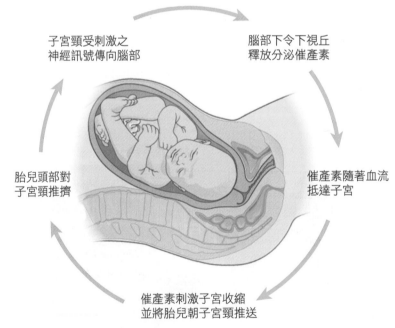

子宮頸受刺激之
神經訊號傳向腦部

腦部下令下視丘
釋放分泌催產素

胎兒頭部對
子宮頸推擠

催產素隨著血流
抵達子宮

催產素刺激子宮收縮
並將胎兒朝子宮頸推送

圖 7-80　分娩中的正回饋作用

生殖的挑戰

懷孕的必要條件，是卵的受精、胚胎的發育與著床。因此若是阻斷或是中止上述任何一步驟，即可達成**避孕**。防止卵與精子相遇發生受精的方法眾多，包含男性**輸精管切除**、女性**輸卵管結紮**、**殺精劑**以及**保險套**的使用。服用**口服避孕藥**亦可達成避孕的目的，透過內分泌調控的原理，進一步阻止排卵。

其他方法尚有透過專科醫師操作，置入**子宮內避孕器**，干擾胚胎的著床，以及**安全期計算法**，在排卵期間禁慾。然而由於個體生理差異之因素，安全期計算法的避孕失敗率頗高。上述之眾多避孕法，皆非完全保證避孕，僅男性輸精管切除與女性輸卵管結紮的可靠性較高。然而若計畫恢復生殖能力，難度也較高。如無避孕，經歷多時卻無法成功懷孕，則有**不孕**之可能。不孕的治療，除了藥物、手術的採用之外，亦可以選擇**人工體外受精**的方式。對欲懷孕的女性注射藥物刺激排卵，以手術器具自卵巢取出卵細胞，將卵細胞與精子共同置於培養皿內，待其受精，卵裂發生之後，將其轉殖入女性的子宮內，即**試管嬰兒**。

男性及女性孩童時期，生殖相關的激素，分泌量都很低，直到青春期的啟動。青春期約發生於 10 ～ 14 歲間。由於生殖相關激素的增加及功能發揮，女性出現**初潮**與月經週期，男性開始製造精子，並各自開始出現第二性徵。至大約 50 歲左右，女性進入**更年期**，月經週期不穩，最終消失，乃是由於卵巢功能的退化與喪失。動情素的下降，也連帶影響骨質密度，造成**骨質疏鬆**，增加更年期後婦女發生骨折的風險。除了上述現象之外，**熱潮紅**也是更年期女性常見的症狀，伴隨表層微血管擴張、體溫升高，以及出汗。男性的生殖系統老化的狀況，則不如女性明顯，乃是由於睪固酮的分泌，自青春期開始，可持續達中年時期，直至中年之後才緩慢降低。因此部分的男性在老年時期，可能仍保有生殖力。

本章重點

7-1 皮膚、骨骼與肌肉

1. 人體的皮膚分為三層：表皮、真皮與皮下組織。

2. 角質層位於表皮；毛囊、汗腺、皮脂腺與感覺受器位於真皮。

3. 骨骼可發揮造血功能、保護重要器官、儲存鈣與磷，並有海綿骨與緻密骨的差異。骨髓則分為可造血的紅骨髓，與脂肪組織填充而成的黃骨髓。

4. 肌肉分為心肌、平滑肌、骨骼肌。其中心肌與平滑肌為不隨意肌，骨骼肌為隨意肌。

7-2 營養與消化作用

1. 口腔內含的消化酵素為唾液澱粉酶。

2. 胃部可分泌胃酸，內含的消化酵素為胃蛋白酶，分泌時以胃蛋白酶原的形式分泌，經胃酸活化之後，才具有分解蛋白質的功能。

3. 胃潰瘍常見的致病因素是幽門螺旋桿菌的感染。

4. 胰臟可分泌鹼性的胰液，內含胰蛋白酶、胰凝乳蛋白酶、胰澱粉酶、胰脂酶、核糖核酸酶、去氧核糖核酸酶。

5. 肝臟可製造膽汁，儲存於膽囊，消化進行時分泌至十二指腸。膽汁的功能為乳化脂肪。

6. 胰泌素與膽囊收縮素皆可調節胰臟與肝臟的消化活動。

7. 小腸為營養吸收的主要位置，具有為數眾多的絨毛與微絨毛。水溶性營養由微血管吸收，經肝門靜脈送入肝臟。脂溶性營養由乳糜管吸收，經淋巴系統匯入血液循環。

8. 大腸可吸收水分，並藉由共生菌穩定人體消化系統健康。

7-3 心臟與循環系統

1. 人類心臟為二心房、二心室，具有房室瓣分隔，位於右側者稱為三尖瓣，位於左側者稱為二尖瓣。

2. 體循環將血液供應至全身組織器官；肺循環將缺氧血送至肺部重新充氧。

3. 血脂與膽固醇控制不良，除了容易造成粥狀動脈硬化之外，也常引發血栓，為心肌梗塞的高風險因素。

4. 房室瓣的關閉可導致第一心音，半月瓣的關閉可導致第二心音。

5. 與靜脈相比，動脈具有更厚的管壁、更豐富的彈性纖維與平滑肌，與更高的血壓。

6. 氧氣、二氧化碳、營養物質、代謝廢物，透過擴散作用，在微血管之處與組織進行交換。

7. 組織液為血液的血漿滲出至組織而形成。

8. 靜脈常有靜脈瓣協助血液從下肢流回心臟。

9. 紅血球的主要功能是運輸氧氣至組織。

⑩ 白血球可分為嗜中性球、嗜酸性球、嗜鹼性球、單核球、淋巴球,其中占比最多、感染時最快出現的種類為嗜中性球。

⑪ 血小板的功能為參與凝血。

7-4 免疫系統與功能

❶ 發炎反應由於組織胺的作用,所引發的四大症狀:紅、熱、腫、痛。如果感染較為嚴重,則可能出現發燒症狀。

❷ 淋巴結可過濾、排除淋巴液中的細菌與異物,並提供淋巴球增殖。

❸ 脾臟的功能包括容納淋巴球、破壞紅血球,以及儲血。

❹ 胸腺是 T 細胞分化與成熟之處,於 12 歲後將會開始萎縮。

❺ 淋巴細胞分為 T 細胞與 B 細胞。T 細胞活化後,攻擊異常細胞,執行細胞媒介性免疫;B 細胞活化後成為漿細胞,釋放抗體,執行抗體媒介性免疫。T 細胞與 B 細胞都能產生記憶細胞。

❻ 抗體成分為蛋白質,與抗原的結合關係具有專一性。藉由中和反應、凝集反應、沉澱反應、調理反應,能有效對抗微生物感染。

❼ 抗體分為五種:IgG、IgM、IgA、IgD、IgE。其中 IgG 數量最多,IgM 常在感染初期增加,IgE 則與過敏密切相關。

❽ IgE 與過敏原結合以後,使肥大細胞釋放組織胺,造成過敏諸多相關症狀。

❾ 快篩試劑的原理是偵測抗原的存在,因而呈現出陽性反應,作為診斷指標。

⑩ 愛滋病為人類免疫缺陷病毒攻擊輔助型 T 細胞,使免疫反應減弱而導致。

7-5 呼吸系統與功能

❶ 會厭軟骨可防止飲食誤入氣管。

❷ 支氣管與細支氣管具有杯狀細胞分泌黏液,與纖毛細胞擺動,將異物自呼吸道中黏附之後除去。

❸ 肺泡的單層上皮細胞,以簡單擴散的方式,對微血管進行氧氣與二氧化碳的交換。

❹ 呼吸作用發生時,分為吸氣與呼氣。吸氣時,肋間肌與橫膈收縮,肋骨上舉、橫膈下降,胸腔擴大;呼氣時,肋間肌與橫膈放鬆,肋骨下降、橫膈上歸,胸腔縮減。

❺ 肺活量為最大吸氣與最大呼氣之間的容積差。

❻ 高海拔常見的缺氧適應,包括紅血球與血紅素的增加。

❼ 二氧化碳在血液中的運輸,以形成碳酸氫根為最主要的形式。

❽ 呼吸中樞位於延腦,呼吸調節中樞位於橋腦。

7-6 腎臟、泌尿與排泄功能

① 人類排除含氮廢物的主要形式為尿素，尿酸過高則容易引發痛風。

② 腎臟的工作單位為腎元，由腎小體與腎小管構成。腎小體包含腎絲球與鮑氏囊，腎小管包含近曲小管、亨利氏環、遠曲小管。腎小管內之液體稱為濾液。

③ 腎臟製造尿液的三階段為過濾作用、再吸收作用、分泌作用。其中再吸收作用與分泌作用以主動運輸方式進行。

④ 除了製造尿液以外，腎臟也協助維持體液電解質的平衡。

⑤ 水分的回收，尿液的濃縮，最重要之處位於亨利氏環。遠曲小管與集尿管另可透過抗利尿激素的作用，增加水分的回收。

⑥ 醛固酮作用於腎臟，促進鹽分與水分保留，於低血壓情形下啟動。

7-7 神經功能的運作

① 神經元的結構包括細胞本體、軸突與樹突。軸突常有髓鞘包覆，提供絕緣，幫助提升傳導速度。髓鞘與髓鞘之間有蘭氏結之結構。

② 神經系統可分為中樞神經系統與周邊神經系統，前者由腦與脊髓構成。

③ 刺激─反應迴路由受器傳入感覺神經元，再傳入聯絡神經元，之後經由運動神經元向外傳出至動器。

④ 神經細胞之間，藉由突觸的構造，釋放神經傳導物質，進行動作電位的傳導。

⑤ 大腦具有左右半球，並有分區：額葉、頂葉、枕葉、顳葉。其皮質另有感覺區、運動區、整合區的功能性分區。左右大腦半球由胼胝體進行聯繫。

⑥ 視丘為感覺轉接中樞；下視丘主管內分泌、自律神經系統、晝夜節律。

⑦ 精密動作的控制，由基底核參與。

⑧ 平衡感與精密動作的協調，由小腦負責。

⑨ 腦幹包含中腦、橋腦、延腦。中腦參與視覺反射與聽覺反射；橋腦連結大腦與小腦，並可調控呼吸；延腦則為「生命中樞」。

⑩ 脊髓位於脊椎骨中，擔任周邊訊息傳入腦，以及腦部運動訊息發出至周邊的通路，並為體反射的中樞。

⑪ 腦神經有 12 對，脊神經有 31 對。

⑫ 體反射由脊髓執行，藉由反射弧的運作，減少應急反應所需時間。最簡單的體反射迴路為膝跳反射。

⑬ 自律神經系統包含交感神經系與副交感神經系，兩者支配至同一目標器官。交感神經主要以正腎上腺素為神經傳導物質，副交感神經主要以乙醯膽鹼為神經傳導物質。交感神經與副交感神經具有拮抗作用的關係。

⑭ 體感覺由皮膚的觸覺、溫度覺受器，以及痛覺神經末梢，傳入大腦體感覺區。

⑮ 視網膜的感光細胞主要為視桿細胞與視錐細胞。視桿細胞偵測光的強弱，視錐細胞偵測光的顏色。

⑯ 聽覺由耳膜、三塊聽小骨，傳至耳蝸，再傳至耳蝸神經，最後傳入大腦聽覺皮質。

⑰ 平衡覺與方向感的偵測，由內耳的前庭系統與半規管負責執行。

⑱ 五大味覺：酸、甜、苦、鹹、鮮。

⑲ 嗅覺的產生是由於氣味分子被嗅覺細胞偵測到後，經由嗅球傳至嗅神經，再傳入嗅覺皮質，加以辨別。

7-8 激素與內分泌調節

① 內分泌系統以激素為作用媒介，傳遞速度慢，但是作用廣泛、效期較長，並僅需少量或微量即可發揮作用。

② 內分泌系統的調控中樞為下視丘，能調控腦下腺的活動。下視丘也分泌催產素及抗利尿激素。

③ 腦下腺分為前葉與後葉。前葉受下視丘調控，分泌各種刺激激素，另有生長激素以及催乳素；後葉則儲存下視丘之催產素及抗利尿激素。

④ 生長激素於幼年期分泌不足，導致侏儒症；幼年期分泌過多則導致巨人症；成年期分泌過多則導致肢端肥大症。

⑤ 甲狀腺素分泌過多，造成甲狀腺亢進；甲狀腺素分泌不足，幼年期導致呆小症。副甲狀腺素的功能為提升血鈣。

⑥ 胰臟同時具有內分泌與外分泌功能。胰島分泌的胰島素，可調降血糖，升糖素則提升血糖，兩者具有拮抗作用。胰島素功能不足，可造成糖尿病。

⑦ 腎上腺皮質分泌的皮質醇具有調升血糖的功能，另稱為壓力荷爾蒙。如果分泌過多可能導致庫欣氏症候群。

⑧ 腎上腺髓質分泌腎上腺素，在緊急狀況之下大量分泌。

⑨ 男性睪丸分泌睪固酮，促進精子生成與男性第二性徵發育。女性卵巢中的濾泡，週期性分泌動情素，促進卵子生成及女性第二性徵發育。動情素還能增加子宮內膜厚度。濾泡排卵後形成黃體，分泌黃體素，維持子宮內膜厚度、促進子宮內膜組織增生，皆為幫助受孕。

⑩ 松果腺分泌褪黑激素，與晝夜節律相關。

⑪ 內分泌系統的調控，以下視丘－腦下腺－內分泌腺（腎上腺、甲狀腺、生殖腺），組成上游對下游之控制關係。

⑫ 承上，以甲狀腺為例。下視丘增加分泌甲狀腺刺激素釋放激素，作用於腦下腺；腦下腺增加分泌甲狀腺刺激素，作用於甲狀腺；甲狀腺因而增加分泌甲狀腺素，作用於目標器

官。當甲狀腺素分泌過多，則在上游抑制下視丘與腦下腺的分泌，進而減少甲狀腺的活動及甲狀腺素分泌，此為負回饋作用。

⑬ 正回饋作用參與在生產與哺乳。

7-9 生殖與胚胎發生

① 男性精子由睪丸內的細精管製造，睪固酮由細精管之外的萊氏細胞分泌，協助精子的生成。精子成熟之後，在其前端具有頂體，內含酵素。精子生成完畢之後，移至副睪儲存。

② 陰莖勃起由副交感神經主導，射精由交感神經主導。

③ 女性卵子生成，在卵巢的濾泡當中進行。青春期後，受激素刺激，由初始濾泡發育成初級濾泡，再發育成成熟濾泡，並增加動情素分泌。

④ 每一次月經週期，將有一顆初始濾泡被選出發育為成熟濾泡，在適當時機排卵。

⑤ 月經週期：子宮活動依序為行經期、增生期、分泌期。卵巢活動則依序為濾泡期、排卵、黃體期。排卵之前，動情素持續增加；排卵的發生來自黃體刺激素的驟升；排卵之後，黃體素開始分泌，維持子宮內膜厚度，並促進組織增生。直至負回饋作用發生，動情素與黃體素分泌下降，子宮內膜崩解，導致下一次月經。

⑥ 受精卵發育為囊胚之後，著床於子宮內膜。進一步發展出胎盤，長成胎兒。胎兒漂浮於羊膜腔的羊水中，藉由臍帶連接於胎盤，與母體進行物質交換。

⑦ 分娩發生時，正回饋作用協助胎兒產出。

⑧ 常見的避孕方式包括輸精管切除、輸卵管結紮、殺精劑、保險套、口服避孕藥、子宮內避孕器。

Chapter 8
基因與生物技術

GENE AND BIOTECHNOLOGY

快速偵測未知的高階檢驗技術：基因晶片

當一病患罹患未知的感染疾病時，為了擬定治療策略，首先需要一系列的檢體採樣篩選，再透過檢驗資料與數值，逐一排除可能性較低的疾病，留下可能性較高的疾病，進一步核對確認，並加以判斷。此過程所花時間通常較長，而如果有適用的**基因晶片** (gene chip)，可以幫助大幅縮短診斷的時間。

　　基因晶片的原理，是在玻片上，特定的座標位置，附上預先設計並合成好的單股 DNA 序列片段，稱為**探針** (probe)。每個探針的序列與在玻片上的位置皆不同，構成 **DNA 微陣列** (DNA microarray)。將樣本的 DNA 純化，分段切割成片段之後，進行加工，將特定的**螢光基團** (fluorophore) 接上樣本 DNA 片段。再將這些附有螢光基團的樣本 DNA 片段，滴加至玻片的 DNA 微陣列上。若樣本 DNA 當中含有部分片段，能和 DNA 微陣列上的探針結合，形成雙股 DNA，經化學清洗之後，雙股 DNA 將在玻片上留下。同時，由於樣本 DNA 附有螢光基團，與探針結合，形成的雙股 DNA，將在 DNA 微陣列上產生螢光 (圖 1)。螢光的強度與座標皆可由機器進行分析。若樣本測試結果，出現特定微生物的基因特徵，即可做為參考，判斷病患罹患的疾病，可能來自於何種微生物。

　　除了微生物感染以外，遺傳檢驗、基因檢驗、癌症篩檢 (圖 2)，也可以應用基因晶片的方式，在大量的候選疾病當中，較為快速地篩選，顯示出病患的檢體是否具有特定的突變，導致特定的先天性疾病或遺傳性疾病。

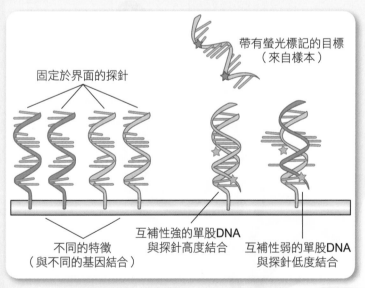

圖 1　DNA 微陣列的運作原理

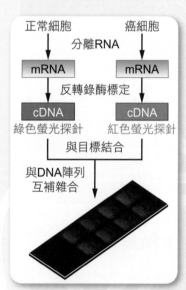

圖 2　基因晶片應用於癌症篩檢

孟德爾 (Gregor Mendel) 基於數學機率的研究，於 1866 年提出了遺傳學定律，是史上第一次有系統地對遺傳學進行分析，使其不再是簡單的現象敘述，而成為專門的學科。遺傳學的建立，讓生物學者對於找尋**遺傳因子** (genetic factor) 的興趣大為提高。然而對於遺傳因子以何種形式存在，以及其結構，同時代的遺傳學家依然不得而知。

1903 年，美國學者薩登 (Walter Sutton) 與德國學者包法利 (Theodor Boveri) 分別提出遺傳因子位於**染色體**上的想法，認為孟德爾的豌豆雜交實驗，其遺傳因子的行為，與**減數分裂**及**受精**過程當中染色體的行為非常相似。1909 年，丹麥學者約翰森 (Wilhelm Johannsen) 針對遺傳現象，提出**基因** (gene) 一詞，加以描述遺傳因子。自二十世紀開始，歷代的科學家們在諸多實驗技術的發展以及進步之下，漸漸提出更多關於遺傳學的生物及化學證據，也將遺傳學透過分子運作的細節，慢慢地顯現在世人眼前。

8-1 DNA 的結構

DNA 為複雜的聚合物，含有兩種**嘌呤** (purine) 與**嘧啶** (pyrimidine)，分別是**腺嘌呤** (adenine, A)、**鳥糞嘌呤** (guanine, G)、**胞嘧啶** (cytosine, C) 與**胸腺嘧啶** (thymine, T)。1952 年，美國學者查加夫 (Erwin Chargaff) 分析得知，生物細胞核內的 DNA，其腺嘌呤與胸腺嘧啶含量相等，而鳥糞嘌呤與胞嘧啶含量相等，此數據稱為**查加夫法則** (Chargaff's rule)。

此時，科學家已經知道 DNA 是遺傳過程不可或缺的成分，但直到 1953 年，英國學者華生 (James Watson) 與克里克 (Francis Crick)(圖 8-1) 參考由威爾金斯 (Maurice Wilkins) 與富蘭克琳 (Rosalind Franklin) 針對 DNA 結晶所拍攝的 **X 光繞射**照片 (圖 8-2)，提出的研究報告，全世界才了解到 DNA 的結構，與其後續執行遺傳功能的關聯性。

圖 8-1　分子遺傳學家麥卡提 (左起)、華生、克里克

圖 8-2　富蘭克琳所拍攝的 DNA 結晶繞射照片
ⓐ 進行研究工作中的富蘭克琳 (攝於 1955 年)
ⓑ DNA 結晶繞射照片

DNA 形狀為雙螺旋，有如將樓梯扭曲成為螺旋狀之外形。華生和克里克分析研究數據，歸納出重點如下：

❶ DNA 為**去氧核糖核苷酸** (deoxyribonucleotide) 所構成的聚合物 (圖 8-3)。每一個去氧核糖核苷酸由一個**五碳醣** (pentose)、一個**含氮鹼基** (nitrogenous base) 與一個**磷酸根** (phosphate) 構成。含氮鹼基為腺嘌呤、鳥糞嘌呤、胞嘧啶與胸腺嘧啶其中之一。五碳醣為**去氧核糖** (deoxyribose)。

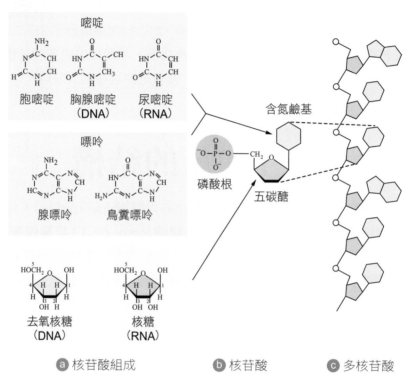

a 核苷酸組成   b 核苷酸   c 多核苷酸

圖 8-3   DNA 的化學結構

❷ DNA 的**雙股**，由去氧核糖核苷酸的五碳醣之間，藉由磷酸形成**磷酸雙酯鍵**，有如樓梯的骨架。而每一股的去氧核糖核苷酸向內，與對面的去氧核糖核苷酸形成**氫鍵**，有如樓梯的梯級。其中，腺嘌呤與胸腺嘧啶之間以兩個氫鍵相連，鳥糞嘌呤與胞嘧啶之間則有三個氫鍵相連。此鹼基相連關係稱為**互補**。

❸ 雙螺旋結構的 DNA，每一條單股的骨架，皆由核苷酸排列相接而成，稱為**序列** (sequence)，為遺傳訊息所在之處。核苷酸裡，核糖的化學結構具有 3' 碳原子與 5' 碳原子，在形成骨架時，由下游核糖的 5' 碳原子，與上游核糖的 3' 碳原子，以磷酸雙酯鍵相連。因此 DNA 的骨架具有 **5' 端** (5'-end) 至 **3' 端** (3'-end) 的方向順序，而且由於兩股序列鹼基互補，使其形成**反向平行** (anti-parallel) 的特性。DNA 雙螺旋結構，

雙股之間的寬度約有 2 nm，而旋轉一圈，高度 3.4 nm，約有 10 個核苷酸長度 (圖 8-4)。

華生、克里克與威爾金斯因此研究獲得 1962 年諾貝爾生理學或醫學獎。

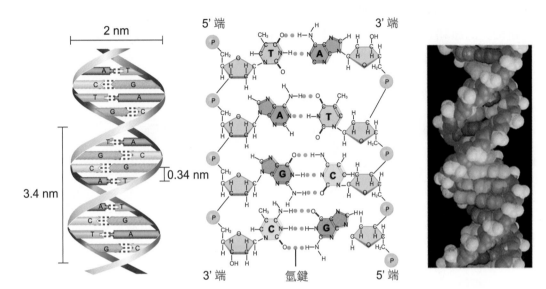

圖 8-4　華生與克里克提出的 DNA 模型

8-2 DNA 的複製

由於 DNA 是遺傳物質，細胞分裂時，必定需要複製 DNA 以傳達遺傳訊息，因此 DNA 的複製方式就成為遺傳學家探討的重要議題。遺傳學家提出過三種模型：**全保留** (conservative) 複製、**半保留** (semi-conservative) 複製，以及**分散** (dispersive) 複製 (圖 8-5)。

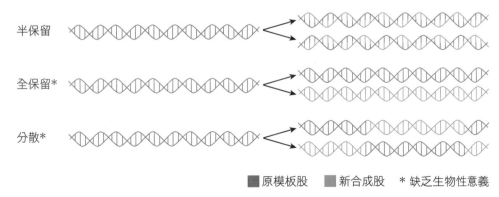

半保留

全保留*

分散*

■原模板股　■新合成股　* 缺乏生物性意義

圖 8-5　三種 DNA 的複製模式，最後只有半保留模式得到證實

DNA 在複製時，半保留模式的運作方式，是將 DNA 雙股分開，各自作為**模板股** (template strand)。再以**去氧核糖核苷三磷酸** (dNTP)：dATP、dTTP、dCTP、dGTP 作為原料，透過 **DNA 合成酶** (DNA polymerase) 的作用，從 dNTP 切下兩個磷酸釋出，是為**焦磷酸根**，成為**去氧核糖核苷單磷酸** (dNMP)，加入模板股的對面，進行鹼基互補配對，並與新加入的原料以磷酸雙酯鍵相連，合成**新股** (new strand) 的骨架 (圖 8-6)。當此反應完成以後，將得到兩條同樣序列的 DNA 雙股螺旋。

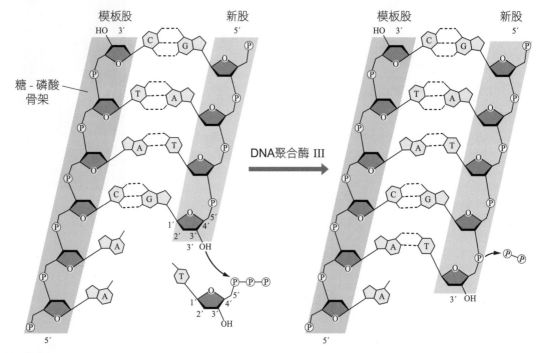

圖 8-6　DNA 半保留複製的過程

每一端的複製反應，都會見到**複製叉** (replication fork) 的結構 (圖 8-7)。複製反應開始時，**解旋酶** (helicase) 先將 DNA 雙股解開，利於**引子酶** (primase) 附著，合成出一小段 RNA 成分的**引子** (primer) 之後，DNA 合成酶進入，從引子開始延伸反應，將 dNTP 加入並進行互補配對，合成新股。DNA 合成酶僅能以 5' 端向 3' 端的方向來合成新股。由於雙股 DNA 反向平行的特性，DNA 進行複製時，雙股中的其中一股，其新股以 5' 端向 3' 端的方向，進行連續合成，形成**領先股** (leading strand)；而另外一股雖然同樣以 5' 端向 3' 端方向複製新股，卻是以間斷不連續段落的方式，將新股合成，反應速率較慢，稱為**延遲股** (lagging strand)。在其中先後合成的段落，稱為**岡崎片段** (Okazaki fragment)。在複製完成以前，另一種特殊的 DNA 合成酶經由**校對** (proofreading) 功能移除 RNA 引子，並以 DNA 將其取代；原先不連續的岡崎片段之間，將由 **DNA 連接酶** (DNA ligase) 加以連接，使新股骨架穩定。

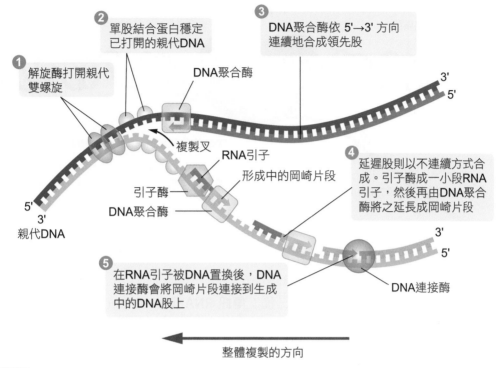

圖 8-7 DNA 複製的細節：複製叉

8-3 轉錄作用

DNA 紀錄的遺傳訊息，在經過**轉錄作用** (transcription) 之後，以單股的**核糖核酸** (ribonucleic acid, RNA) 的形式，進入後續的反應。RNA 與 DNA 成分不同，有兩項差異，第一是其使用的五碳醣為**核糖**，第二是其使用的含氮鹼基為腺嘌呤、鳥糞嘌呤、胞嘧啶與**尿嘧啶** (uracil, U)。轉錄作用發生時，**RNA 聚合酶** (RNA polymerase) 結合在轉錄起始點，將 DNA 的雙股分開，加入**核糖核苷三磷酸** (NTP)：ATP、UTP、CTP、GTP 為原料，與其中一股 DNA 互補，並令其形成磷酸雙酯鍵，聚合成為互補 RNA。此過程的方向，同樣是 5' 端向 3' 端進行 (圖 8-8)。當 RNA 聚合酶遇到轉錄終止處，從 DNA 上脫離，完成轉錄以後，DNA 序列即對應轉變為 RNA 序列，此時的產物稱為**轉錄本** (transcript)。

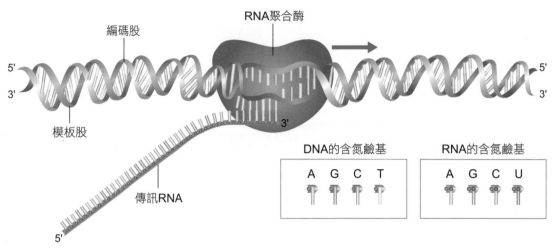

編碼股

RNA聚合酶

5'
3'

模板股

5'
3'

傳訊RNA

5'

DNA的含氮鹼基	RNA的含氮鹼基
A G C T	A G C U

圖 8-8　大腸桿菌進行 RNA 的轉錄作用

　　細胞內部 RNA 形式眾多，主要有三種：**傳訊 RNA** (messenger RNA, mRNA)、**轉移 RNA** (transfer RNA, tRNA)，以及**核糖體 RNA** (ribosomal RNA, rRNA)。三種 RNA 都由轉錄作用而來。mRNA 由 DNA 上的基因區段對應而來，帶有遺傳訊息。tRNA 在之後的轉譯作用中，攜帶胺基酸分子進入核糖體執行蛋白質合成。rRNA 則與蛋白質一起組成核糖體的結構。mRNA 為線形聚合物構造，tRNA 與 rRNA 則因為序列的緣故，會發生自身互補現象，形成立體化的**二級結構** (secondary structure)(圖 8-9)。

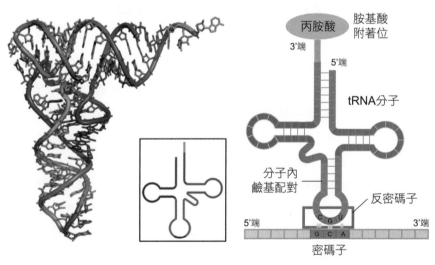

丙胺酸
3'端

胺基酸附著位

5'端

tRNA分子

分子內鹼基配對

反密碼子

5'端 　 C G U 　 3'端
　 　 G C A 　

密碼子

圖 8-9　tRNA 的結構

8-4 轉譯作用

加工過後的 mRNA，將進入**轉譯作用** (translation)，用以合成蛋白質。轉譯作用發生在核糖體。核糖體分為**大次單元**和**小次單元**，將 mRNA 夾住，從轉譯起始處開始進行轉譯。mRNA 上的訊息，以三個含氮鹼基為一組，5' 端向 3' 端的方向排列，對應到一個胺基酸，此含氮鹼基三聯組，稱為**密碼子** (codon)。轉譯進行時，除了需要 mRNA 之外，tRNA 也不可或缺。tRNA 在細胞內形成有如苜蓿葉的二級結構，再立體化成 L 型的三級結構之後，一端可接上胺基酸分子，而底部則稱為**反密碼子** (anticodon)，可在轉譯作用時與密碼子配對辨認 (圖 8-10)。

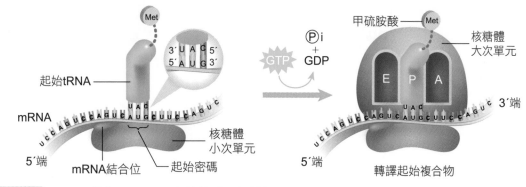

圖 8-10   tRNA 辨認 mRNA，在核糖體進行轉譯作用

當轉譯作用進行反應時，tRNA 攜帶特定的胺基酸分子，進入核糖體。核糖體內有 A、P、E 三個結合位點。第一個 tRNA 攜帶胺基酸，辨認出 mRNA 上的密碼子，以反密碼子與其互補相連，進入 P 位點；第二個攜帶胺基酸的 tRNA，同樣經反密碼子互補辨認出 mRNA 上的密碼子以後，進入 A 位點。核糖體以 5' 端向 3' 端的方向，在 mRNA 上滑動，使第一個 tRNA 從 P 位點滑入 E 位點釋出，第二個 tRNA 則從 A 位點進入 P 位點，其攜帶的胺基酸，與前一個胺基酸在此形成**肽鍵** (peptide bond)，相連形成**雙肽** (dipeptide)。隨著核糖體在 mRNA 上向前滑動，此反應不停重複進行，也就使得愈來愈多的胺基酸進入核糖體，合成更長的**多肽** (peptide)(圖 8-11)。多肽經摺疊成為有功能的蛋白質之後，再參與細胞內部的反應，執行生化功能與生命現象。轉譯作用的過程，以分解 GTP 作為推動的能量來源。當轉譯作用遇到終止訊號時，核糖體的大、小次單元，與 mRNA 分離，不再進行反應。

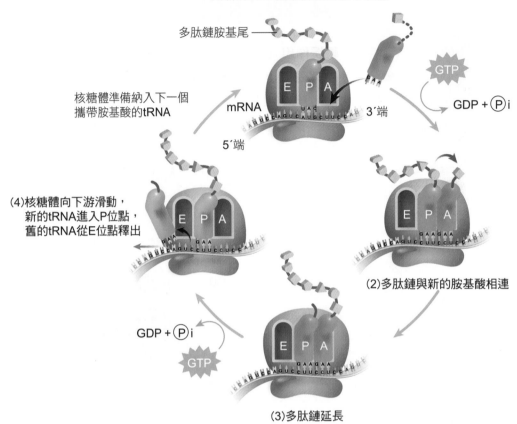

(1)新的tRNA攜帶胺基酸進入A位點

多肽鏈胺基尾

核糖體準備納入下一個
攜帶胺基酸的tRNA

mRNA

5´端

GTP

GDP + Ⓟi

3´端

(4)核糖體向下游滑動，
新的tRNA進入P位點，
舊的tRNA從E位點釋出

(2)多肽鏈與新的胺基酸相連

GDP + Ⓟi

GTP

(3)多肽鏈延長

圖 8-11　轉譯作用反應

A 位點命名源自英文 aminoacyl site，簡稱 A site，表新的胺基酸進入之處。
P 位點命名源自英文 peptidyl site，簡稱 P site，表多肽合成之處。
E 位點命名源自英文 exit site，簡稱 E site，表 tRNA 脫離之處。

　　美國學者尼倫伯格 (Marshall Nirenberg) 與馬特伊 (Johannes Matthaei)，於 1961年，以實驗解出第一組遺傳密碼子。他們以人工合成的**聚合尿嘧啶** (poly-U) 作為 mRNA的材料，加入大腸桿菌的轉譯反應之後，將得到的多肽產物加以分析，得知此多肽成分為**苯丙胺酸** (Phe) 構成，因此推論密碼子 UUU[註1] 對應到的胺基酸為苯丙胺酸。他們接下來以同樣的方式，解出了 AAA、CCC、GGG 等密碼子對應到的胺基酸。最後，在 1966年，尼倫伯格的團隊透過改進的實驗，完整解出了 64 個密碼子所對應的全部胺基酸，也因此成就獲得 1968 年諾貝爾生理學或醫學獎。64 個密碼子中，有一個**起始密碼子** (start codon)：AUG，同時也對應到**甲硫胺酸** (Methionine, Met)；以及另有三個**終止密碼子** (stop codon)：UAG、UAA、UGA，皆未對應到任何胺基酸。其餘密碼子所對應胺基酸，請參照表 8-1。

註1　密碼子的讀取依舊有方向性，本書中的密碼子 UUU，意為 5'-UUU-3' 的讀取方向，其他所有密碼子亦然。

表 8-1　胺基酸密碼組對應表

第一鹼基	第二鹼基								第三鹼基
	U		C		A		G		
U	UUU	Phenylalanine (Phe/F) 苯丙胺酸	UCU	Serine (Ser/S) 絲胺酸	UAU	Tyrosine (Tyr/Y) 酪胺酸	UGU	Cysteine (Cys/C) 半胱胺酸	U
	UUC		UCC		UAC		UGC		C
	UUA	Leucine (Leu/L) 白胺酸	UCA		UAA	Stop 終止	UGA	Stop 終止	A
	UUG		UCG		UAG		UGG	Tryptophan (Trp/W) 色胺酸	G
C	CUU		CCU	Proline (Pro/P) 脯胺酸	CAU	Histidine (His/H) 組胺酸	CGU	Arginine (Arg/R) 精胺酸	U
	CUC		CCC		CAC		CGC		C
	CUA		CCA		CAA	Glutamine (Gln/Q) 麩醯胺酸	CGA		A
	CUG		CCG		CAG		CGG		G
A	AUU	Isoleucine (Ile/I) 異白胺酸	ACU	Threonine (Thr/T) 蘇胺酸	AAU	Asparagine (Asn/N) 天門冬醯胺酸	AGU	Serine (Ser/S) 絲胺酸	U
	AUC		ACC		AAC		AGC		C
	AUA		ACA		AAA	Lysine (Lys/K) 離胺酸	AGA	Arginine (Arg/R) 精胺酸	A
	AUG	Methionine (Met/M) 甲硫胺酸	ACG		AAG		AGG		G
G	GUU	Valine (Val/V) 纈胺酸	GCU	Alanine (Ala/A) 丙胺酸	GAU	Aspartic acid (Asp/D) 天門冬胺酸	GGU	Glycine (Gly/G) 甘胺酸	U
	GUC		GCC		GAC		GGC		C
	GUA		GCA		GAA	Glutamic acid (Glu/E) 麩胺酸	GGA		A
	GUG		GCG		GAG		GGG		G

　　生物的遺傳現象，透過化學分子記錄、表現，可歸納如下：DNA 可進行複製，更可以經由轉錄作用，產生 RNA；RNA 再經轉譯作用，製造出蛋白質，成為結構物，或是酵素，參與催化反應。此種化學分子安排與反應的順序，實現遺傳現象，執行生化功能。從最微小的病毒、細菌，到複雜的維管束植物及哺乳動物，此現象為地球上各種生物所通用，稱為**中心法則** (central dogma)(圖 8-12)，為克里克於 1958 年初步提出。不過後來發現尚有諸多生命現象，被視為是中心法則的特例，例如**反轉錄病毒** (retrovirus)、具有催化功能的 **RNA 核酶** (ribozyme) 等。

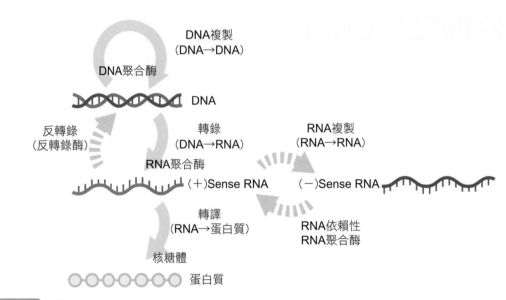

圖 8-12 中心法則

實線路徑為中心法則，虛線路徑為特殊的遺傳訊息傳遞方式。反轉錄與 RNA 複製通常發生在病毒的複製過程。

8-5 基因突變

1941 年，美國學者比德爾 (George Beadle) 與塔頓 (Edward Tatum) 作了一系列的實驗，發現基因與酵素之間的關係。他們以**紅麵包黴** (*Neurospora crassa*) 作為材料，經 X 光照射之後，發現可分為三種**突變種**，分別對應到三種胺基酸的合成缺失，以及酵素的缺陷 (圖 8-13)。他們的研究建立了**一基因一酵素學說** (one gene-one enzyme theory)，後來經遺傳學家們擴展解釋為**一基因一蛋白質學說** (one gene-one protein theory)。

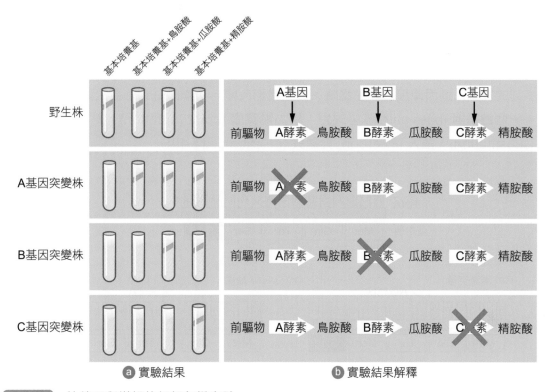

ⓐ 實驗結果　　　　ⓑ 實驗結果解釋

圖 8-13　比德爾與塔頓的紅麵包黴實驗

 生物專欄

一基因一酵素學說

　　紅麵包黴需要一種特別的胺基酸：**精胺酸** (Arg)，才得以維持生長，因此具有能合成精胺酸的酵素。精胺酸的合成，需要有相關酵素與**瓜胺酸** (citrulline) 為原料；而瓜胺酸的合成，需要有相關酵素與**鳥胺酸** (ornithine) 為原料；鳥胺酸的合成，也需要有相關酵素與其合成所需的**前驅物** (precursor) 為原料。比德爾與塔頓以 X 光照射紅麵包黴之後，發現三種結果。第一組突變種無法自行合成精胺酸、瓜胺酸，以及鳥胺酸，可見得其合成鳥胺酸所需要的相關酵素有缺陷；第二組突變種無法自行合成精胺酸與瓜胺酸，但可以自行合成鳥胺酸，可見得其合成瓜胺酸的酵素有缺陷；第三組突變種無法自行合成精胺酸，但可以自行合成鳥胺酸與瓜胺酸，可見得其合成精胺酸的酵素有缺陷。以上三種突變種，若在其培養基中添加其所無法合成的精胺酸，皆可存活。已知酵素的成分是蛋白質，由於 X 光照射並不會影響蛋白質的構形，卻會造成 DNA 的損傷，因此由比德爾與塔頓的實驗，可以推測出，一個酵素的功能是由基因決定。如果基因發生損傷，將導致酵素功能缺陷。遺傳學家將此現象稱為一基因一酵素學說。比德爾與塔頓也因此研究獲得 1958 年諾貝爾生理學或醫學獎。

比德爾與塔頓的實驗說明了基因如果發生**突變** (mutation)，將直接導致其蛋白質產物的變異，進而影響蛋白質的功能。由 mRNA 密碼子的知識，我們知道如果改變密碼子的序列，將可能導致其所對應的胺基酸種類發生變異。胺基酸種類的變異，將導致蛋白質序列的變異，進而使蛋白質摺疊時，發生構形改變，功能即受到影響。如果 DNA 序列中，一個**鹼基對** (base pair) 發生改變，稱為**點突變** (point mutation)。點突變可包含**取代** (substitution)、**插入** (insertion) 與**缺失** (deletion)(圖 8-14)。

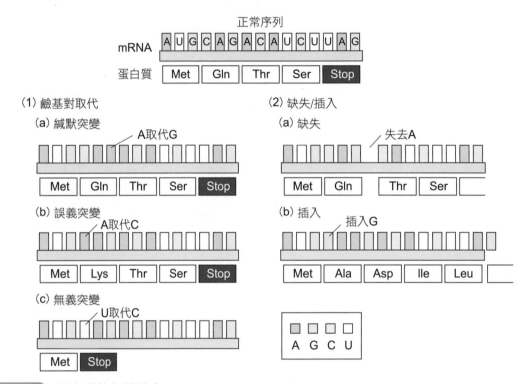

圖 8-14　點突變的各種型式

緘默突變 (silence mutation) 改變 DNA 序列，而對密碼子所對應的胺基酸無影響。誤義突變 (missense mutation) 將改變密碼子及其對應胺基酸。無義突變將造成終止密碼子提早出現。發生缺失或插入，則將導致框架移位突變，大幅改變下游序列。

　　鐮形紅血球貧血症 (sickle-cell anemia) 即為點突變所造成的遺傳性疾病。紅血球內含的**血紅素** (hemoglobin)，具有四個次單位，由兩條 α 多肽鏈及兩條 β 多肽鏈組合而成。β 多肽鏈中的其中一個核苷酸發生點突變，原本的序列 -CTC- 被取代為 -CAC-，導致對應的 mRNA 序列 -GAG- 被取代為 -GUG，對應的胺基酸由**麩胺酸** (Glu) 被取代為**纈胺酸** (Val)(圖 8-15)。胺基酸序列改變，導致血紅素蛋白質異常，構形發生變化。異常的血紅素在紅血球內堆積，將導致紅血球缺乏彈性，在缺氧的情形下，容易導致紅血球成為鐮刀狀，容易堵塞微血管，也容易造成紅血球破裂，導致貧血。

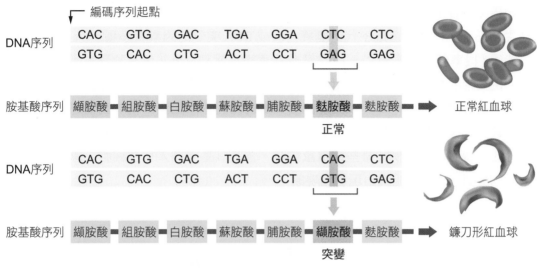

圖 8-15   點突變造成鐮形紅血球貧血症

　　而當插入或缺失發生時，則將使其下游出現**框架移位突變** (frameshift mutation)，造成更大範圍的基因序列變化，導致更嚴重的後果。若是突變發生造成終止密碼子提早出現，則無法成功合成有功能的蛋白質，稱為**無義突變** (nonsense mutation)。如果遺傳物質的變異不只發生在 DNA，而是發生在染色體，所影響的範圍將更加廣泛。染色體的變異經常與有絲分裂或減數分裂時，染色體複製或是分離過程的異常有關，包含**缺失**、**重複** (duplication)、**倒位** (inversion) 以及**易位** (translocation)(圖 8-16)。一旦發生，將與許多重大遺傳疾病有密切關聯。

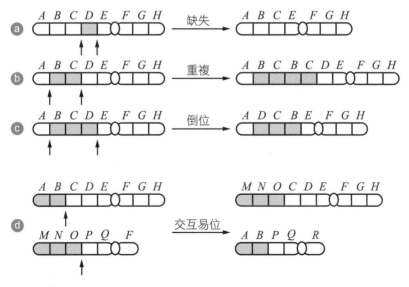

圖 8-16   染色體的變異

如果突變發生在體細胞，將造成體細胞的異常，可能產生**腫瘤** (tumor)；如果突變發生在生殖細胞，則可能造成子代的變異。造成 DNA 突變的因素有多種，除了 DNA 複製時的錯誤（機率低於十億分之一），未經修復而造成累積以外，尚有物理性因素與化學性因素。例如輻射線曝露造成 DNA 損傷；有機溶劑、亞硝酸鹽、及特定產品的化學成分，如檳榔、香菸的接觸使用等。以上能誘發突變的物理化學因素，稱為**誘變劑**，暴露劑量高、接觸時間長，皆升高細胞基因突變機率，突變的累積將提高癌化的風險。另外也有生物性因素導致突變，例如某些病毒感染時，會將其基因插入宿主細胞，導致宿主細胞基因序列受到干擾，使組織出現癌化現象。

8-6 遺傳工程

了解基因在體內如何運作，以及各種相關酵素的功能以後，研究人員發展出**遺傳工程** (genetic engineering)，或稱基因工程，亦即利用這些分子作為工具，對生物的遺傳加以操作控制其表現，甚至是轉殖、修改。

分子選殖 (molecular cloning) 即是原理非常簡單的一種遺傳工程技術，可用於將特殊功能的基因，轉殖入大腸桿菌，令其表現出其產物之後，再以化學方式收取其產物，加以應用於醫藥或是其他領域。其步驟如下：

❶ 準備質體

將**質體** (plasmid) 準備好。質體是細菌體內一段特殊的游離小型環狀 DNA，不屬於細菌染色體，因此不是細菌生存所必需。然而，其上往往帶有一些特殊的基因，例如營養代謝，或是**抗生素** (antibiotic) 的**抗藥性基因** (resistance gene)。在特殊的環境之下，具有質體的細菌，存活優勢通常較佳。質體可以依照細菌的需求，自行調控複製，也可以隨著細菌繁殖，代代遺傳。經過設計改造過的質體，上面會帶有特殊的抗藥性基因，以及**限制酶** (restriction enzyme) 的**切割位** (cleavage site)，方便研究人員實驗利用。限制酶是一種特殊的酵素，可以辨認出特定的 DNA 序列，並對其進行特殊切割，其切割位置與形狀專一性高，使 DNA 自此切口處分離，過程並不破壞含氮鹼基結構。

❷ DNA 重組

將欲進行轉殖的基因，以及質體，皆以同樣一組的限制酶，分別反應處理之後，使其出現形狀相符的切口。此時將轉殖基因稱為**插入子** (insert)，質體稱為**載體** (vector)。

而後加入 **DNA 連接酶**，使二者有機會連接融合，成為**重組質體** (recombinant plasmid) (圖 8-17)。過程中，限制酶扮演的角色有如剪刀，而 DNA 連接酶扮演的角色則有如黏膠。

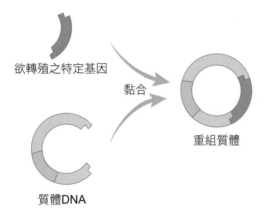

欲轉殖之特定基因

黏合

重組質體

質體DNA

圖 8-17　重組質體的製作

❸ 篩選

令大腸桿菌攝入此重組質體之後 [註2]，加以培養。再利用抗生素**雙重篩選** (double selection) 或是**酵素代謝** (enzymatic metabolism) 呈色的方式，挑選出成功轉殖的菌落，加以大量培養，之後即可從大量的菌體當中，萃取所需要的基因工程產物。

遺傳工程技術已經應用於多種藥物，使原先稀有不易取得的藥物製劑，得以大量生產，擴增來源，並降低生產的成本與單價，使特殊藥物得以普及。例如糖尿病患者所需的人類**胰島素**，即已於 1982 年開發成熟。其他已應用遺傳工程技術生產的特殊藥物尚有**生長激素**、**紅血球生成素** (erythropoietin, EPO)、**凝血第八因子** (anti-hemophilic factor VIII) 等。

除了用於大腸桿菌生產藥物之外，遺傳工程技術也可以用於基因轉殖植物與動物。將外來基因導入植物，可產生**基因轉殖植物** (圖 8-18)。常用的方式，有透過完成選殖的**農桿菌** (*Agrobacterium tumefaciens*) 感染植物組織，將選殖基因送入植物細胞核內，或是用**基因槍** (gene gun)，將基因片段包裹於奈米級黃金顆粒上，以高壓氣體射入植物組織，使其進入植物細胞核。轉殖植物技術經常使用於農作物上，例如將抗凍、抗旱、抗病蟲害的基因進行轉殖，可使農作物在原先不利其生長的地區，獲得較好的生長與收成。

註2　大腸桿菌攝入質體，即可獲得質體上所攜帶基因表現之後的功能。此過程與格里夫茲的 R 型菌轉變為 S 型菌原理相同，故同樣稱為轉形作用。

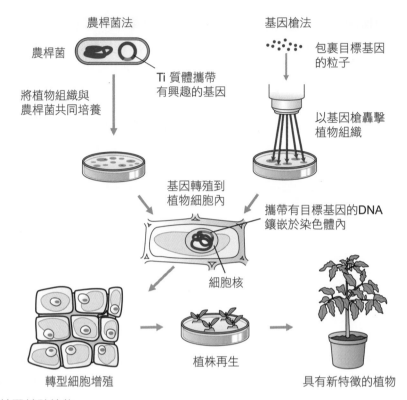

圖 8-18 基因轉殖植物

　　基因轉殖動物的產生，則可以透過選殖病毒感染，或是**顯微注射** (microinjection)
(圖 8-19) 的方式，將外來基因導入動物受精卵，產生帶有特殊轉殖基因的動物。此方法
可用以產生基因轉殖小鼠，利於研究疾病模式，也可用於基因轉殖斑馬魚，研究胚胎發
育模式。

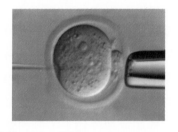

圖 8-19 顯微注射
左：固定小鼠受精卵。右：玻璃針自左方注入 DNA。

　　在研究基因表現時，也可以考慮採用水母的**綠色螢光蛋白** (green fluorescent
protein, GFP)(圖 8-20) 基因進行轉殖，產生螢光小鼠 (圖 8-21)、螢光斑馬魚等特殊實驗
用動物。

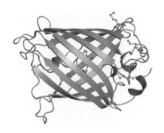

圖 8-20　綠色螢光蛋白的結構

圖 8-21　中間為非基因轉殖小鼠，兩旁為綠色
螢光基因轉殖小鼠

生物專欄

綠色螢光蛋白

綠色螢光蛋白 (以下稱 GFP) 是一種約由 238 個胺基酸組成的蛋白質，能受到紫外線照射而激發出綠色螢光，如應用於基因轉殖，是研究基因表現非常有效的工具。綠色螢光蛋白原先於 1962 年，由日本學者下村脩 (Osamu Shimomura) 等人在 *Aequorea victoria* 水母中發現並純化。美國學者喬爾飛 (Martin Chalfie) 團隊首次成功分離出 GFP 的基因，並將其送入細胞當中成功表現，使大腸桿菌能以發出綠色螢光。美籍華裔學者錢永健 (Roger Y. Tsien) 研究 GFP 的 DNA 序列，透過其對化學的專長，修改了 DNA 序列，取代 GFP 關鍵區域的部分胺基酸，進而使 GFP 被修改成比原先亮度更強，以及能發出青色、藍色等不同顏色的螢光蛋白質。錢永健團隊之後更協助開發了其他種生物的螢光蛋白，並設計調整其基因序列，能夠發出各種包括櫻桃紅色、李紅色、水晶橙色等的顏色 (圖 8-22)。目前的研究用螢光蛋白，其顏色選擇已經擴充到有如調色盤一般豐富 (圖 8-23)。由於螢光蛋白的研究與開發，下村脩、喬爾飛，以及錢永健三人因此共同獲得 2008 年諾貝爾化學獎。

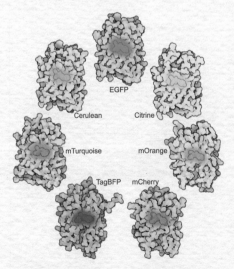

圖 8-22　錢永健參與協助開發的各種顏色螢光蛋白

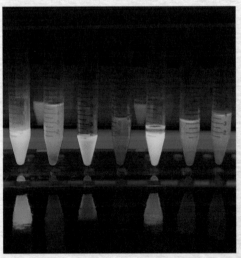

圖 8-23　經人工修飾序列，已可產生多種顏色的螢光蛋白

由於基因轉殖動物具有特殊基因與遺傳特性，萬一從人工飼養環境中，逸出至野外，有可能汙染野生動物**基因庫** (gene pool)，使族群遺傳發生震盪不穩，還可能因其強大的競爭能力，導致野外原生物種遭遇競爭而消失滅絕，導致生態失衡。因此對於基因轉殖動物的規範與管制必須非常嚴格。目前在農漁畜牧業，少數獲得審查通過，得以批准販售的基因轉殖動物之一是基因轉殖鮭魚，其生長速度及體型為野生鮭魚的兩倍以上，於2015 年批准，2021 年正式上市，僅限於美國。

除了基因轉殖動物之外，**複製動物** (cloned animal) 也是遺傳工程的另一發展。1996 年，英國愛丁堡大學的研究團隊，宣布世上首隻複製羊「桃莉」(Dolly) 成功誕生。桃莉是一隻雌性白臉綿羊 (圖 8-24)。研究人員先從一隻雌性白臉綿羊的**乳腺細胞**中，取出細胞核，同時從一隻雌性黑臉綿羊取出**卵細胞**，移除細胞核後，再將雌性白臉綿羊的乳腺細胞核，植入此卵細胞，替代原本的細胞核。以電擊刺激其進行細胞分裂，最後將其植入另一隻雌性黑臉綿羊的

圖 8-24　第一隻複製羊桃莉，標本現存愛丁堡大學博物館

子宮內，孕期足月之後，產下一隻雌性白臉綿羊，即為桃莉 (圖 8-25)。

桃莉是世界上第一隻，完全以體細胞核為遺傳訊息來源，不經受精作用而產生的哺乳動物動物個體。數年之後，桃莉透過自然交配行為，懷孕並陸續產下數隻後代，研究人員因而確認複製動物的繁殖功能與天然個體無異。複製動物的技術也為各國研究人員應用在複製牛、複製豬等案例。除此之外，古生物學家也與遺傳工程學家評估，透過複製動物的技術，讓一些已滅絕的動物，重返生物圈的可能性，如已於史前滅絕的長毛象，以及於二十世紀初滅絕的澳洲袋狼等。

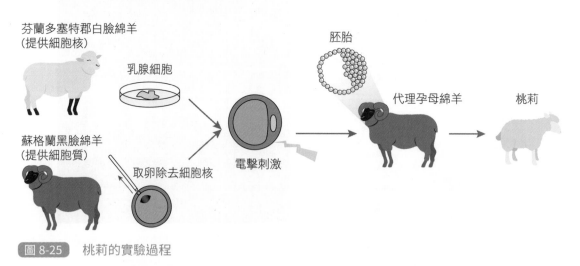

芬蘭多塞特郡白臉綿羊
(提供細胞核)

乳腺細胞

胚胎

蘇格蘭黑臉綿羊
(提供細胞質)

取卵除去細胞核

電擊刺激

代理孕母綿羊

桃莉

圖 8-25　桃莉的實驗過程

8-7 生物技術

除了遺傳工程以外，當代還有許多以遺傳分子的運作原理，應用在醫藥與農業方面的分析技術，效率非常理想。

在檢驗一段 DNA 是否含有研究人員所需的基因時，除了定序加以確認序列無誤之外，還有一個初步的方式可以進行，即**膠體電泳** (gel electrophoresis)。以自**洋菜** (agar) 純化出來的**瓊脂糖** (agarose)，配成適當濃度比例的膠體，置於**緩衝液** (buffer) 中，於其兩端接上正負電極之後通電。在電場的作用下，DNA 片段在膠體中緩慢移動。若 DNA 片段愈長，則穿越膠體速度愈慢；若 DNA 片段愈短，則穿越膠體速度愈快。研究人員可藉由電泳完成之後，DNA 片段移動的相對位置，判斷 DNA 的長度，是否符合預期 (圖 8-26)。

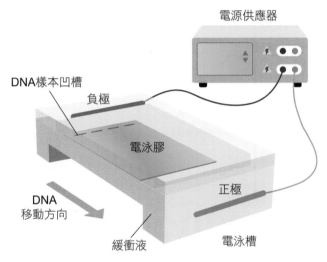

電源供應器

DNA樣本凹槽

負極

電泳膠

DNA 移動方向

正極

緩衝液

電泳槽

圖 8-26　電泳的操作

而如欲檢驗生物樣本當中，是否有特定的 DNA 片段，或是特定基因，往往因為其含量非常微小，不易進行檢測以及定量。研究人員通常使用**聚合酶連鎖反應** (polymerase chain reaction, PCR)，針對目標加以複製擴增。PCR 的原理與 DNA 複製相似，只是全程在試管中操作 (圖 8-27)。此反應需準備適當的緩衝液、樣本 DNA、人工合成 DNA 引子、DNA 複製酶[註3]，以及 dNTP。先將上述材料置入試管緩衝液中，然後依照以下步驟進行：

註3　由於 PCR 需要在高溫下進行，因此所使用的 DNA 複製酶較為特殊，需要能在高溫之下運作。目前已有若干種 PCR 專用的 DNA 複製酶，由溫泉微生物的研究中鑑定並取得。

❶ 加熱至 95°C，令樣本 DNA 氫鍵瓦解，雙股完全分離。

❷ 降溫至約 60°C，使引子得以黏附上樣本 DNA，以其為模板。

❸ 升溫至約 72°C，在 DNA 聚合酶的作用下，dNTP 得以加入聚合，形成新股 DNA，直至反應完成。

　　以上步驟可連續重複。每重複 1 次，即可獲得 2 倍的 DNA 複製品。如果重複 20 次，則可獲得 2^{20} 倍的 DNA 複製品。PCR 因此成為非常強大的研究工具，可以從極微量的樣本當中，進行 DNA 複製，達到可以順利分析偵測的數量，應用在遺傳學研究、病原鑑定、以及犯罪現場的生物檢體偵測，都非常有效。而發明 PCR 的美國學者穆利斯 (Karry Mullis) 也因此獲得 1993 年諾貝爾化學獎。

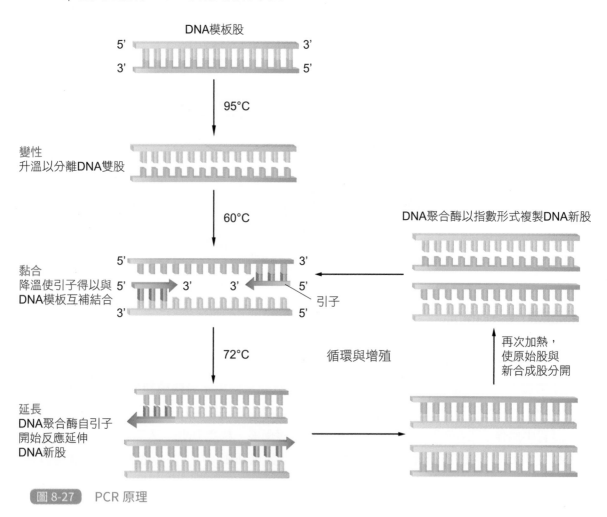

圖 8-27　PCR 原理

生物專欄

生物技術與新冠肺炎檢驗

在新冠肺炎 (covid-19) 疫情相關的新聞報導中，PCR 與快篩試劑已經成為耳熟能詳的專有名詞。快篩試劑的原理是透過預置**抗體** (antibody)，檢驗病人檢體是否含有病毒蛋白質成分的**抗原** (antigen)。但由於抗體抗原反應偶爾有偽陰性和偽陽性的機率，因此如欲以分子等級的證據，診斷病人是否感染新冠肺炎，最準確的方式是進行 PCR，檢驗病毒基因的存在。事實上，由於**新型冠狀病毒** (SARS-CoV-2) 為 RNA 病毒，因此進行 PCR 的時候，需要實驗室透過**反轉錄酶** (reverse transcriptase)，將病毒萃取出的 RNA，轉出對應的 DNA，稱為**互補 DNA** (complementary DNA, cDNA)，才用於 PCR。此種修改版本的 PCR 稱為 RT-PCR。而 PCR 基於其反應能用等比級數的方式產生複製產物，因此也能據以開發出定量的方法，協助判斷樣本中基因的含量，稱為**定量即時聚合酶連鎖反應** (quantitative PCR, qPCR)。

在實驗中，置入具有螢光基團的核酸**探針** (probe)，與目標 DNA 配對。每進行 PCR 複製一次，在酵素作用之下，即可將探針分解、釋出螢光基團，放出螢光 (圖 8-28)。透過對螢光強度的偵測，可以推算反應中複製反應的次數。螢光強度愈強，則複製反應次數愈多。如果設立螢光強度偵測閾值 (threshold)，則可比較不同樣本經 PCR 達到此閾值，所需循環反應次數的多寡，此即**循環數閾值** (cycle threshold value)，又稱 **Ct 值**。Ct 值愈低，代表複製所需次數少、原始樣本 DNA 愈多，亦即病毒量愈高；Ct 值愈高，則代表樣本 DNA 愈少，病毒量愈低。

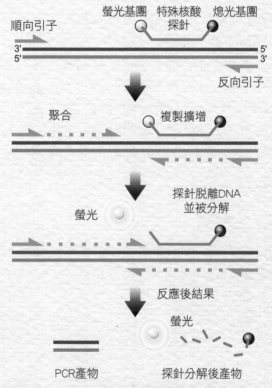

圖 8-28　PCR 定量可應用於判定檢體 DNA 含量

核酸探針上，螢光基團與熄光基團靠近，不發螢光，直到探針被分解，釋出螢光基團。

本章重點

8-1 DNA 的結構

1. DNA 分子內,腺嘌呤與胸腺嘧啶含量相等,鳥糞嘌呤與胞嘧啶含量相等,此數據稱為查加夫法則。

2. DNA 雙螺旋結構由華生與克里克提出。

3. DNA 由去氧核糖核苷酸構成,每一個去氧核糖核苷酸含有一個五碳醣、一個含氮鹼基、一個磷酸根。

4. DNA 使用的含氮鹼基為腺嘌呤 (A)、胸腺嘧啶 (T)、胞嘧啶 (C)、鳥糞嘌呤 (G)。

5. DNA 雙股結構有如螺旋狀的樓梯,骨架由磷酸雙酯鍵構成,梯級由氫鍵構成。其中,腺嘌呤與胸腺嘧啶之間以兩個氫鍵相連,鳥糞嘌呤與胞嘧啶之間則有三個氫鍵相連,此鹼基相連關係稱為互補。兩股具有反向平行的特性。

8-2 DNA 的複製

1. DNA 的複製模式為半保留模式。

2. 半保留模式以舊股做為模板,透過 DNA 合成酶加入 dATP、dTTP、dCTP、dGTP 為原料,進行鹼基互補配對。

3. DNA 複製時,由解旋酶將 DNA 雙股解開,引子酶合成引子,DNA 合成酶進行新股合成。由於反向平行,過程有領先股與延遲股的分別。延遲股上不連續的片段稱為岡崎片段,由 DNA 連接酶加以連接。

8-3 轉錄作用

1. RNA 使用的含氮鹼基為腺嘌呤 (A)、尿嘧啶 (U)、胞嘧啶 (C)、鳥糞嘌呤 (G)。

2. 轉錄作用由 RNA 聚合酶,自 DNA 模板互補合成 RNA。

3. 最主要的 RNA 為傳訊 RNA(mRNA)、轉移 RNA(tRNA),以及核糖體 RNA(rRNA)。其中 mRNA 攜帶遺傳訊息,tRNA 參與轉譯作用,rRNA 為核糖體的成分。

8-4 轉譯作用

1. 核糖體結構分為大次單元與小次單元。

2. mRNA 在核糖體中,以三個鹼基為一組的方式進行遺傳訊息讀取,稱為密碼子。

3. mRNA 密碼子,需要 tRNA 的反密碼子,才能配對讀取。

4. tRNA 配對讀取密碼子時,攜帶胺基酸進入核糖體。

5. 核糖體上具有 A、P、E 三個位置。A 位點容納新的 tRNA 攜帶胺基酸進入核糖體;P 位點為胺基酸相連形成多肽之處;E 位點為完成轉譯的 tRNA 脫離核糖體之處。轉譯作用進行時,即合成蛋白質。

6. 尼倫伯格與馬特伊解出共計 64 個遺傳密碼子,除了對應到 20 種標準胺基酸以外,另外包含一個起始密碼子、三個終止密碼子。

7. 中心法則:DNA 轉錄為 RNA,RNA 再經轉譯作用,合成蛋白質,執行生化反應。

8-5 基因突變

① 比德爾與塔頓利用紅麵包黴的研究,建立了一基因一酵素學說。後來經遺傳學家們擴展解釋為一基因一蛋白質學說。

② 基因發生突變,將導致密碼子變異,影響其蛋白質產物連帶發生變異,進而影響蛋白質的功能。

③ 常見的點突變包括取代、插入、缺失。

④ 鐮形紅血球貧血症為基因發生鹼基取代,導致血紅素的蛋白質序列中,麩胺酸被取代為纈胺酸所造成。

⑤ 當插入或缺失發生時,將使其下游出現框架移位突變,造成更大範圍的基因序列變化,導致更嚴重的後果。

⑥ 若是突變發生造成終止密碼子提早出現,則無法成功合成有功能的蛋白質,稱為無義突變。

⑦ 染色體的變異經常與染色體複製或是分離過程的異常有關,包含缺失、重複、倒位以及易位。

⑧ 常見的誘變劑有輻射線、有機溶劑、亞硝酸鹽、檳榔、香菸等。

⑨ 突變的累積將提高癌化的風險。

8-6 遺傳工程

① 分子選殖的材料包含:大腸桿菌、轉殖基因、含有抗藥性基因的質體、限制酶、連接酶。

② 在分子選殖實驗的材料中,功能有如剪刀的是限制酶,功能有如黏膠的是連接酶。

③ 利用遺傳工程技術可以生產許多稀有不易取得的藥物製劑,如人類胰島素、生長激素、紅血球生成素、凝血第八因子等。

④ 基因轉殖植物常用的方式,有農桿菌與基因槍。

⑤ 基因轉殖動物常用的方式,有病毒感染與顯微注射。

⑥ 螢光小鼠、螢光魚的螢光基因,來自水母的綠色螢光蛋白。

⑦ 複製羊的技術,用到三隻綿羊個體。第一隻雌性黑臉羊提供去除細胞核的卵細胞,第二隻雌性白臉羊提供乳腺細胞核,第三隻雌性黑臉羊提供子宮做為代理孕母。產下的雌性白臉小羊,名為桃莉,為世界上第一隻不經受精作用感生的哺乳動物個體。

8-7 生物技術

① 若需判斷實驗樣本中 DNA 的長度,所採用的技術為膠體電泳。

② 如欲檢驗生物樣本當中,是否有特定的 DNA 片段,或是特定基因,通常使用聚合酶連鎖反應 (PCR),針對目標加以複製擴增。

③ PCR 的原理與 DNA 複製相似,只是全程在試管中操作。

④ PCR 的材料包括樣本 DNA、人工合成 DNA 引子、DNA 複製酶,以及 dNTP。

⑤ PCR 實驗步驟重複 n 次,可得 2^n 倍的 DNA 複製品。

Note

Chapter 9
生物與環境

ORGANISMS AND ENVIRONMENTS

回不去的鱈魚族群

當前地球上的海洋漁業資源，比起 1970 年代已經顯著減少。根據聯合國糧食及農業組織的報告，2018 年時，全球已有三分之一的魚類陷入**過度捕撈** (overfishing) 的陰影，若干研究報告也指出，部分大型魚類如鮪魚、鯖魚、鯊魚等，其族群自 1970 年代，已經減少達 70% 以上，換句話說，海中的這些大型魚類，如今數目只是 1970 年代的三分之一。大型魚類通常生殖次數較少，生長與成熟時間較長，因此族群增長也較慢。牠們參與食物鏈以及海洋生態的穩定，如果族群減少，將可能導致其他海洋生物族群的連帶波動或是不穩定。

北美洲東北方的紐芬蘭漁場，因天然資源與洋流交會，曾是世界四大漁場之一，其漁業資源極其豐富，尤其是體長可達近兩公尺的大西洋鱈魚 (*Gadus morhua*)。17 世紀的報告甚至指出，船隻在此航行於海面的魚群之間，隨手張網即可捕魚。自 1950 年代開始，大型的現代科技漁船開始在此海域進行捕撈作業，漁獲量大規模提高，不分大小皆在漁獲之列，卻將其中低價值的小型鱈魚個體直接丟棄於海中。到了 1960 年代末期，加拿大政府報告指出此處漁獲量已經出現快速下跌，至 1975 年更減少達 60%。1992 年，加拿大政府針對紐芬蘭漁場下達禁漁令。然而從此至今，鱈魚族群一直沒有恢復[註1]，數以萬計的漁民也因此失業，紐芬蘭漁場更衰退崩潰至近乎不復存在 (圖 1)。除了捕撈規模與速度遠遠超過鱈魚繁殖速度之外，生態學家研判，工業化的漁撈設備，也一併混合捕捉毛鱗魚 (*Mallotus villosus*) 與其他魚類，使鱈魚的主食來源減少，更加難以支持此地的鱈魚族群存活。

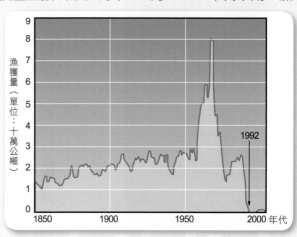

圖 1　紐芬蘭的鱈魚族群自 1990 年代崩潰殆盡

因此近年**永續漁業** (sustainable fishery) 的觀念不斷被提出，期望能夠以生態學的知識及角度，鼓勵消費者選擇對生態系影響較小、較能永續發展的魚種，以及減少過度漁撈對海洋生態的傷害。

註1　紐芬蘭的鱈魚族群，自 1992 年禁漁之後，至 2010 年都沒有再現。2011 年開始雖有少量回升，但 2018 年加拿大政府發現，在開放嚴格限制捕捉量的前提下，試行小規模恢復鱈魚捕撈兩次之後，鱈魚族群再次近乎消失。

生態學是生物學當中，探討範圍最為廣泛、尺度最為巨觀的一門學問 (表 9-1)。生物在所棲息的環境當中，如何生存、互動，以及與環境之間的各種交互作用，都是生態學家大有興趣、想要探究討論的現象議題。簡言之，生態學包含了環境當中，**生物因素** (biotic factor) 和**非生物性因素** (non-biotic factor) 之間的動態關係。

表 9-1　生態學的層次

	研究範疇	舉例
個體生態學 (organismal ecology)	特定物種在環境當中的生存特性。	1. 阿里山山椒魚 (*Hynobius arisanensis*) 能夠忍受的溫度範圍。 2. 日本鰻 (*Anguilla japonica*) 降海洄游產卵以後，鰻苗於何時出現於何處。
族群生態學 (population ecology)	特定棲地內的特定物種，其族群增減的原因。	1. 歐亞水獺 (*Lutra lutra*) 在金門地區族群的數量估計與族群波動。 2. 華南鼬鼠 (*Mustela sibirica taivana*) 在合歡山區的族群密度。
群落生態學 (community ecology)	同一地區，不同物種之間的關係，以及其交互作用帶來的影響。	1. 西伯利亞地區森林，西伯利亞虎 (*Panthera tigris altaica*) 與野狼 (*Canis lupus lupus*) 競爭獵物，對彼此的族群密度與結構帶來影響的現象。 2. 非洲獅 (*Panthera leo*) 的捕獵如何影響斑馬 (*Equus quagga*) 或是湯氏瞪羚 (*Gazella thomsoni*) 的族群消長。
生態系生態學 (ecosystem ecology)	特定區域內，不同的生物與非生物因素之間的動態變化。	能量的流動、化學元素的循環，以及這些變化對整體環境與其中的生物帶來的影響。

9-1 基礎生態學

地球上的各種物理化學因素，經由地質學與大氣科學原理的長年作用之下，累積塑造出各種大範圍的同質或相似質環境，生物棲息其中，稱為**生態群系** (biome)。生態群系可大致分為**水域生態群系**與**陸域生態群系**。

水域生態群系

　　水域生態群系占地表面積約有75%，可依其鹽度分為**淡水生物群系**與**海洋生物群系**。各種水域都有面積大小與深淺的差異，通常依照水深，可以分為較淺的**透光層**，與較深的**不透光層**（圖 9-1）。水生植物與浮游藻類可以在透光層行光合作用並生長，不透光層則因無法行光合作用，生物數量顯然較透光層少。而水域的底部則稱為**底棲層**，除了泥沙以外，通常是水生生物屍體最終沉落之處，作為底棲生物的食物來源。

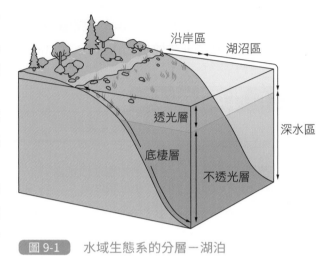

圖 9-1　水域生態系的分層－湖泊

一　淡水生物群系

　　淡水生物群系包含湖泊、池塘、溪流、溼地等。

1 湖泊

　　湖泊與池塘屬於靜止水系，而大小與深度，都能影響其生態條件發展。以湖泊為例，即分為為**貧養湖**（圖 9-2) 與**優養湖**（圖 9-3）。貧養湖的特徵是水深較深、溶氧較多、水中有機養分濃度較低；優養湖則是水深較淺、溶氧較少、水中有機養分濃度較高。

圖 9-2　美國洛磯山脈北部的貧養湖，清澈見底，溶氧量高

圖 9-3　優養化的湖泊，藻類大量滋生

野外湖泊如不受人為干擾，其狀態通常是貧養湖，水中藻類較少，清澈度佳。然而，如果有過多的氮與磷，透過農業廢水或是汙染進入湖中，將助長植物及藻類的生長，發生**優養化** (eutrophication)。優養化的水域中藻類大量增長，其族群密度的增加將減低水域透光性，因而弱化光合作用，使溶氧量減低。而當這些藻類死亡，在分解的過程中將進一步大量消耗氧氣，水中溶氧減少，將可能使魚類或其他水生動物缺氧而死。目前世界上諸多湖泊都受到優養化的影響，其中最為生態學家關注的優養化湖泊之一，是位於中亞地帶的裏海 (Caspian sea)(圖 9-4)，也是世界上面積最大的淡水湖泊。裏海的優養化，來自於其周邊國家與城市的工業與農業廢水排放。

圖 9-4　人造衛星於 2003 年從太空對裏海攝影，北方混濁區域顯示嚴重優養化

② 溪流

溪流與湖泊不同，由於流動的特性，溶氧量通常較為穩定。溪流的上游，通常河道狹窄、水勢湍急 (圖 9-5)；下游則相對寬闊，水勢緩慢。因此，同一條溪流不同區段，往往棲息不同種生物。例如上游的魚類或水生昆蟲，往往游動能力強，或吸附能力出眾，如鱒魚、蜉蝣；而下游的動物，游動能力與吸附能力通常不如上游動物，如泥鰍、底棲貝類等。

圖 9-5　七家灣溪是櫻花鉤吻鮭 (*Oncorhynchus masou formosanus*) 的天然棲地

③ 溼地

溼地 (圖 9-6) 被視為是水域與陸域生態群系交會之處，因其重疊特性，提供棲地環境豐富，**生物多樣性** (biodiversity) 往往頗高。溼地也可以作為洪水來臨時的緩衝。當溪流注入海洋，則在兩者交界處形成**河口生態群系** (圖 9-7)，此處鹽度介於淡水與海水之間，因此水生動物種類眾多，也吸引許多水鳥棲息。

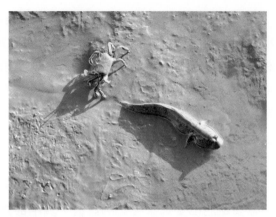

圖 9-6　丹頂鶴 (*Grus japonensis*) 在扎龍溼地棲息覓食

圖 9-7　位於高美溼地的出海口，生物多樣性豐富

二　海洋生物群系

　　海洋深度遠超過淡水環境，因此有明顯的透光層與不透光層。海洋的透光層約為深度 200 公尺以內，也是絕大多數海洋生物棲息的空間。藻類與浮游植物在此行光合作用，貢獻溶氧以外，也可作為動物的食物，穩定食物鏈。

　　珊瑚礁是熱帶沿岸淺海區域，珊瑚蟲與藻類共生，並經過造礁作用，累積起來的結構，分布在透光層，對海洋生物群系貢獻了重要的生產力，以及眾多的棲地選擇 (圖 9-8)。

圖 9-8　珊瑚礁提供多種海洋生物棲息

圖 9-9　深海區的魚類經常透過發光與銳利視覺，適應深海生活

　　無光線穿透的深海層，由於光線無法抵達，生產力低，加上水壓極高，因此居於此處的動物並不多，若非視覺退化，則往往透過發光，或發展出更加銳利的視覺 (圖 9-9)，來協助捕食與溝通，例如各種深海魚，與軟體動物如章魚、烏賊，甲殼類如蝦蟹，或是棘皮動物如海膽、海參等。

另外，由於海洋面積廣大，因此還可依其與陸地遠近，分為**遠洋區**、**淺海區**、與**潮間帶**。遠洋區由於面積廣闊，此處的動物通常體型碩大 (圖 9-10)，如鯨豚、鮪魚、鯊魚等。淺海區因有水下礁岩，可供躲藏之處較多，動物體型小於遠洋區，如海龜、烏魚、鯖魚、緋魚等，物種多樣性也高於遠洋區 (圖 9-11)。潮間帶是沿岸與海洋接觸的區域，介於海水漲潮與退潮之間的地帶。此處生物通常具有較佳的吸附或抓取能力，以適應海水的拍擊 (圖 9-12)，例如海螺、章魚、螃蟹、海膽、海星等。

圖 9-10　遠洋區成群活動的鐮狀真鯊 (*Carcharhinus falciformis*)

圖 9-11　淺海區的生物多樣性通常高於遠洋區

圖 9-12　潮間帶的生物需適應海水拍擊與漲退潮

陸域生態群系

陸域生態群系形塑的過程中，受到非常多的氣候以及地形因素影響，尤其是溫度與降雨量。地球因自轉軸角度並非垂直其公轉平面之故，日光照射於地表時，各地所受日照不均，因而接受的輻射熱能也不同，可大致分為**熱帶氣候區**、**溫帶氣候區**，與**寒帶氣候區**。熱帶地區受日光直射，年均溫與降雨量皆為最高；溫帶氣候區日光主要為斜射，年均溫與降雨量屬於中等，並有四季分明的現象；寒帶地區日光照射量低，年均溫與降雨量皆為最低。

　　如再加入地形因素，陸域生態群系還可進一步發展，細分為**熱帶森林**（圖 9-13）、**莽原**（圖 9-14）、**沙漠**（圖 9-15）、**溫帶草原**（圖 9-16）、**溫帶闊葉林**（圖 9-17）、**針葉林**（圖 9-18）、**苔原**（圖 9-19）、**極地冰原**（圖 9-20）等諸多生態群系。其整理如表 9-2，陸域生態群系中，生物多樣性及生產力最高的生態群系是熱帶森林。

ⓐ 熱帶森林樹木高度可達八十公尺以上，依植株高度，往往有不同種類生物分層棲息

ⓑ 婆羅洲熱帶森林的紅毛猩猩 (*Pongo pygmaeus*)

▊圖 9-13　熱帶森林

ⓐ 非洲的莽原景觀

ⓑ 在莽原上活動的白犀牛 (*Ceratotherium simum*) 與非洲象 (*Loxodonta africana*)

▊圖 9-14　莽原

ⓐ 降雨量極低的沙漠

ⓑ 出沒於沙漠中的沙鼠 (*Meriones unguiculatus*)

圖 9-15　沙漠

ⓐ 溫帶草原景觀

ⓑ 棲息於溫帶草原上的美洲野牛 (*Bison bison*)

圖 9-16　溫帶草原

ⓐ 溫帶闊葉林景觀

ⓑ 棲息於溫帶闊葉林的野狼 (*Canis lupus lupus*)

圖 9-17　溫帶闊葉林

ⓐ 針葉林景觀

ⓑ 棲息於針葉林的棕熊

圖 9-18 針葉林

ⓐ 苔原景觀

ⓑ 棲息於苔原的馴鹿 (*Rangifer tarandus*)

圖 9-19 苔原

ⓐ 極地冰原的景觀

ⓑ 虎鯨 (*Orcinus orca*) 正靠近一隻浮冰上的食蟹海豹 (*Lobodon carcinophaga*)

圖 9-20 極地冰原

表 9-2　陸域生態群系特性

生態群系	溫度範圍	年雨量	地區	特性
熱帶森林	20 ～ 25℃	200 ～ 400 公分	赤道附近，包含亞洲、非洲、美洲	終年溫暖，降雨豐沛。樹叢常有垂直分層現象，動物依其習性居於不同高度。常見猿猴與鳥類活動於樹木高處枝葉，蛇、蛙、昆蟲則在較為低處陰暗灌叢活動。
莽原	20 ～ 30℃	30 ～ 50 公分	非洲、澳洲	又稱稀樹草原。降雨不豐、集中於夏季，冬季乾燥少雨。土地貧瘠，植物往往在降雨後快速生長。常有野火，促成地面植被更新。常見代表性動物有斑馬、羚羊、犀牛、長頸鹿、獅子、花豹、袋鼠、白蟻。
沙漠	–5 ～ 40℃	低於 25 公分	熱帶沙漠：非洲 溫帶沙漠：北美西部、蒙古	遠離海洋季風吹拂地帶，或是受山脈阻隔水氣，降雨量極少，極不規則。日夜溫差大。植物儲水能力發達，動物則相當適應乾燥逆境。常見代表性植物如仙人掌，常見代表性動物如蛇、昆蟲、蠍子、蜘蛛。
溫帶草原	–20 ～ 30℃	25 ～ 40 公分	歐亞大陸內部、北美內部	降雨量少，缺乏大型樹木。冬冷夏熱，四季分明。動物棲息於地面。常見代表性動物如響尾蛇、野兔、土撥鼠、田鼠、野馬、野牛。
溫帶闊葉林	–30 ～ 30℃	60 ～ 150 公分	北美、歐洲、東亞	降雨充分平均，冬冷夏熱，四季分明。植株形態豐富，動物棲地與多樣性豐富。常見代表性動物如鹿、野豬、野兔、野鼠、山獅、山貓、野狼、老虎、熊、鳥類、蛇、蛙、昆蟲。
針葉林	–40 ～ 20℃	30 ～ 90 公分	北美、歐洲、中亞、東北亞	分布於溫帶地區或是高海拔地區，是地球上總面積最大的陸域生態群系。冬季降雪，夏季較為短暫。常見代表性植物有松、柏、杉；常見代表性動物有野兔、松鼠、麋鹿、野狼、山獅、山貓、熊，與較為耐寒的鳥類。
苔原	–40 ～ 18℃	15 ～ 25 公分	北美、北歐、北亞	土壤具有永凍層，年均溫低、降雨量少，風速強勁，不利大型植物生長。常見代表性植物如苔蘚、地衣、小型草與小灌木。常見代表性動物如馴鹿、北極狐、旅鼠、寒帶鳥類。暖季常有昆蟲繁殖。
極地冰原	–40 ～ 10℃	—	北極、南極	年均溫極低，地面為冰雪覆蓋，少有液體水。植物稀少。主要代表性動物如北極熊、北極狐、海豹、企鵝、齒鯨，以及海域中的蝦蟹魚類。

9-2 族群生態學

族群 (population) 的定義為特定時間內，棲息在同一區域的相同物種，所組成的群體。族群生態學探討族群大小的改變，以及可能造成其改變的因素。因此**族群大小** (population size)、**族群年齡結構** (population age structure)，以及**族群密度** (population density)，都是族群生態學觀測評估的重點。

族群密度

族群密度是單位面積當中，單一物種的個體數。例如：森林中每平方公里藍腹鷴 (*Lophura swinhoii*) 的數量；草原上每平方公里非洲象 (*Loxodonta africana*) 的數量。族群密度可以透過觀測，進行估計換算而得。族群密度受到多種因素影響。個體出生或遷入棲地，族群密度將增加；個體死亡或遷出棲地，族群密度將減少。

族群年齡結構

族群年齡結構則與族群的未來發展有密切的關聯。**族群金字塔**是透過對族群中，各年齡個體的調查統計，藉以評估族群年齡的現況。族群金字塔可分為**增長型**、**穩定型**，與**衰退型**。如果族群年齡結構發生老化，則族群的的生殖與增長潛力將下降，可能衰退，影響未來的發展。如果族群年齡結構過於年輕，則該族群短期之內可能無法使其個體數目有效增長。族群結構也可能因為環境變遷而發生異常，例如雨量減少，導致乾旱襲擊，植物產量減少，可能使以此植物為食的鳥類更難取得食物，其營養與繁殖受到限制，因而導致該種鳥類某年齡層的個體大幅減少。

生活史

族群存活曲線的差異，也與物種的**生活史** (life history) 有關。生活史是有關生物體生命週期及各階段生物學差異的理論。經過長時間的演化，不同的生物體往往會在成長、繁殖行爲、壽命等方面取得一定平衡取捨。由於生物學上的各種條件與限制，因而導致每一種物種的生活史內涵都是獨特的。物種的壽命長短，也影響其生活史模式的形塑。

以動物為例子說明 (表 9-3)，**機會主義生活史** (opportunistic life history) 的物種，通常具有體型較小、壽命較短的生物學特徵，因而經常快速達到性成熟加入繁殖，並且可以採用**大爆發** (big bang) 生殖的方式，產生大量的子代，以延續族群存活。然而，

大量繁殖子代的動物，往往也無法提供每一個子代良好品質的親代照護，例如美洲蟑螂 (*Periplaneta americana*)、翻車魚 (*Mola mola*)(圖 9-21)。

　　另一種模式則是**平衡主義生活史** (equilibrial life history)。採用此種生活史策略的物種，通常體型較大、壽命較長，也需要較長的時間才能達到性成熟，同時產生子代數目也較少。然而由於親代照護行為較為完善，牠們的年幼個體存活率因而也相當高，例如灰熊 (*Ursus arctos horribilis*)、大冠鷲 (*Spilornis cheela*)(圖 9-22)。

表 9-3　機會主義生活史與平衡主義生活史的對照

	機會主義生活史	平衡主義生活史
棲息環境	變數較多，不穩定	變數較少，相對穩定
壽命	較短	較長
體型	較小	較大
性成熟	較快	較慢
繁殖次數	較多	較少
繁殖子代數	較多	較少
幼體死亡率	較高	較低
親代照護	缺乏	良好

圖 9-21　翻車魚體型碩大，一次可產三億顆卵

圖 9-22　大冠鷲產卵數較少，育幼成效較佳

空間分布模式

物種族群在棲息地中的空間分布模式，也可以提供牠們的生物學資訊。空間分布模式有三種：**叢聚** (clumped) 模式、**均勻** (uniform) 模式、與**隨機** (random) 模式 (圖 9-23)。

叢聚模式在自然環境中最為常見，通常個體會出現在靠近資源的地方活動，聚集共同生活，除了可以共同防禦天敵以外，叢聚也有助於個體互動、繁殖、育幼。常見的叢聚例子如：非洲莽原的大象、獅子；太平洋海域的抹香鯨 (*Physeter macrocephalus*)(圖 9-23a)；臺灣山區的臺灣水鹿 (*Rusa unicolor swinhoii*) 等。

均勻模式的物種，常在棲息個體之間保持一定距離，互不重疊，且有個體領域習性，此為自然資源有限，個體之間有所競爭，所造成的現象。例如南極大陸的國王企鵝 (*Aptenodytes patagonicus*)(圖 9-23b)；南亞叢林中的孟加拉虎 (*Panthera tigris tigris*) 等。

隨機分布模式的族群，無法預測其出現位置以及密度，有時出現大規模叢聚，但密度不均，或是在其邊緣地帶仍有一定數量的個體。蒲公英 (*Taraxacum spp.*)(圖 9-23c) 與紫花酢漿草 (*Oxalis corymbosa*) 即屬於隨機分布模式的物種。

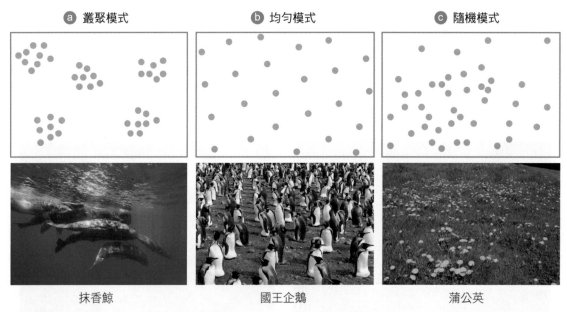

| ⓐ 叢聚模式 | ⓑ 均勻模式 | ⓒ 隨機模式 |

抹香鯨　　　　　　　　國王企鵝　　　　　　　　蒲公英

圖 9-23　自然環境中的物種族群分布模式

族群的波動

　　值得一提的是，族群數量在棲息地中雖會增長，但也會有衰減的時候。增長與衰減有可能會有週期性的波動，可由長時間監測得知。除了受到氣候因素影響以外，也可能受到不同物種間的關係所影響。

　　例如北美森林的雪靴兔 (*Lepus americanus*) 以及山貓 (*Lynx canadensis*) 的族群，就有週期性的增減特性 (圖 9-24)，其週期約為十年。雪靴兔是山貓的主食之一。若氣候良好，使植物資源增加，或是來自於其他天敵的捕食壓力減輕，雪靴兔的族群將獲得增長的機會。雪靴兔族群的增長，使山貓捕食的雪靴兔來源增加，營養有利於山貓繁殖下一代。山貓繁殖個體數目增加時，雪靴兔受到的捕食壓力也隨之增加，因而使雪靴兔的族群受到抑制，甚至減少。雪靴兔族群數量的減少，也減少了山貓的食物來源，使山貓的繁殖受到影響，山貓的族群數量因而會隨之下降。等到捕食壓力減輕，以及植物資源增加，雪靴兔的族群數量又會再次爆發上升，再次與山貓的族群進入下一週期的波動。

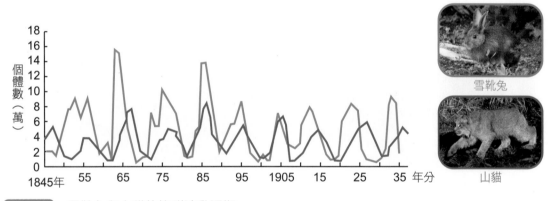

圖 9-24　雪靴兔與山貓的族群波動週期

　　族群生態學的知識，經常被運用在資源管理、外來物種應對措施、生物保育策略評估，以及生物防治。

生物專欄

從外來種到入侵種

　　由於地理與地形隔絕的緣故，特定的生物通常在固定的地區生存，極少跨界拓展到其他的地方。如果在某地區原先沒有自然分布棲息，而是經由人為方式，有意或無意引入的新物種，稱為**外來種** (alien species)。引入的途徑，包括走私、寵物逃逸、放生，或是園藝伴隨夾帶等。外來種如果在新環境無法適應，則終將無法繁衍而絕跡；而如果在新環境適應，建立穩定族群，此過程稱為**歸化** (naturalization)。然而，外來種若是在新環境建立穩定族群，沒有天敵控制其數量，又有繁殖速度快的特性，則此物種將與原生物種在同一棲地競爭，此時即稱為**入侵種** (invasive species)。入侵種可能對當地生態造成不可逆的破壞，也可能危害人類的經濟或生活。例如：

❶ 福壽螺

　　原產於南美洲亞馬遜河的福壽螺 (*Pomacea canaliculata*)(圖 9-25)，體型大、繁殖力強，又具備抵抗長期乾旱的能力，在少有其天敵的臺灣、美國、泰國，皆已造成巨大的農業損失。

圖 9-25　福壽螺

圖 9-26　非洲大蝸牛

❷ 非洲大蝸牛

　　非洲大蝸牛 (*Achatina fulica*)(圖 9-26) 原產於東非，體型碩大，繁殖與成長迅速，壽命長達數年，目前已廣泛擴散至亞洲、大洋洲，以及美洲，與福壽螺同樣造成巨大的農業損失。

❸ 海蟾蜍

　　海蟾蜍 (*Bufo marinus*)(圖 9-27) 原產於中南美洲，由於 20 世紀初時，被引進波多黎各進行甘蔗的害蟲防治，取得成功，因此自 1930 年代開始，環太平洋地區相繼引進海蟾蜍作為農作物害蟲的防治，包括夏威夷、澳洲、斐濟、菲律賓等。但海蟾蜍體型碩大，幾乎以一切體型比牠們小的動物為捕食對象，產卵數量數以千計，其蝌蚪可在高鹽度水域存活，成體又具有比其他種蟾蜍更為強烈的毒性，以及乾旱的忍受能力，在其入侵地區往往沒有天敵可以控制其族群，因此已經造成許多地區

的小型動物生態危害。臺灣於 2021 年底，在中部地區發現有海蟾蜍的族群。由於海蟾蜍對生態破壞力極強，目前正由專家學者與社區民眾合作，進行積極的移除措施。

圖 9-27　海蟾蜍

圖 9-28　吳郭魚

❹ 吳郭魚

吳郭魚 (*Oreochromis mossambicus*)(圖 9-28) 原先以水產養殖目的引入至世界各地，但吳郭魚為雜食性，對各種水質環境適應皆良好，繁殖與成長速度快，又有口孵與護幼習性，因此極易壓縮或是剝奪原生魚種的棲息空間，甚至將其取代。

❺ 螯蝦

原產於美國的螯蝦 (*Procambarus clarkii*)(圖 9-29)，在以水產養殖目的引入歐洲、亞洲、非洲等地區之後，因其繁殖迅速，耐旱能力佳，又會捕食各種水生動物，以及掘洞棲息，已經造成各地的水域生態破壞。

圖 9-29　螯蝦

圖 9-30　大閘蟹

❻ 大閘蟹

另一種與美國螯蝦齊名的甲殼類入侵種，則是原產於中國，俗稱大閘蟹的中華絨螯蟹 (*Eriocheir sinensis*)(圖 9-30)。在美國造成淡水生態危機，在歐洲除了生態危機之外，更造成水管系統的破壞。

以上物種皆列名「世界百大外來入侵種」(100 of the World's Worst Invasive Alien Species) 名單之中，由國際自然保護聯盟 (International Union for Conservation of Nature and Natural Resources, IUCN) 的專家員會於 2014 年提出。

臺灣近年尚有鳥類的入侵種。白尾八哥 (*Acridotheres javanicus*)(圖 9-31) 原產東南亞的蘇門答臘、馬來半島一帶。寵物逸出，或是特定的放生行動，是導致其擴散至臺灣各地的主因。由於適應性強，甚至交通號誌管洞也可成為築巢選擇，近年在臺灣繁衍迅速，族群大增。其性情兇悍又有群聚特性，壓迫其他鳥類生存空間，警覺性又高，難以有效移除。除了雜食性選食廣泛之外，更會直接攻擊或捕食比牠們體型小的鳥類及鳥蛋。根據監測，牠們在臺灣的數量，2009 年至 2013 年，即增加 1.97 倍，增長速度非常快。

圖 9-31　白尾八哥

圖 9-32　流浪動物也具有造成生態傷害的潛勢

另外，在許多地區，野貓與野犬，由於攻擊性強，有時候也有人定期餵食，使其族群更易穩定生存，使其傷害原生物種的事件數目大為增加 (圖 9-32)，如穿山甲 (*Manis pentadactyla pentadactyla*)、石虎 (*Prionailurus bengalensis chinensis*) 等。因此其對生態環境之影響，也被視為與入侵種同等。

9-3 群落生態學

將尺度擴大到涵蓋範圍更廣的生態群系時，生態學家發現特定的物種，在環境中都具有特定的資源需求，以及所扮演的生態角色。例如被中國視為國寶動物的大貓熊 (*Ailuropoda melanoleuca*)，居住於特定山區，水源充足，以特定種類的竹子為食，偶爾取食小型哺乳類動物或鳥蛋，壽命約 15 至 20 歲。北極熊 (*Ursus maritimus*) 居住於極圈平原，以海豹或海象等動物為食，並具備海中長泳能力，壽命約 25 歲。由此可見，同樣屬於熊科，大貓熊與北極熊的生物特性已經極為不同。歐亞水獺居住於無汙染的水域地帶，以中小型魚類為主食，與熊科動物的需求更加不同。而美洲野牛居住於廣大的溫帶草原地帶，有群居習性，除了以草為食之外，牠們也是肉食性動物如灰熊與灰狼的食物來源。

每一種物種對環境資源的要求，例如棲息的地形、氣候、溫度、食物種類、大小、日夜活動、繁殖習性、與其他物種的互動關係等，都是獨特的。生態學家將其總成起來，以**生態棲位** (ecological niche) 的概念描述之[註2]。

族群間的關係

　　群落生物學研究的主題是兩種以上的生物族群彼此之間的關係。

一　競爭

　　競爭 (competition) 往往發生在生態棲位相似的物種之間，例如非洲莽原的獅子和斑點鬣狗 (*Crocuta crocuta*)(圖 9-33) 都是肉食性動物，棲地重疊，即有競爭食物的關係。臺灣近年的入侵種斑腿樹蛙 (*Polypedates megacephalus*)(圖 9-34a) 與 原 生 種 布 氏 樹 蛙 (*Polypedates braueri*)(圖 9-34b) 在野外棲息環境重疊，也是空間競爭關係。而同一物種之內也可能發生競爭，例如同一森林區域內的老虎，即常有年老個體和年輕個體的競爭，年輕個體往往較有優勢，取得較多的空間與食物。

圖 9-33　　斑點鬣狗

ⓐ 入侵種的斑腿樹蛙

ⓑ 原生種的布氏樹蛙

圖 9-34　　斑腿樹蛙與布氏樹蛙

註2　生態棲位又名小生境，而棲位 (niche) 一詞來自法文，原意是指歐洲人在建造房屋建築時，在牆內設計一凹洞，用以擺放神像或是裝飾品，此凹洞在建築學上稱為壁龕。由於每一個壁龕的位置、大小、形狀、裝飾、顏色，以及擺放的物品都有所不同，因此延伸用於描述獨特性質的收集與擺放之處。

二 捕食

捕食 (predation) 發生時 (圖 9-35)，**獵物**的族群將受到**捕食者**的抑制，捕食者將從獵物取得營養維持生命。

而不同族群的捕食關係，在長久的**天擇** (natural selection) 之下，也發展演化出許多方式達成適應。有些動物演化出**隱蔽色**，讓自己得以在環境中偽裝，不被發現，例如樹叢裡的枯葉蝶 (*Kallima inachus*)(圖 9-36)、雪地裡的北極兔 (*Lepus arcticus*)。

圖 9-35　花豹 (*Panthera pardus pardus*) 捕食野豬 (*Potamochoerus larvatus*)

有些動物則演化出**警告色**，藉由鮮豔的色彩，如紅色、黃色、黑色等組合，顯示自己具有毒性或是難以接受的味道，令其捕食者從接觸經驗中學習懂得躲避，因此得以免遭獵食。如中美洲雨林中，箭毒蛙科 (Dendrobatidae) 的眾多種毒蛙 (圖 9-37)，以及北美平原的臭鼬 (*Mephitis mephitis*)。

圖 9-36　枯葉蝶的隱蔽色

圖 9-37　草莓箭毒蛙 (*Oophaga pumilio*) 的警告色

有些獵物的外形模仿成另一種物種，稱為**擬態** (mimicry)。**貝氏擬態** (Batesian mimicry) 是模仿成有毒或有攻擊性的另一種物種，例如分布於北美的王蛇屬 (*Lampropeltis spp.*) 蛇類，其體色條紋與有劇毒的珊瑚蛇屬 (*Micrurus spp.*) 蛇類極為相似 (圖 9-38)，因而有助於減低其被天敵捕食的機率。有些蛾在其翅面上有顯而易見的眼斑，模仿猛禽的眼睛，使其展翅時，天敵不敢靠近。

ⓐ 無毒的猩紅王蛇 (*Lampropeltis elapsoides*)　　ⓑ 劇毒的德州珊瑚蛇 (*Micrurus tener*)

圖 9-38　貝氏擬態

　　穆氏擬態 (Müllerian mimicry) 則是兩種具有相似防衛手段的物種，例如同樣具有毒性或難吃的味道的蛾，演化出極為相似的外觀 (圖 9-39)，使捕食者對兩種物種同樣忌避，兩種物種因此而皆得益，存活率皆得以增加。

ⓐ　　　　　　　　　　　　　　　　　　　　　　ⓑ

圖 9-39　穆氏擬態

ⓐ 帝王蛺蝶 (*Danaus plexippus*) 與 ⓑ 總督蛺蝶 (*Limenitis archippus*) 為不同物種，但對具有同樣難以入口的特性，以及極其相似的外觀。

三 寄生

寄生 (parasitism) 的關係裡，必有**寄生蟲**與**寄主**。常見的例子如多種致病菌及病毒，或是多種的昆蟲、蟎、蜱等，往往吸附在哺乳動物的身上吸取血液為食。另外也有些體內寄生蟲，如條蟲、吸蟲等，寄生在寄主的消化道中 (圖 9-40)。寄生蟲往往對寄主有選擇性，構成複雜的生活史，也造成寄主生存或繁殖的障礙，嚴重時可能影響寄主的族群數量。

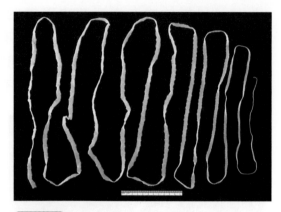

圖 9-40　條蟲

四 共生

互利共生 (mutualism) 建立在兩種動物的互動關係，可以為彼此都帶來益處。例如螞蟻與蚜蟲 (圖 9-41)，由螞蟻提供蚜蟲保護，免於天敵的騷擾，而蚜蟲則在吸食植物汁液時，從尾部排出蜜露，螞蟻可以此為食。其他的互利共生範例尚有海葵與小丑魚，前者提供小丑魚保護，後者則可清除海葵的寄生物或壞死組織，維持海葵的健康。

片利共生 (commensalism) 發生時，僅有一方得益處，另一方則未得益處也未受其害。例如鮣魚 (*Echeneis naucrates*) 游泳能力不佳，其背鰭特化成吸盤，吸附在鯊魚、海龜等泳速較慢的大型海洋生物身上 (圖 9-42)，藉機撿拾牠們吃剩的食物為食。此過程之中，鮣魚獲得額外的食物，而被其吸附的鯊魚或海龜並未因其吸附而受到損害，與寄生不同。

圖 9-41　螞蟻與蚜蟲的互利共生關係

圖 9-42　鮣魚吸附在大型魚類身上，形成片利共生

群落中的物種多樣性

在群落生態學中，生態學家也關心著群落中的**物種多樣性** (species diversity)。在群落裡，若有某種物種的族群占其中最大之比例或生物量，稱為**優勢種** (dominant species)，例如岩礁地帶的藤壺，或是沙灘上的招潮蟹。

而有些物種，在其所屬的生態群落中，所占的生物量很小，但其族群卻對此生態群落有非常高的影響程度，則稱為**關鍵物種** (keystone species)。例如北美西岸，研究人員將紫色海星 (*Pisaster ochraceus*)(圖 9-43) 移除，不久之後發現，海星的主食加州貽貝 (*Mytilus californianus*)(圖 9-44) 因缺乏天敵而大量增加，卻在此棲息地與其他藻類、藤壺，以及貝類發生空間資源競爭，使其他生物族群數量下降，也導致物種多樣性下降[註3]。

圖 9-43　潮間帶的紫色海星

圖 9-44　加州貽貝是紫色海星的主食之一，右下角有一隻正在捕食貽貝的紫色海星

而在東亞地區，西伯利亞虎的族群數量因人為獵殺而下降，結果導致同區域的野狼族群，在缺乏競爭對手以及抑制者的情況下，得以繁殖，提高族群數量，反而更加頻繁造成牠們對草食動物以及人類的威脅，增加生態不穩定性，西伯利亞虎因而也同樣扮演此區域的關鍵物種的角色。

註3　紫色海星因而被認為是潮間帶生態的健康指標之一。

生物專欄

復育之路

地球上的多種生物正面臨即時性的滅絕危機。根據最具權威的生物多樣性狀況指標，由國際自然保護聯盟 (IUCN) 訂定的瀕危物種紅色名錄，俗稱紅皮書，在 2012 年的報告指出，經調查評估的 63,837 種物種裡，有 19,817 種面臨存續威脅 (圖 9-45)。當中，3,947 種極危、5,766 種瀕危，與超過 10,000 種易危。面臨威脅的物種，包含兩生類中的 41%、造礁珊瑚中的 33%、針葉樹中的 30%、哺乳動物中的 25%，以及鳥類中的 13%。

滅絕
- EX 滅絕（Extinct）
- EW 野外滅絕（Extinct in the Wild）

受威脅
- CR 極危（Critically Endangered）
- EN 瀕危（Endangered）
- VU 易危（Vulnerable）

暫無危機
- NT 近危（Near Threatened）
- LC 無危（Least Concern）

圖 9-45 IUCN 的物種瀕危分級

這些數據年年都在增加，而訂定保育政策，希望能及時挽救這些物種免於滅絕的命運，更積極的措施則是研擬對物種進行復育。當今的物種滅絕危機，除了人類的獵捕採伐之外，產業汙染、車禍，以及**棲地破碎化** (habitat fragmentation)，都是主要因素之一。如果需要對物種進行保育，一塊完整的棲息地是不可或缺。

物種復育牽涉到的專業知識與考量非常多。以歐亞水獺 (圖 9-46) 為例，復育計畫需要對歐亞水獺的生態棲位知之甚詳，例如棲地型態、地形、水質、鹽度、氣溫變化、溼度、食物種類、棲息地植被種類、行動領域面積、繁殖條件與行為、人為干擾程度等。另外也需要評估候選棲息地或保護區的乘載量，並且須注意再引入的

圖 9-46 歐亞水獺是復育中的指標性物種

水獺個體年齡、雌雄的數目比例、基因的健康程度，還要長期監測存活率與繁殖成功率，是否干擾原地生態，隨時調整復育措施，排除障礙因素。

復育計畫必須長期執行，非僅數年即可見效果。除了經費的需求以外，如果棲息地區域附近有居民或其他事業，還需要配搭政策與協商支持，達成共識，才能更加順利達成復育的目標。目前全球復育歐亞水獺的計畫當中，最成功的案例在荷蘭。1988 年，荷蘭政府宣布歐亞水獺在境內絕跡。1997 年，在專家學者的投入與荷蘭政府的長期支持之下，開始水獺復育。到了 2015 年左右，野生水獺的數目已從計畫起初之時引入的約 30 隻，增加到約 150 隻（資料來源：2015 瀕危小型食肉目動物繁殖和再引入國際研討會，臺北市立動物園）。而除了歐亞水獺之外，世界各地的多間研究機構也正在努力研擬或執行其他物種的復育計畫。

生物專欄

生物防治

在環境當中，有些植物被馴化成作物之後，仍然面臨病蟲害的威脅。而當某種物種遭到其他物種的寄生或是捕食，造成農業或是生態的威脅，可以考慮採用**生物防治** (biological control) 的方式來進行介入。生物防治的原理是透過天敵捕食的關係，對危害作物或生態的物種進行族群抑制，因而幫助提高作物的產量，或是生態系的穩定，同時也減少化學防治藥劑對環境的影響。

常見的案例有：利用瓢蟲消滅菜園的蚜蟲以及果園的介殼蟲；利用家鴨啄食福壽螺、寄生蜂 (圖 9-47) 抑制蛾類幼蟲危害菜園；還有在珊瑚礁區利用大法螺 (*Charonia tritonis*)(圖 9-48) 獵食能造成珊瑚嚴重破壞的棘冠海星 (*Acanthaster planci*)(圖 9-49)。

生物防治雖巧妙利用物種與族群之間的關係，然而使用時須要小心評估，以避免選用進行生物防治的物種族群，一經引入防治地區時，反而選擇取食其他原生物種，或與原生物種產生競爭，成為入侵種，造成意想不到的生態失衡，以及生物多樣性的破壞。例如海蟾蜍的引入，原意是為了控制農作害蟲，在澳洲與夏威夷卻更加傾向於捕食其他小型動物，造成原生物種生態危機。大肚魚 (*Gambusia affinis*) (圖 9-50) 原產北美南方與中美洲地帶，由於耐汙染、繁殖力旺盛，又能獵食孑孓，故在二十世紀時，被世界各地引入水塘，用以防治病媒蚊。然而，適應能力強盛的大肚魚，卻在各地與原生物種競爭食物，甚至獵食原生的幼魚和蝌蚪，造成諸多地區原生魚類與兩生類的減少。

圖 9-47　遭寄生蜂 (*Cotesia congregata*) 寄生的天蛾 (*Manduca sexta*) 幼蟲

圖 9-48　大法螺體型巨大，是海星的天敵

圖 9-49　棘冠海星啃食珊瑚造成白化

圖 9-50　大肚魚成為各地水塘的強勢入侵種

9-4 生態系

食物鏈與食物網

在群落之內，各種物種族群之間的關係，構成了**生產者** (producer)、**消費者** (consumer) 以及**分解者** (decomposer)。生產者為能行光合作用的植物，為**初級消費者**，即**植食性動物** (herbivore) 取食。植食性動物被**肉食性動物** (carnivore) 捕食，此肉食動物稱為**次級消費者**。能捕食次級消費者的肉食動物則稱為**三級消費者**，依此向上類推，最高至**四級消費者**。此取食關係稱為**食物鏈** (food chain)(圖 9-51)。而分解者則是以細菌和真菌為主，負責將動植物遺體，與動物糞便中的有機物消化，令其內含元素重新進入自然界。

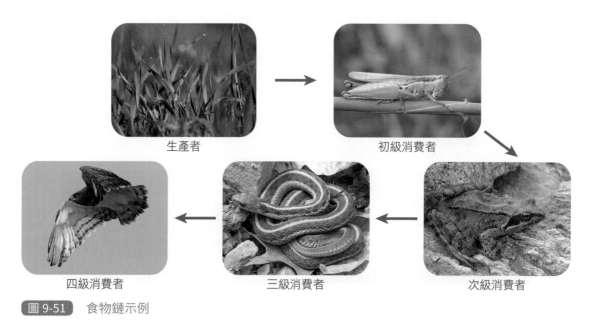

生產者　　　　　　　　　　　　　　初級消費者

四級消費者　　　　三級消費者　　　　　　次級消費者

圖 9-51　食物鏈示例

另外也有些特殊的動物扮演**清除者** (scavenger) 和**食碎屑者** (detritivore) 的角色，前者如禿鷹，取食動物遺體；後者如蚯蚓和小型無脊椎動物，取食來自生物體的腐質。兩者都可加速生物體的有機成分重新進入自然界循環的過程。

而自然環境裡的生物多樣性使然，在生態系中，通常是眾多物種的多條食物鏈，一起參與建構成**食物網** (food web)(圖 9-52)，形成更加複雜的生物間交互作用。

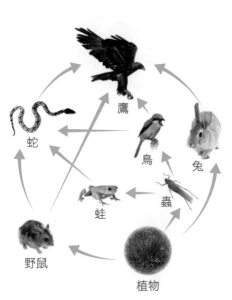

圖 9-52　食物網示例

圖 9-53　生物放大作用
愈大型的魚類，汞蓄積量愈多。

生物放大作用

　　食物鏈的結構，也牽涉到工業革命之後，進入自然環境的化學汙染，對消費者所帶來的影響。由於工業產生的化學產品或汙染物，其成分多數難以被生物體代謝分解，也就在生物體內發生累積，稱為**生物蓄積** (bioaccumulation) 現象。而這些無法被分解的化學成分，經由食物鏈的攝食作用，將逐步累積在更高級的消費者體內，濃度也隨著消費者階層升高而增加，稱為**生物放大作用** (biological magnification)(圖 9-53)。

　　例如工廠流出的含汞廢水，流進海洋，海中的初級消費者攝食漂浮在含汞水質的浮游藻類，次級消費者再以許多初級消費者為食，三級和四級消費者繼續取食許多前一階層的動物。到了頂級消費者的階層時，汞的濃度將累積達到食物鏈裡的最高等級。海中的頂級消費者，往往都是大型動物，若與較小型的魚類，如沙丁魚 (*Sardina pilchardus*) 相比，頂級消費者如鯨豚、鯊魚、鮪魚、旗魚等，其體內的汞濃度顯著高於較小型的魚類，因此學者不建議民眾平日過於頻繁以大型魚類作為食用的選擇。與汞同等具有嚴重健康傷害性質的，還有被稱為世紀之毒的**戴奧辛** (dioxin)。

近期為全球生態學家關注的另一種汙染物則是**塑膠微粒**（圖 9-54）。塑膠微粒是非常微小的塑膠成分碎片，由塑膠製品及廢棄物逸出，直徑 5 公釐以下，甚至須以顯微鏡才能發現，也無法在自然界中分解。塑膠微粒在海中漂浮，進入浮游生物體內，再由初級或以上的消費者攝食，同樣有生物放大作用的現象。目前歐美學者已經在全球多種海洋魚類的體內檢驗出塑膠微粒的存在，其對生態系、漁業，以及海洋動物健康的衝擊尚在研究評估當中。

圖 9-54　研究人員從環境樣本中分離的眾多塑膠微粒

生物放大作用於 1962 年開始受到注意。美國海洋生物學家兼作家瑞秋・卡森 (Rachel Carson, 1907 ～ 1964)（圖 9-55）在其代表作《寂靜的春天》(Silent Spring)，傳達了美國境內的鳥類保護區，在大規模使用殺蟲劑 DDT 撲滅病媒蚊之後，鳥類族群數量開始驟減的警訊。DDT 是一種對防治瘧疾效果良好的殺蟲劑，然而其具有不易代謝分解的特性，又會累積在脂肪組織中，產生生物放大作用。除了對魚類有劇毒以外，鳥類在取食含有 DDT 的魚類之後，高濃度的 DDT 對其內分泌及生殖系統產生干擾，產下的鳥蛋，蛋殼過軟，因而常在孵化之前破裂，導致胚胎夭折。而有美國國鳥之稱的白頭海鵰 (Haliaeetus leucocephalus)（圖 9-56）族群，甚至幾乎因此而滅絕。美國政府於 1972 年明令禁用 DDT 之後，鳥類的生態才漸漸恢復。

圖 9-55　瑞秋・卡森肖像

圖 9-56　白頭海鵰

元素循環

　　化學元素經由食物鏈的作用，在生態系中循環不息。生產者在進行光合作用的同時，也將所處環境的各種陸域或水域的元素，吸收入自身體內，成為其成分。初級消費者取食生產者，也將一部分的這些成分吸收入體內，轉化為其自身成分，同時排泄作用也將一部分的元素，以廢棄物的形式，釋放回到環境。次級以及更高級的消費者，重複此一現象。而分解者則將生物遺體中的成分，經由化學作用，分解還原成最簡單的分子或元素，將其再度釋出，返回環境。下一階段的生產者，又再一次將這些元素吸收，重複上述步驟，至下一階段的分解者完成分解作用。**碳循環** (carbon cycle)、**磷循環** (phosphorus cycle)，以及**氮循環** (nitrogen cycle)，是生態系中最重要的三種元素循環。

━━ 一　碳循環

　　碳循環 (圖 9-57) 運作的時候，碳在土壤、生物體以及大氣之間循環分配。光合作用將大氣中的二氧化碳，經由固碳反應加入生產者體內，成為醣類與其他物質。生產者的碳源經由攝食作用加入各級消費者，當生產者與消費者死亡之後，由分解者將其遺體分解，其內含的碳重新釋出回到環境當中。而近代人類社會大量使用木材和各種石化燃料，在燃燒的過程中釋出大量的二氧化碳到大氣當中，使大氣的碳含量不平衡，除了造成**酸雨**，影響生態以外，也與全球性的氣候變異有所關聯。

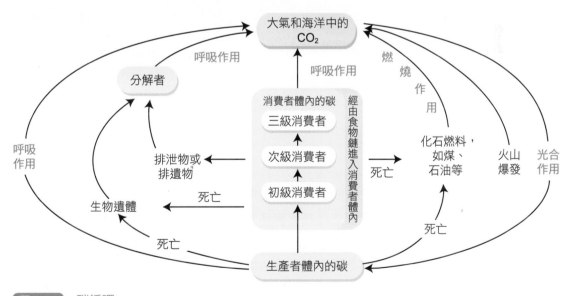

圖 9-57　碳循環

二 磷循環

磷循環 (圖 9-58) 當中的磷，是構成細胞膜的磷脂，以及遺傳物質核酸的重要成分。磷並不會進入大氣，因此是在地面進行循環。岩石當中具有磷酸鹽，可經由**風化作用**，將其釋入土壤之中。生長於土壤的植物，將磷酸鹽吸收，加入其體內利用。初級消費者取食植物，則將磷轉入初級消費者體內利用。更高級的消費者經由捕食行為，將其獵物的磷吸收利用。而消費者的排泄物與遺體，經由分解者作用之後，使其中的磷重新回到環境當中。重返環境的磷，可能經由沉澱與地質作用，成為岩石的一部分，再等下一階段的風化作用發生，重新下一階段的磷循環。

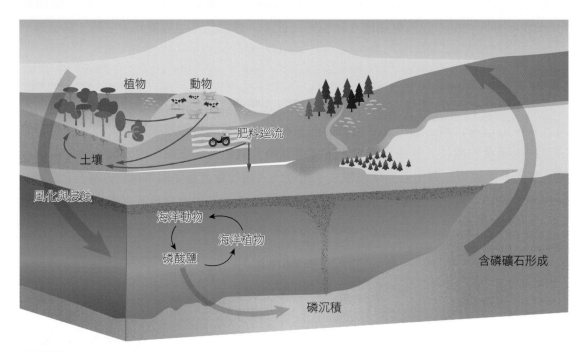

圖 9-58　磷循環

三 氮循環

氮除了構成核酸之外，也是構成蛋白質的必需原料，是生物體不可或缺的元素。在大氣當中，氮以氮氣 (N_2) 的元素形式存在，無法直接被植物利用。而有一些特殊的微生物，具有**固氮**的化學反應，可將氮轉變成水溶性的氨 (NH_3)，再將氨轉變為銨 (NH_4^+)。銨形成以後，除了可以被植物利用之外，在土壤中還有一些硝化菌，能將銨轉變成硝酸鹽 (NO_3^-)，同樣可以被植物利用。氮以銨或硝酸鹽的形式進入植物之後，可作為合成胺基酸的分子，胺基酸再聚合成蛋白質。初級消費者取食植物，將其中的氮源吸收利用，並伴隨排泄作用，將體內一部分的氮，以含氮廢物的形式釋出返回環境。次級與更高級的

消費者則重複此一步驟。當生物死亡以後，分解者則將其遺體分解，將其中的氮釋出回到大氣之中 (圖 9-59)。

　　氮是肥料當中的重要成分，然而近代人類社會的農業活動，所大量使用的高氮肥料，也同樣造成了氮循環的不平衡。過量的氮除了形成硝酸鹽，造成水域發生優養化之外，另有一部分在大氣中形成一氧化二氮 (N_2O)，與全球暖化有關聯。

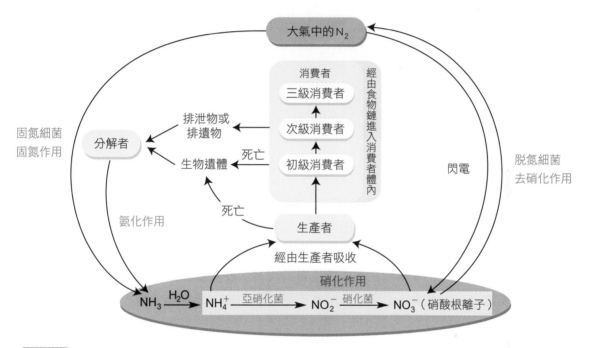

圖 9-59　氮循環

氣候變遷

　　人類的工業活動對元素循環造成的不平衡，已經反映在**氣候變遷** (climate change) 上。

一　全球暖化

　　日光照射地球，輻射提供熱能，使地球表面維持一定的溫度範圍；地表所接受到的輻射，有一定比例從地表、大氣，朝向太空逸散，使地表不至於無限增溫，稱為**溫室效應** (greenhouse effect)(圖 9-60)。然而工業活動，使甲烷、二氧化碳、一氧化二氮等氣體在大氣當中的比例顯著增加；地表散熱時釋放的紅外線，被這些氣體吸收，熱能逸散遭到阻擋，無法順利釋放至太空，使原本的溫室效應被加強，造成全球溫度提高，即**全球暖化** (global warming)。

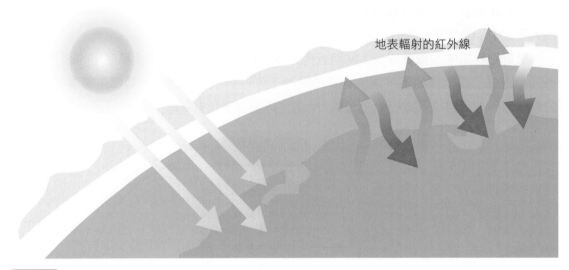

地表輻射的紅外線

圖 9-60　溫室效應

　　全球暖化使熱能在各地循環出現變化，與大氣中的水氣交互作用之後，因而與雨量、季風的改變密切相關，極端氣候的出現也愈加頻繁。而全球氣溫升高，已經在極圈與高山地區造成影響，北極和南極的夏季氣溫屢創新高，海冰與高山冰河融化，甚至無冰。這些現象將直接導致北極熊和企鵝面臨生存的威脅，使其族群遭遇災難性的衝擊，最終甚至有可能滅絕。全球暖化也可能使原本不耐寒的生物向北拓展族群，其中可能包含病媒蚊。

　　由於全球暖化對於生態系的衝擊結果是可預期的，1997 年，84 個國家於日本京都簽屬了**京都議定書** (Kyoto Protocol)，立定目標，希望協力將大氣中日漸升高的溫室氣體含量加以控制，穩定在一個適當的水準。2015 年，聯合國 (United Nations) 的 195 個成員國在法國巴黎通過**巴黎協定** (Paris Agreement)，取代京都議定書。主要共識包括：

❶ 全球平均氣溫升幅應控制在工業革命前水準以上，低於 2°C 之內，並努力限制於 1.5°C 之內，大幅減少氣候變遷的風險和影響。

❷ 提升針對氣候變化衝擊的適應，在不威脅糧食生產的前提之下，研擬追求溫室氣體低排放發展的方式，以及抵抗氣候變遷衝擊的能力。

❸ 資金流動應符合溫室氣體低排放，和氣候適應型發展的原則。

生物專欄

碳足跡

目前為止，全球暖化現象尚未減緩。根據聯合國的調查報告，2018 年的全球溫室氣體排放量，依然比 2017 年增加 2%。由溫室氣體排放量，衍生出**碳足跡** (carbon footprint) 的生態學概念，係透過由個人或產品所造成的溫室氣體總排放量，其中以二氧化碳為主，用以衡量人類活動對生態環境的影響。碳足跡除了來自於飲食來源及選擇之外，也常與生活用品的製造程序，以及各種產品的材料及包裝有所關聯。另外，交通工具的選擇與使用，其里程與石化燃料燃燒的多寡，也導致碳足跡的差異。碳足跡累積愈高，表示與個人相關的溫室氣體排放量愈高，對生態造成的衝擊愈大。

二 臭氧層空洞

臭氧層空洞 (圖 9-61)，則是生態學家與大氣學家關心的另一個議題。地球大氣上空，位於對流層上方的平流層，**臭氧** (O_3) 在其中的含量正在減少。日光照射至地球時，也帶來紫外線。紫外線能造成 DNA 的損傷，導致基因突變；而臭氧可以有效阻隔，因而減少紫外線進入生物所生存的對流層，以免紫外線對生物帶來傷害，例如造成皮膚癌或是部分環境微生物的死亡。

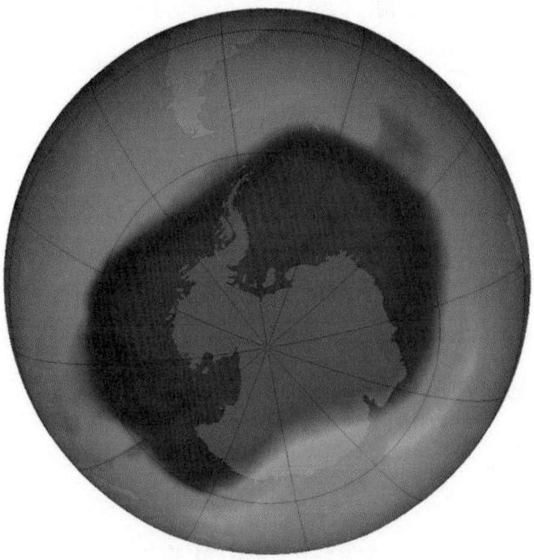

圖 9-61 南極洲上空的臭氧層空洞，在 2006 年觀測到有史以來最大的面積

1985 年，大氣學家發現南極地區，夏季上空的臭氧層濃度減少達到 70%，造成有如破洞之觀測結果。而在 1990 年代則減少約 40%。同樣的情況也發生在北極，只是減少幅度較小。

而臭氧層遭受破壞的主因之一，是 1920 年代發明的**氟利昂** (Freon)，其成分為**氯氟烴** (chlorofluorocarbons, CFCs)。由於其無味、無易燃性、無毒性、無腐蝕性及相當穩定，因此用途廣泛，包括冷媒、抗凍、清潔劑。然而此化合物逸散至大氣中時，會與高空的臭氧發生化學作用，使臭氧被消耗，轉為不具抵擋紫外線能力的氧氣，因而使穿透大氣層進入地表的紫外線增加。

1987 年，聯合國 26 個會員國發起，在加拿大蒙特婁簽訂**蒙特婁議定書** (Montreal Protocol)，目的是對各國境內的工業生產活動進行約束，避免氯氟烴的持續製造，對地球臭氧層繼續造成惡化及損害。目前經大氣學家觀測，臭氧層消耗的情況與面積已有所改善，然而仍需數十年以上的長期努力，才能全面修復。

本章重點

9-1 基礎生態學

1. 優養湖的特徵：水深較淺、溶氧較少、水中養分濃度高。
2. 溪流的上游物種往往游動能力強，或吸附能力出眾；下游則否。
3. 水域與陸域生態系交會之處，往往形成溼地。
4. 海洋生態系中，生物多樣性最高處為珊瑚礁，生產力最低處為深海層。
5. 遠洋區動物體型較大，淺海區與潮間帶動物體型較小。
6. 陸域生態系中，生物多樣性最高處為熱帶森林。
7. 永凍層往往出現在苔原。
8. 地球上總面積最大的陸域生態系為針葉林。
9. 沙漠地區的生物需要良好的乾燥適應能力。

9-2 族群生態學

1. 族群金字塔可分為增長型、穩定型、衰退型。
2. 機會主義生活史的物種特性，包括體型小、壽命短、生殖後代多、欠缺親代照護。
3. 平衡主義生活史的物種特性，包括體型大、壽命長、生殖後代少、親代照護完善。

4. 雪靴兔族群的增長，可導致山貓族群的成長；山貓族群的成長，使雪靴兔受到的捕食壓力增加，導致雪靴兔族群的減少；雪靴兔族群的減少，導致山貓族群的食物來源減少，因而使山貓族群減少。兩者族群互為消長。
5. 如果在某地區原先沒有自然分布棲息，而是經由人為方式，有意或無意引入的新物種，稱為外來種。
6. 外來種若是在新環境建立穩定族群，沒有天敵控制其數量，又有繁殖速度快的特性，則此物種將與原生物種在同一棲地競爭，此時即稱為入侵種。
7. 常見的外來種包括福壽螺、非洲大蝸牛、海蟾蜍、吳郭魚、螯蝦、大閘蟹、白尾八哥等。

9-3 群落生態學

1. 每一種物種對環境資源的要求，例如棲息的地形、氣候、溫度、食物種類、大小、日夜活動、繁殖習性、與其他物種的互動關係等，都是獨特的。生態學家將其總成起來，稱為生態棲位。
2. 生物族群彼此之間的關係包括競爭、捕食、寄生、共生等。
3. 為了防止被捕食，生物發展出隱蔽色與警告色，以及擬態的策略。

④ 貝氏擬態是某物種模仿成有毒或有攻擊性的另一種物種；穆氏擬態則是兩種物種具有相似的外觀。

⑤ 互利共生可以為兩種物種雙方都帶來益處，例如螞蟻與蚜蟲、海葵與小丑魚；片利共生僅有一方得益處，另一方則未得益處也未受其害，例如鯊魚與鮣魚。

⑥ 某種物種的族群占群落中最大之比例或生物量，稱為優勢種；若在其所屬的生態群落中，所占的生物量很小，但其族群卻對此生態群落有非常高的影響程度，則稱為關鍵物種。

⑦ 生物防治的原理是透過天敵捕食的關係，對危害作物或生態的物種進行族群抑制。然而使用時須要小心評估，以避免與原生物種產生競爭，成為入侵種，造成意想不到的生態失衡，以及生物多樣性的破壞。

9-4 生態系

① 食物鏈中，包含生產者、消費者、分解者。生產者為植物，初級消費者為植食性動物，次級以上消費者為肉食性動物，最高至四級消費者。分解者以細菌和真菌為主。

② 多條食物鏈交互作用，構成食物網。

③ 學者不建議民眾平日過於頻繁以大型魚類如鯊魚、鮪魚、旗魚作為食用的選擇，是由於重金屬與生物放大作用的考量。

④ 生物放大作用首次受到注意，是由於殺蟲劑DDT的使用，導致白頭海鵰蛋殼過軟，因而常在孵化之前破裂，導致胚胎夭折。

⑤ 大量使用木材和各種石化燃料，產生大量二氧化碳，干擾碳循環，也導致酸雨。

⑥ 磷循環過程，磷酸鹽經由風化作用進入土壤，由植物吸收。

⑦ 氮循環的過程，由微生物將大氣中的氮經由化學反應轉為氨，是為固氮反應。

⑧ 高氮肥料除了容易造成水域優養化以外，也與全球暖化有關聯。

⑨ 地表散熱釋放的紅外線，被過多的甲烷、二氧化碳、一氧化二氮等氣體吸收，地球熱能逸散遭到阻擋，溫室效應過強，造成全球暖化。

⑩ 全球暖化與雨量、季風的改變密切相關，除了直接導致北極熊和企鵝面臨生存的威脅，也可能使原本不耐寒的生物向北拓展族群，其中可能包含病媒蚊。

⑪ 碳足跡累積愈高，表示與個人相關的溫室氣體排放量愈高，對生態造成的衝擊愈大。

⑫ 臭氧可以有效阻隔，因而減少紫外線進入生物所生存的對流層，以免紫外線對生物帶來傷害。臭氧層大幅度減少的現象，稱為臭氧層空洞，由氯氟烴造成。

Note

實驗 I　顯微鏡的構造和使用

目的

了解顯微鏡的構造和使用。

原理

顯微鏡是用於觀察肉眼所不能見的微小物體,其功能不僅能放大,還能提高解像力。所謂的解像力是指能被辨認出為分開的 2 個點之間的最小距離。也就是說,距離小於解像力的 2 個點是無法被辨認為分開的。在 25 公分 (cm) 的明視距離之下,肉眼的解像力為 0.07 公厘 (mm)。光學輔助器如放大鏡和顯微鏡,可以擴大視角 (看起來像放大物體) 來提高解像力。一般光學顯微鏡的解像力約 0.2 微米 (μm)。

器材

棉線、頭髮、字母「e」標本片、載玻片、蓋玻片、顯微鏡。

步驟

一　了解顯微鏡的構造

以右手緊握鏡臂,左手托著鏡座,水平 (勿傾斜,以免目鏡自鏡筒滑出) 靠向胸前,移動到桌面,置於實驗桌上,插上電源,依序觀察其構造。

❶ 目鏡:插於鏡筒上端,可更替。常用的有 5X、10X、15X、20X(X 代表倍數)。

❷ 鏡筒:承接目鏡和物鏡,可鬆動作 360 度旋轉,亦可固定。

❸ 鏡臂:連接各部位,並可用於握持整臺顯微鏡。

❹ 旋轉盤:位於鏡筒下端,可裝配 3 至 4 個物鏡,藉由轉動來調換物鏡。

❺ 物鏡:裝配於旋轉盤上,常用的有 4X、10X、40X、100X,長度愈短,倍率愈高。

⑥ 載物臺：放置標本片之平台，有固定夾可以固定標本片。有前後左右移動之調節器，可以調整標本片位置。載物臺中央圓孔可以讓光線通過。

⑦ 集光器：位於載物臺下方，可以調整光線強度。

⑧ 光圈：位於集光器下方，可以調整進光量。

⑨ 粗調節輪：位於鏡臂下方，可以讓載物臺上下移動，以調整焦距。

⑩ 細調節輪：位於粗調節輪內圈，可以讓載物臺細微升降，以調整焦距。

⑪ 照明器：目前多是 LED 光源，並有變阻器可調光亮度。

⑫ 鏡座：支撐顯微鏡，接觸面通常具有止滑墊以防止滑動，所以要移動顯微鏡的話，請抬起顯微鏡移動到定點再放下來。

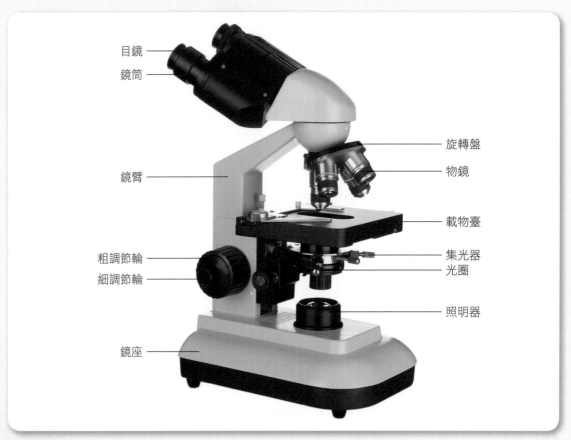

目鏡
鏡筒
鏡臂
粗調節輪
細調節輪
鏡座
旋轉盤
物鏡
載物臺
集光器
光圈
照明器

圖 1-1　顯微鏡的構造

二　了解顯微鏡的使用

1. 將顯微鏡移到定點放下來，插上電源，打開照明器，調整亮度，從載物臺中央圓孔可見到光穿過。

2. 將字母「e」標本片正面朝上放置於載物臺上，並用固定夾固定。

3. 前後左右調整載物臺，使光線由下方照射在欲觀察的物體上。

4. 將物鏡調換到最低倍率（最長的）。單眼或雙眼（目前市面上大多數是雙眼顯微鏡）靠近目鏡，從目鏡中觀看圓形視野。

5. 一邊觀看，一邊以手轉動粗調節輪來對準焦距，使視野中的物體達到最清晰。若粗調節輪不容易對焦，可以改用細調節輪。

6. 在低倍物鏡下，一邊觀察字母「e」，一邊前後左右調整載物臺，並記錄（畫圖）視野中字母「e」的形狀，以及移動的方向，想一想原因為何？

7. 欲調換高倍鏡觀察之前，先將要放大的區域調整到視野的正中央，然後小心地轉動旋轉盤來置換高倍鏡。注意不要讓高倍鏡直接接觸到標本片，以免壓破標本片、損傷高倍鏡鏡頭。

8. 由於等焦距的設計，一般情況下，只需置換好高倍鏡，即可觀察到物體。若焦距跑掉了，請使用細調節輪來調焦距。

9. 親手設置標本片。將一段棉線或頭髮放置於載玻片上，再將蓋玻片蓋上。移動制備好的標本片到載物臺上觀察。

10. 將觀察到的字母「e」、棉線、頭髮等物體畫下來，或者用手機拍照記錄下來。

問題與討論

1. 解釋字母「e」的形狀，為何與肉眼見到的「e」不同？

2. 向左移動標本片時，在視野中物體朝左或是朝右移動？為何？

3. 目鏡為 10X，物鏡為 40X 時，放大倍率為何？

實驗 II　觀察洋蔥表皮細胞

目的

觀察洋蔥表皮細胞，了解其構造。

原理

　　一般的動植物細胞都無法直接以肉眼觀察，需要藉助顯微鏡來放大觀察。動植物細胞觀察的重點在於細胞的形狀、細胞壁的有無、細胞膜、細胞質，以及細胞核、液泡、葉綠體等較大型的胞器。每種細胞都有其特殊的形狀和特定的胞器，並非所有學過的胞器都會出現在同一種細胞內，仔細觀察並記錄下來。

器材

　　洋蔥、吸管、鑷子、刀片、剪刀、載玻片、蓋玻片、顯微鏡、碘液、甲基藍溶液。

步驟

　　以右手緊握鏡臂，左手托著鏡座，水平（勿傾斜，以免目鏡自鏡筒滑出）靠向胸前，移動到桌面，置於實驗桌上，插上電源備用。再依下列步驟製備洋蔥表皮細胞的標本片並觀察其構造。

①取洋蔥一顆，對半切 2 刀，切成 1/4，可見一層層的鱗葉。剝下一片鱗葉。

②將鱗葉向內對折，在其內側會有一層薄膜狀內表皮剝離，以鑷子小心地將其撕開，以剪刀或刀片切取約 0.5 公分見方的方型小片。

③在載玻片中央偏右處，以吸管滴碘液（或甲基藍）1 滴，將切取的洋蔥表皮置於其中，攤平並趕走氣泡。並以紙巾將四周多餘的水分擦乾。

④注意觀察細胞之形狀和構造。

　①形狀：不規則長方形，排列緊密。

　②細胞壁：圍於細胞周圍之一層厚壁。

　③細胞膜：平貼於細胞壁內。當原生質萎縮時，方能看見。

④ 液泡：為一大型泡狀物，幾乎占據整個細胞。

⑤ 細胞核：被染為褐色(碘液)或藍色(甲基藍)，圓球形。

ⓐ 將洋蔥鱗葉向內對折。

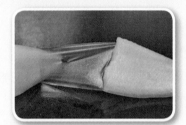

ⓑ 撕下鱗葉的外表皮。

ⓒ 將小片洋蔥表皮放置於載玻片上，蓋上蓋玻片。

滴入　　吸出

ⓓ 將洋蔥表皮染色。

圖 2-1　製備洋蔥表皮細胞的標本片

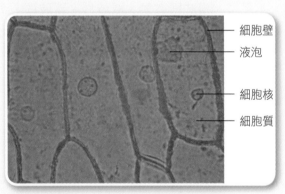

細胞壁
液泡
細胞核
細胞質

圖 2-2　顯微鏡下的洋蔥表皮細胞

問題與討論

❶ 染色前和染色後，有何不同？什麼構造在染色後比較容易觀察？

❷ 細胞質位於何處？該如何做，才能觀察到細胞質？

❸ 洋蔥表皮細胞是活的還是死的？如何判斷？

實驗III 植物細胞的滲透作用

目的

1 觀察植物細胞在高張溶液與低張溶液中的滲透作用。
2 觀察質壁分離現象。

原理

　　蒸餾水對植物細胞來說屬於低張溶液，高濃度食鹽水對細胞來說屬於高張溶液。當細胞置於低張溶液中，細胞外的水分會滲透進入細胞；植物細胞有細胞壁，所以並不會因此脹破，但液泡會因為水分進入而膨脹。若將植物細胞置於高張溶液，細胞內的水分會滲透出去，細胞質萎縮，導致質壁分離。

器材

　　紫色或白色洋蔥、水蘊草、複式顯微鏡、載玻片、蓋玻片、滴管、燒杯、刀片、吸水紙、鑷子、蒸餾水、2M 氯化鈉溶液。

步驟

一　洋蔥鱗葉

1 取洋蔥鱗葉一小片，分辨外表皮與內表皮。
2 撕取外表皮並用刀片切下約 0.5 cm^2，滴上一滴自來水，蓋上蓋玻片，用顯微鏡觀察並記錄結果。
3 用一小片吸水紙在蓋玻片左側將水吸出，在蓋玻片的右側加一滴 2M 氯化鈉溶液，重複 3 ～ 4 次，使材料浸在 2M 氯化鈉溶液中，用顯微鏡觀察並記錄結果。

二　水蘊草葉片

1. 取一片水蘊草葉片，滴上一滴清水，蓋上蓋玻片，用顯微鏡觀察並記錄結果。
2. 用一小片吸水紙在蓋玻片左側將水吸出，在蓋玻片的右側加一滴 2M 氯化鈉溶液，重複 3 ～ 4 次，使材料浸在 2M 氯化鈉溶液中，用顯微鏡觀察並記錄結果。
3. 將葉片取出，至於燒杯裝的蒸餾水中，5 分鐘後取出，滴上一滴蒸餾水，蓋上蓋玻片，用顯微鏡觀察並記錄結果。

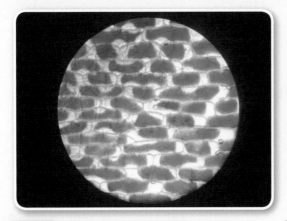

圖 3-1　紫色洋蔥表皮細胞質壁分離

水蘊草細胞質壁分離

問題與討論

1. 洋蔥表皮細胞在 2M 氯化鈉溶液中有何現象？
2. 洋蔥表皮細胞中的紫色為何種色素？存在於細胞何處？
3. 水蘊草葉片細胞在 2M 氯化鈉溶液與蒸餾水中各有何現象？
4. 水蘊草葉片細胞中的綠色胞器為何？有何功能？

實驗IV 植物細胞內容物的觀察

目的

① 觀察植物細胞的雜色體。
② 觀察植物細胞的後生物質：澱粉粒、晶簇狀結晶。

器材

　　番茄或紅辣椒、馬鈴薯、香蕉、秋海棠 (葉柄)、複式顯微鏡、載玻片、蓋玻片、滴管、燒杯、刀片、吸水紙、鑷子、碘液。

步驟

一　雜色體觀察

① 用刀片切取番茄或紅辣椒之紅色果肉少許，切片時將果肉切得愈薄愈好。
② 將切下的果肉置於載玻片上，滴上一滴水，蓋上蓋玻片，用顯微鏡觀察。
③ 觀察細胞的形狀及分散於細胞內之黃色或橙色顆粒，這些有色顆粒即為雜色體。繪圖以示雜色體的分布和形狀。

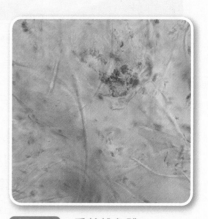

圖 4-1　　番茄雜色體

二　澱粉粒的觀察

1. 以刀片刮取馬鈴薯或香蕉果肉少許，置於載玻片上，滴上一滴水，蓋上蓋玻片，用顯微鏡觀察。
2. 觀察細胞與細胞中的澱粉粒。
3. 在高倍鏡下觀察澱粉粒一端的臍及周圍的輪紋。
4. 將步驟 1 中滴在材料上的水改為碘液，觀察澱粉粒顏色變化。

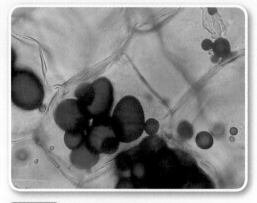

圖 4-2　馬鈴薯澱粉粒

三　晶簇狀結晶觀察

1. 將秋海棠葉柄以刀片橫切，切得愈薄愈好。
2. 將切下的材料置於載玻片上，滴上一滴水，蓋上蓋玻片，在顯微鏡下找出含有晶簇狀結晶的細胞。繪圖以示結晶之形狀與大小。

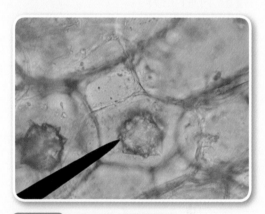

圖 4-3　秋海棠晶簇狀結晶

問題與討論

1. 雜色體為何會呈現黃或橙等顏色？
2. 馬鈴薯與香蕉澱粉粒形狀有何不同？
3. 澱粉粒遇碘液後呈何種顏色？
4. 秋海棠葉柄細胞中的結晶是何成分？

實驗 V　魚類生理實驗

目的

　　本實驗藉由對魚類尾鰭的觀察，實際探討脊椎動物血液循環之體制特徵，能與課本提及之器官與功能關係，相互驗證。以活體動物進行實驗為具有嚴肅意義之事，實驗者必須以謹慎態度進行。

實驗材料簡介

　　本實驗可採用大肚魚 (*Gambusia affinis*) 為觀察材料。大肚魚為國際自然保護聯盟 (IUCN) 註記之世界百大外來入侵種之一，實驗完畢，或有多餘個體時，不可放生，以免影響本土水域生態。

　　除大肚魚外，也可選擇小隻之泥鰍 (*Misgurnus anguillicaudatus*)、鯽魚 (*Carassius auratus*) 或金魚 (*Carassius auratus auratus*) 為觀察材料。

圖 5-1　實驗用之大肚魚　　　　圖 5-2　實驗用之金魚

器材

　　光學顯微鏡一臺、載玻片與蓋玻片一組、實驗用魚一隻、玻璃培養皿一副、粗鈍頭鑷一支、細尖頭鑷一支、實驗用手套一副、擦手紙巾一包或少許棉花。

步驟

① 實驗開始前，先將實驗用魚轉移至備用缸待用。

② 顯微鏡設置好後，將魚取出，置於載玻片上，並將事前準備好之紙巾數層，或棉花整理如數層紙巾之厚度，以自來水浸溼，整片覆蓋於實驗魚之頭部及腹部位置，務必使鰓蓋部位保持潤溼，以利其維持呼吸。

③ 將溼潤之魚尾鰭，以蓋玻片蓋上，置於顯微鏡下。由低倍鏡優先開始觀察，直至找到尾鰭血管為止。魚離水不可過久，如鰓蓋部覆蓋的溼紙巾溼度減低，可取滴管對其追加自來水，保持溼潤。

問題與討論

① 在顯微鏡下直接觀察魚類血管，紅血球為何種顏色？

② 請在顯微鏡下指出回心與出心的血流方向。

③ 嘗試辨認小動脈、微血管，與小靜脈。

④ 有哪些因素可能影響微血管內血流的速度？

實驗VI 青蛙解剖

目的

本實驗藉由解剖青蛙，實際觀察脊椎動物內部器官的相對位置與顏色，能與課本提及之器官與功能關係相互驗證。實驗生命之犧牲為具有嚴肅意義之事，實驗者必須以謹慎態度進行。

器材

虎皮蛙或牛蛙一隻、解剖盤一副、粗鈍頭鑷一支、細尖頭鑷一支、粗解剖剪一支、細解剖剪一支、解剖針一支、實驗用手套一副、擦手紙巾一包、電源與正負電極一組。

步驟

一　青蛙外觀性別判定

雄蛙於下顎附近具有鳴囊，該處膚色較黃，另雄蛙之前腳，手指處有較厚之婚墊組織。雌蛙不具鳴囊，也不具婚墊，下顎處膚色蒼白。另於繁殖季時，腹部可能較為碩大。

二　保定與動物犧牲技術

將青蛙先行冷藏半小時後取出，以擦手紙巾除去其黏液以後，左手持定蛙隻，將其背面朝己。左手之小指與無名指夾住青蛙之左後腿，中指與食指夾住青蛙之左前腿，拇指扣住青蛙之鼻吻端，令其頭部與軀幹之間，呈現一接近直角之彎曲角度。

進行腦脊髓穿刺法時，右手持解剖針，於青蛙頭部後方與軀幹之間，參考兩側鼓膜後緣連線之中點，找到枕骨大孔之位置，以解剖針持穩向前刺入，進入頭骨內部，旋轉解剖針，破壞大腦，令其快速失去痛覺，進入腦死狀態。

判定蛙隻腦死以後，緩慢將解剖針回抽，待針頭位置接近脊椎時，將解剖針轉向下，進入脊髓腔，同樣以上述方式旋轉破壞脊髓，使青蛙癱瘓。上述程序完成之後，方可進行解剖。

三　動物解剖程序

　　將青蛙腹面朝上，平放於解剖盤中。以粗鈍頭鑷夾取青蛙腹部皮膚提起，並以細解剖剪於青蛙腹面皮膚剪開一「工」字型分開。之後以鈍頭剪夾取青蛙腹部肌肉，以粗解剖剪進行，小心將肌肉層同樣以「工」字型剪開。觀察青蛙之內臟器官。若有血液滲出，可以擦手紙巾吸取移除。

圖 6-1　依虛線將蛙的皮膚剪開

四　動物內臟器官觀察

　　可使用細尖頭鑷與粗鈍頭鑷，參閱圖照，協同翻找青蛙內部器官，如無教師許可，嚴禁任意剪切。

　　請觀察肝臟、膽囊、肺臟、心臟、胃臟、胰臟、脾臟、小腸、大腸、直腸、脂肪體、腎臟、腎上腺、膀胱、睪丸（雄蛙）、輸卵管（雌）、卵巢（雌）、主動脈、心房、心室。

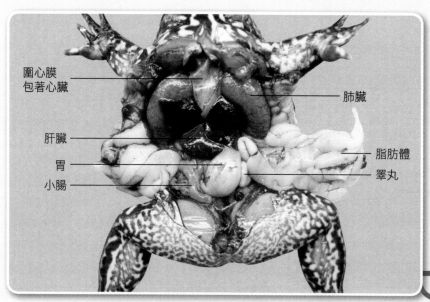

ⓐ 雄蛙的內部器官

圖 6-2　青蛙解剖與內臟器官

肝臟

圍心膜
包著心臟

脂肪體

膽囊

小腸
胃
大腸

卵巢

輸卵管

ⓑ 雌蛙的內部器官

圖 6-2　青蛙解剖與內臟器官（續）

五　動物肌肉電刺激

　　觀察完內臟器官之後，可將內臟器官剪除。然後將青蛙皮膚於腰部旋轉一圈剪開，小心將下半身之皮膚扯下，現出腿部肌肉組織。可取電極，對準肌肉之兩端進行電刺激，觀察各束肌肉受刺激之收縮方向有何不同。嚴禁實驗者以青蛙電刺激實驗作為遊戲取樂。

問題與討論

❶ 雄蛙的婚墊組織有何功用？

❷ 雌蛙的脂肪體與輸卵管應當如何分辨？

❸ 雄蛙的睪丸位於何處？

❹ 在實驗當中，是否能找到青蛙的橫膈與肋骨？

❺ 青蛙的膽囊與脾臟可以如何區別？

❻ 為何動物犧牲的實驗程序，是先破壞大腦，再破壞脊髓？

❼ 青蛙的肝臟有幾葉？心房與心室各自數目為何？

❽ 雌蛙體內的卵，是受精卵還是未受精卵？

❾ 電擊青蛙肌肉時，青蛙會呈現踢腿，或是縮腿的動作？

Credits 圖照來源

封面

插圖 Freepik.com ／ photographeeasia

第一章

圖 1-1a https://commons.wikimedia. org/wiki/File:Aristotle_Altemps_ Inv8575.jpg#/media/File:Aristotle_ Altemps_Inv8575.jpg

圖 1-1b https://zh.wikipedia.org/ zh-tw/%E7%9B%96%E4%BC%A6#/ media/File:Galen_detail.jpg

圖 1-1c https://commons.wikimedia. org/wiki/File:Li_Shizhen_figurine. JPG#/media/File:Li_Shizhen_figurine. JPG

圖 1-2 左 https://www.lookandlearn. com/history-images/YR0115234/ Portrait-of-Andreas-Vesalius?t=2&q=An dreas+Vesalius&n=30

圖 1-2 右 https://www.lookandlearn. com/history-images/YW046330L/ Andreas-Vesalius

圖 1-3 左 維基共享資源

圖 1-3 右 https://www.instructables. com/id/Cardboard-van-Leeuwenhoek- microscope/

圖 1-4 左 https://www.nobelprize.org/ prizes/physics/1986/ruska/facts/

圖 1-4 右 https://www.researchgate. net/figure/The-first-electron- microscope-being-carefully-checked- by-Ernst-Ruska-right-as-Max_ fig1_344163219

圖 1-5 https://kids.britannica.com/ students/assembly/view/217841

圖 1-7 https://andthree.wordpress. com/tag/mimosa-pudica/

第二章

P16 圖 https://www.foodnavigator- usa.com/Article/2018/08/01/Clean- meat-How-do-US-consumers-feel- about-cell-cultured-meat

圖 2-11 Frank Liu | Dreamstime.com

圖 2-12 Frank Liu | Dreamstime.com

圖 2-13a https://it.wikipedia.org/wiki/ Cellula

圖 2-13b https://danielwetmore. wordpress.com/tag/cells/

圖 2-14 https://edition.cnn. com/2017/04/07/health/flupandemic- sanjay-gupta/index.html

圖 2-16a https://slideplayer.com/ slide/14999683/

圖 2-16b http://biomundociencia. blogspot.com/2013/12/celulas-y- organulos-al-miscroscopio.html

圖 2-16c https://schaechter.asmblog. org/schaechter/2014/12/merry-2.html

圖 2-19b https://www.the- scientist.com/foundations/palade- particles-1955-38022

圖 2-20b https://www.iuibs.ulpgc.es/ servicios/simace/

圖 2-21 http://www.bbioo.com/ lifesciences/33-10215-1.html

圖 2-22 https://slideplayer.com/ slide/3922332/

圖 2-23 http://daneshnameh.roshd.ir/ mavara/mavaraindex.php?page=%D9% 84%DB%8C%D8%B2%D9%88%D8%B 2%D9%88%D9%85&PHPSESSID=fb1fa2 7e2a72cedf8725ad064a926e36&SSORet urnPage=Check&Rand=0

圖 2-24 達志有限公司

圖 2-25 https://ja.wikipedia.org/wiki/ 細胞骨架

圖 2-27a 達志有限公司

第三章

P48 圖 https://zh.wikipedia.org/ wiki/%E6%AD%A3%E6%A8%A1% E6%A8%99%E6%9C%AC#/media/ File:AgriasPhlacidonBertradiF2.JPG

圖 3-1 眼鏡蛇 https://pixabay.com/ zh/photos/king-cobra-cobrasnake- reptile-405623/

圖 3-1 家貓 https://pixabay.com/ zh/photos/cat-pet-stripedkitten- young-1192026/

圖 3-1 大山貓 https://pixabay. com/zh/photos/lynx-bobcatwildlife- predator-1095228/

圖 3-1 臺灣獼猴 https://zh.wikipedia. org/wiki/File: 柴山獼猴 .jpg

圖 3-2 https://sites.google.com/site/ it5720610018/home/virus/chemical- composition-of-virus?tmpl=%2Fsystem %2Fapp%2Ftemplates%2Fprint%2F&s howPrintDialog=1

圖 3-3a https://www. forestryimages.org/browse/detail. cfm?imgnum=1402027

圖 3-3b https://en.wikipedia.org/wiki/ Plant_virus

圖 3-5 https://o.quizlet.com/ Y1xMGC27PJRamddkXO0ZhQ.jpg

圖 3-9a https://alchetron.com/Volvox- globator#volvox-globator-9d9304f9- 5510-42aa-920a-75b93d535d6- resize-750.jpeg

圖 3-9b https://www.chegg.com/ flashcards/bsc-2011-lab-6c38982b- 306c-45ab-8829-0f067b80f8ae/deck

圖 3-11a http://www.chengdu885. com/article/show/1074.html

圖 3-11b https://facso.uchile.cl/ noticias/158638/cientificos-de-la-u-de- chile-estudian-uso-de-toxinas-para- epilepsia

圖 3-12a https://teara.govt.nz/en/ photograph/11623/diatom

圖 3-12b http://www. victorianmicroscopeslides.com/ slidedia.htm

圖 3-12c https://www. ecojardinmagico.com/5-formas- caseras-de-combatir-hormigas-del- jardin-y-la-casa/

圖 3-13 https://www. cottesloecoastcare.org/bushfood- conference/

圖 3-14 https://biology4isc.weebly. com/thallophyta.html

表 3-2 錐蟲 https://www.flickr.com/ photos/77092855@N02/6912974847

表 3-2 太陽蟲 https://commons. wikimedia.org/wiki/File:Actinophrys_ sol.jpg

表 3-2 草履蟲 https://zh.wikipedia. org/wiki/File:Paramecium_caudatum_ Ehrenberg,_1833.jpg

表 3-2 吸管蟲 https://en.wikipedia. org/wiki/Suctoria#/media/ File:Suctoria1_wiki.jpg

表 3-2 瘧疾原蟲 https://www.flickr.com/photos/121483302@N02/14816576282
圖 3-15 https://www.flickr.com/photos/volvob12b/16433705015
圖 3-16 https://study.com/academy/lesson/hyphae-definition-function-types.html
表 3-3 蛙壺菌 https://en.wikipedia.org/wiki/Batrachochytrium_dendrobatidis#/media/File:CSIRO_ScienceImage_1392_Scanning_Electron_Micrograph_of_Chytrid_Fungus.jpg
表 3-3 黑麵包黴 https://commons.wikimedia.org/wiki/File:Black_mold_(rhizopus_sp).jpg
表 3-3 羊肚菌 https://commons.wikimedia.org/wiki/File:Morchella-vulgaris-0594.jpg
表 3-3 青黴菌 https://commons.wikimedia.org/wiki/File:Penicillium_sp._(ascomycetous_fungi).jpg
表 3-3 香菇 https://commons.wikimedia.org/wiki/File:%E9%A6%99%E8%8F%87_Lentinus_edodes_-_panoramio.jpg
圖 3-18 地錢 https://commons.wikimedia.org/wiki/File:Marchantia_polymorpha_190708.jpg
圖 3-18 土馬騌 https://pl.m.wikipedia.org/wiki/Plik:Polytrichum.commune.2.jpg
圖 3-18 角蘚 https://commons.wikimedia.org/wiki/File:Anthoceros_sp.jpg
圖 3-21a http://t.cn/Ai8OXRs3
圖 3-21b https://gardenerspath.com/plants/vegetables/growing-garlic/
圖 3-22a https://commons.wikimedia.org/wiki/File:%E6%9D%8E%E8%8A%B1_Prunus_salicina_-%E9%A6%99%E6%B8%AF%E8%A5%BF%E8%B2%A2%E7%8D%85%E5%AD%90%E6%9C%83%E8%87%AA%E7%84%B6%E6%95%99%E8%82%B2%E4%B8%AD%E5%BF%83_Saikung,_Hong_Kong-_%289227094795%29.jpg#
圖 3-22b https://www.flickr.com/photos/naitokz/605738487

圖 3-22c https://tiki.vn/cu-ly-cao-thom-kep-nhap-khau-ha-lan-du-mau-sac-p201089326.html
圖 3-23 https://commons.wikimedia.org/wiki/File:Euplectella_aspergillum_Okeanos.jpg#/media/File:Euplectella_aspergillum_Okeanos.jpg
圖 3-24 https://commons.wikimedia.org/wiki/File:Physalia_physalis_cumbuco_brasilia.jpg#/media/File:Physalia_physalis_cumbuco_brasilia.jpg
圖 3-25 https://commons.wikimedia.org/wiki/File:Ascaris-suum.jpg#/media/File:Ascaris-suum.jpg
圖 3-26a https://commons.m.wikimedia.org/wiki/File:Liolophura_japonica.jpg
圖 3-26b https://kmweb.coa.gov.tw/theme_data.php?theme=production_map&id=264
圖 3-26c https://pixabay.com/photos/snail-shell-mollusc-sensor-mucus-4291296/
圖 3-26d https://pixabay.com/photos/nature-fauna-animal-tropical-3262715/
圖 3-27a https://commons.wikimedia.org/wiki/File:Sea_Squirt_%28Rhopalea_sp.%29_%286053217888%29.jpg#/media/File:Sea_Squirt_(Rhopalea_sp.)_(6053217888).jpg
圖 3-27b https://commons.wikimedia.org/wiki/File:Branchiostoma_lanceolatum.jpg#/media/File:Branchiostoma_lanceolatum.jpg

第四章
P74 左 https://www.flickr.com/photos/oregonstateuniversity/4446362464
P74 右 https://commons.wikimedia.org/wiki/File:HeLa_Cells_Image_3709-PH.jpg#/media/File:HeLa_Cells_Image_3709-PH.jpg
圖 4-2 https://slideplayer.com/slide/10931320/
圖 4-3 https://www.quora.com/What-is-the-differencebetween-a-human-karyotype-and-an-animalkaryotype-with-23-pairs-of-chromosomes

圖 4-4 https://slideplayer.com/slide/10931320/
圖 4-6、4-8 https://slideplayer.com/slide/13722816/release/woothee
圖 4-12 https://zh.wikipedia.org/wiki/孟德爾
https://ru.depositphotos.com/stock-photos/ropox.html
http://www.esp.org/essays/mendelswork-02/index.html
圖 4-19 右 https://www.slideshare.net/richielearn/geneticscanine-module
圖 4-21 https://www.royal-menus.com/nicholas-iiengagement-menu
圖 4-23、4-24 https://slideplayer.com/slide/8489184/
圖 4-25、4-26 https://www.healthtap.com/topics/chromosomeanalysis-follow-up
https://slideplayer.com/slide/14462735/

第五章
P104 圖 a https://commons.wikimedia.org/wiki/File:Spathoglottis_plicata,_flower.jpg#/media/File:Spathoglottis_plicata,_flower.jpg
P104 圖 b http://phytoimages.siu.edu/imgs/pelserpb/r/Poaceae_Leptaspis_banksii_143906.html
圖 5-3 Fayette Reynolds, Mike Clayton
圖 5-6 達志有限公司
圖 5-7 Ievgenii Tryfonov | Dreamstime.com
圖 5-9 莊溪
圖 5-11b https://commons.wikimedia.org/wiki/File:Potato_sprouts.jpg#/media/File:Potato_sprouts.jpg
圖 5-11c 維基共享資源
圖 5-15a https://pixabay.com/photos/berry-cherries-closeup-delicious-1239092/
圖 5-15b https://pixabay.com/photos/strawberries-fruit-season-eating-3359755/
圖 5-15c https://pixabay.com/photos/pineapple-tropical-fruit-summer-1441384/
圖 5-15d https://pixabay.com/photos/peanuts-nuts-food-diet-macro-1850809/

第六章

P122 左　https://pixabay.com/photos/watermelon-melon-citrullus-lanatus-569254/

P122 右　https://www.publicdomainpictures.net/cn/view-image.php?image=137353&picture=

第七章

P141 圖 1　https://en.wikipedia.org/wiki/COVID-19_rapid_antigen_test#/media/File:Lateral_flow_covid_19_negative_and_positive_test.jpg

圖 7-1 上皮組織　the Developmental Biology ONLINE

圖 7-1 結締組織　陳瑞芬

圖 7-3　https://commons.wikimedia.org/wiki/File:701_Axial_Skeleton-01.jpg

圖 7-4　陳瑞芬

圖 7-5　https://commons.wikimedia.org/wiki/File:Ankle_en.svg

圖 7-6　https://commons.wikimedia.org/wiki/File:1123_Muscles_of_the_Leg_that_Move_the_Foot_and_Toes_b.png

圖 7-8　https://en.wikipedia.org/wiki/File:Digestive_system_diagram_en.svg

圖 7-9　https://en.wikipedia.org/wiki/File:GERD.png

圖 7-10　https://en.wikipedia.org/wiki/File:Gastric_Ulcer.png

圖 7-14　Peter Junaidy | Dreamstime.com

圖 7-16　VectorMine | Dreamstime.com

圖 7-21　https://slideplayer.com/slide/9241431/

圖 7-32　https://commons.wikimedia.org/wiki/File:Edward_Jenner._Pastel_by_John_Raphael_Smith._Wellcome_L0026138.jpg#/media/File:Edward_Jenner._Pastel_by_John_Raphael_Smith._Wellcome_L0026138.jpg

圖 7-34　https://commons.wikimedia.org/wiki/File:PosCOVIDRAT.jpg

圖 7-35　https://www.pinterest.at/pin/258182991122046952/

圖 7-38　https://sheflow.nl/energie-coach/relatie-heupenkeel-en-stem

圖 7-48　https://commons.wikimedia.org/wiki/File:Kidney_stones_%28_renal_calculi_%29,_%D0%91%D1%83%D0%B1%D1%80%D0%B5%D0%B6%D0%BD%D0%B8_%D0%BA%D0%B0%D0%BC%D0%B5%D1%9A%D0%B0_14.jpg#

圖 7-50　https://slideplayer.com/slide/14628668/

圖 7-52、7-53　https://www.vix.com/es/btg/curiosidades/8040/cada-cosa-en-su-lugar-descubre-para-que-sirvecada-parte-del-cerebro-humano https://www.quora.com/What-part-of-the-brainis-responsible-for-social-interaction

圖 7-54　http://abdpvtltd.com/hypothalamus-diagram/hypothalamus-diagram-best-of-thalamushypothalamus-medical-art-library/

圖 7-55　https://wiki.eanswers.net/en/Cerebellum

圖 7-56　https://www.neurologyneeds.com/neuroanatomy/brain/cerebrum-cerebellum-and-brain-stem/

圖 7-60　https://frontporch.club/galleries/types-receptorsskin.Html

圖 7-67a　https://fr.wikipedia.org/wiki/Sebasti%C3%A1n_de_Morra

圖 7-67b　https://www.cnnturk.com/fotogaleri/yasam/dunyanin-en-uzun-boylu-insani-robertwadlow?page=3

圖 7-67c　http://www.wikiwand.com/cs/Akromegalie

圖 7-68　https://mydoctor.kaiserpermanente.org/ncal/structured-content/#/Procedure_Parathyroid_Surgery_-_General_Surgery.xml

圖 7-74a　http://tocacity.com/anatomy-of-the-scrotum/anatomy-of-the-scrotum-best-of-figure-testiclevas-ductus-deferens-head-statpearls/

圖 7-80　http://birthofanewearthblog.com/routine-birthpractices-exposed-as-medical-abuse-mdstrained-to-perform-felonies/

第八章

圖 8-1　https://commons.wikimedia.org/wiki/File:Maclyn_McCarty_with_Francis_Crick_and_James_D_Watson_-_10.1371_journal.pbio.0030341.g001-O.jpg#/media/File:Maclyn_McCarty_with_Francis_Crick_and_James_D_Watson_-_10.1371_journal.pbio.0030341.g001-O.jpg

圖 8-2a　https://commons.wikimedia.org/wiki/File:Rosalind_Franklin.jpg#/media/File:Rosalind_Franklin.jpg

圖 8-2b　https://scitechvista.nat.gov.tw/c/sT6X.htm

圖 8-4　https://slideplayer.com/slide/8271133

圖 8-8　https://en.wikipedia.org/wiki/File:Process_of_transcription_(13080846733).jpg

圖 8-9　https://biologydictionary.net/trna/

圖 8-19　https://commons.wikimedia.org/wiki/File:Brinster_Mouse_Egg_Microinjection.tif#/media/File:Brinster_Mouse_Egg_Microinjection.tif

圖 8-20　https://en.wikipedia.org/wiki/File:PDB_1ema_EBI.jpg#/media/File:PDB_1ema_EBI.jpg

圖 8-21　https://en.wikipedia.org/wiki/File:GFP_Mice_01.jpg#/media/File:GFP_Mice_01.jpg

圖 8-22　https://commons.wikimedia.org/wiki/File:174-GFPLikeProteins_GFP-like_Proteins.tif#/media/File:174-GFPLikeProteins_GFP-like_Proteins.tif

圖 8-23　https://en.wikipedia.org/wiki/File:Fluorescence_from_Fluorescent_Proteins.jpg#/media/File:Fluorescence_from_Fluorescent_Proteins.jpg

圖 8-24　https://commons.wikimedia.org/wiki/File:Dolly_03.JPG#/media/File:Dolly_03.JPG

圖 8-28　https://commons.wikimedia.org/wiki/File:Taqman.png

第九章

圖 9-2　https://commons.wikimedia.org/wiki/File:20190329-FS-FlatheadNF-YFYF-013_(46800756014).jpg#/media/File:20190329-FS-FlatheadNF-YFYF-013_(46800756014).jpg

圖 9-3　https://commons.wikimedia.org/wiki/File:Eutrophied_lake_-_Maack_-_200908_02.jpg#/media/File:Eutrophied_lake_-_Maack_-_200908_02.jpg

圖 9-4 https://commons.wikimedia. org/wiki/File:Caspian_Sea_from_orbit. jpg#/media/File:Caspian_Sea_from_ orbit.jpg

圖 9-5 https://commons.wikimedia. org/wiki/File:River_Cijiawan.jpg#/ media/File:River_Cijiawan.jpg

圖 9-6 https://commons.wikimedia. org/wiki/File:Grus_japonensis-Zhalong. jpg#/media/File:Grus_japonensis- Zhalong.jpg

圖 9-7 https://commons.wikimedia. org/wiki/File:Mudskipper_and_crab. jpg-Gaomei_Wetland_ecosystem.jpg#/ media/File:Mudskipper_and_crab.jpg- Gaomei_Wetland_ecosystem.jpg

圖 9-8 https://en.wikipedia.org/wiki/ File:Underwater_World.jpg#/media/ File:Underwater_World.jpg

圖 9-9 https://commons.wikimedia. org/wiki/File:Messina_Straits_ Argyropelecus_hemigymnus.jpg

圖 9-10 https://commons.wikimedia. org/wiki/File:Silky_sharks_swimming_ in_groups.png#/media/File:Silky_ sharks_swimming_in_groups.png

圖 9-11 https://commons.wikimedia. org/wiki/File:Red_sea-reef_3641.jpg#/ media/File:Red_sea-reef_3641.jpg

圖 9-12 https://commons.wikimedia. org/wiki/File:Nerita_versicolor_(four- toothed_nerite_snails)_in_a_rocky_ shore_intertidal_zone_(San_Salvador_ Island,_Bahamas)_13_(15829822327). jpg#

圖 9-13a https://commons.wikimedia. org/wiki/File:Tropical_forest.JPG#/ media/File:Tropical_forest.JPG

圖 9-13b https://commons.wikimedia. org/wiki/File:Bornean_orangutan_ (Pongo_pygmaeus),_Tanjung_ Putting_National_Park_01.jpg#/ media/File:Bornean_orangutan_ (Pongo_pygmaeus),_Tanjung_Putting_ National_Park_01.jpg

圖 9-14a https://commons.wikimedia. org/wiki/File:Tarangire-Natpark800600. jpg#/media/File:Tarangire- Natpark800600.jpg

圖 9-14b https://commons.wikimedia. org/wiki/File:Kruger_National_Park,_ South_Africa_(14801776569).jpg#/

media/File:Kruger_National_Park,_ South_Africa_(14801776569).jpg

圖 9-15a https://commons.wikimedia. org/wiki/File:Gobi,_krajobraz_pustyni_ (25).jpg#/media/File:Gobi,_krajobraz_ pustyni_(25).jpg

圖 9-15b https://commons.wikimedia. org/wiki/File:Meriones_unguiculatus_ (wild).jpg#/media/File:Meriones_ unguiculatus_(wild).jpg

圖 9-16a https://commons. wikimedia.org/wiki/File:Shawangunk_ Grasslands_NWR.jpg#/media/ File:Shawangunk_Grasslands_NWR.jpg

圖 9-16b https://zh.wikipedia.org/zh- tw/File:Bison_fight_in_Grand_Teton_ NP.jpg#/media/File:Bison_fight_in_ Grand_Teton_NP.jpg

圖 9-17a https://commons.wikimedia. org/wiki/File:La_Mauricie_NP_27.jpg#/ media/File:La_Mauricie_NP_27.jpg

圖 9-17b https://commons.wikimedia. org/wiki/File:Grey_wolves_in_ Bavarian_Forest_National_Park.jpg#/ media/File:Grey_wolves_in_Bavarian_ Forest_National_Park.jpg

圖 9-18a https://commons.wikimedia. org/wiki/File:Coniferous_forest_-_ geograph.org.uk_-_346644.jpg#/ media/File:Coniferous_forest_-_ geograph.org.uk_-_346644.jpg

圖 9-18b https://commons.wikimedia. org/wiki/File:Grizzly_bear_(aa0ace2b- bd74-4bce-bb41-3f24c8107d54).jpg#/ media/File:Grizzly_bear_(aa0ace2b- bd74-4bce-bb41-3f24c8107d54).jpg

圖 9-19a https://commons. wikimedia.org/wiki/File:Bennett- Insel_3_2014-08-25.jpg#/media/ File:Bennett-Insel_3_2014-08-25.jpg

圖 9-19b https://commons.wikimedia. org/wiki/File:Reno_(Rangifer_ tarandus),_Honningsv%C3%A5g,_ Noruega,_2019-09-03,_DD_32. jpg#/media/File:Reno_(Rangifer_ tarandus),_Honningsv%C3%A5g,_ Noruega,_2019-09-03,_DD_32.jpg

圖 9-20a https://commons.wikimedia. org/wiki/File:Polar_Bears_near_the_ North_Pole_(19618648512).jpg#/ media/File:Polar_Bears_near_the_ North_Pole_(19618648512).jpg

圖 9-20b https://commons.wikimedia. org/wiki/File:Killer_Whales_Hunting_ a_Seal.jpg#/media/File:Killer_Whales_ Hunting_a_Seal.jpg

圖 9-21 https://en.wikipedia.org/wiki/ File:Mola_mola.jpg#/media/File:Mola_ mola.jpg

圖 9-22 https://commons.wikimedia. org/wiki/File:Crested_Serpent_Eagle_ (female).jpg#/media/File:Crested_ Serpent_Eagle_(female).jpg

圖 9-23a https://commons. wikimedia.org/wiki/File:0b4a8510_ by_vitaly_sokol-dbw12sol.jpg#/ media/File:0b4a8510_by_vitaly_sokol- dbw12sol.jpg

圖 9-23b https://commons. wikimedia.org/wiki/File:The_last_IMS_ hydroacoustic_station-_HA04,_Crozet_ Islands_(France)_(24588865539). jpg#/media/File:The_last_IMS_ hydroacoustic_station-_HA04,_Crozet_ Islands_(France)_(24588865539).jpg

圖 9-23c https://commons. wikimedia.org/wiki/File:Dandelion_ field_-_geograph.org.uk_-_790397. jpg#/media/File:Dandelion_field_-_ geograph.org.uk_-_790397.jpg

圖 9-24 雪靴兔 https://commons. wikimedia.org/wiki/File:MK04608_ Snowshoe_Hare_(Banff).jpg#/media/ File:MK04608_Snowshoe_Hare_(Banff). jpg

圖 9-24 山貓 https://commons. wikimedia.org/wiki/File:Lynx- canadensis.jpg#/media/File:Lynx- canadensis.jpg

P255 背景 達志有限公司

圖 9-25 https://commons.wikimedia. org/wiki/File:Golden_apple_snail_ laying_eggs,_Singapore.jpg#/media/ File:Golden_apple_snail_laying_eggs,_ Singapore.jpg

圖 9-26 https://commons.wikimedia. org/wiki/File:Giant_African_ Land_Snail_(Achatina_fulica)_in_ Hyderabad,_AP_W_IMG_0596.jpg#/ media/File:Giant_African_Land_Snail_ (Achatina_fulica)_in_Hyderabad,_AP_ W_IMG_0596.jpg

圖 9-27 https://commons.wikimedia. org/wiki/File:Cane_toad_-_Sapo_ de_ca%C3%B1a_(Rhinella_marina)_ (15092707441).jpg#/media/File:Cane_ toad_-_Sapo_de_ca%C3%B1a_ (Rhinella_marina)_(15092707441).jpg

圖 9-28 https://commons.wikimedia. org/wiki/File:Oreochromis_ mossambicus.JPG#/media/ File:Oreochromis_mossambicus.JPG

圖 9-29 https://commons.wikimedia. org/wiki/File:Rode_amerikaanse_ riverkreeft,_Red_Swamp_Crayfish,_ Procambarus_clarkii_06.jpg#/media/ File:Rode_amerikaanse_rivierkreeft,_ Red_Swamp_Crayfish,_Procambarus_ clarkii_06.jpg

圖 9-30 https://commons.wikimedia. org/wiki/File:Very_large_wolhandcrab. JPG#/media/File:Very_large_ wolhandcrab.JPG

圖 9-31 https://commons. wikimedia.org/wiki/File:Acridotheres_ javanicus_-_Kent_Ridge_Park.jpg#/ media/File:Acridotheres_javanicus_-_ Kent_Ridge_Park.jpg

圖 9-32 https://commons.wikimedia. org/wiki/File:Feral_Cat_(5573630708). jpg#/media/File:Feral_Cat_ (5573630708).jpg

圖 9-33 https://commons.wikimedia. org/wiki/File:Crocuta_crocuta_ Ngorongoro_Crater.jpg#/media/ File:Crocuta_crocuta_Ngorongoro_ Crater.jpg

圖 9-34a https://commons. wikimedia.org/wiki/File:Polypedetes_ megacephalus.jpg#/media/ File:Polypedetes_megacephalus.jpg

圖 9-34b https://commons.wikimedia. org/wiki/File:Polypedates_braueri. jpg#/media/File:Polypedates_braueri. jpg

圖 9-35 https://commons.wikimedia. org/wiki/File:Leopard_hunting_a_ bush_pig_-_DPLA_-_57da78c992bc 6073d2751f3f8936aad0.jpg#/media/ File:Leopard_hunting_a_bush_pig_-_ DPLA_-_57da78c992bc6073d2751f3f89 36aad0.jpg

圖 9-36 https://commons.wikimedia. org/wiki/File:Kallima_inachus_ (Boisduval,_1846)_(7158128502). jpg#/media/File:Kallima_inachus_ (Boisduval,_1846)_(7158128502).jpg

圖 9-37 https://commons.wikimedia. org/wiki/File:Flickr_-_ggallice_-_ Strawberry_dart_frog_(2).jpg#/media/ File:Flickr_-_ggallice_-_Strawberry_ dart_frog_(2).jpg

圖 9-38a https://commons. wikimedia.org/wiki/File:Scarlet_King_ Snake_(Lampropeltis_elapsoides)_ (32391807822).jpg#/media/File:Scarlet_ King_Snake_(Lampropeltis_ elapsoides)_(32391807822).jpg

圖 9-38b https://commons.wikimedia. org/wiki/File:Micrurus_tener.jpg#/ media/File:Micrurus_tener.jpg

圖 9-39 https://en.wikipedia.org/ wiki/File:Monarch_Viceroy_Mimicry_ Comparison.jpg#/media/File:Monarch_ Viceroy_Mimicry_Comparison.jpg

圖 9-40 https://en.wikipedia.org/wiki/ Cestoda#/media/File:Taenia_saginata_ adult_5260_lores.jpg

圖 9-41 https://commons.wikimedia. org/wiki/File:B552d045742d0afbf2bd5 a54bb1c29a4_i-534.jpg#/media/File:B 552d045742d0afbf2bd5a54bb1c29a4_ i-534.jpg

圖 9-42 https://commons.wikimedia. org/wiki/File:Lemonshark.jpg#/media/ File:Lemonshark.jpg

圖 9-43 https://commons.wikimedia. org/wiki/File:Sea_Stars_(1368405867). jpg#/media/File:Sea_Stars_ (1368405867).jpg

圖 9-44 https://commons.wikimedia. org/wiki/File:Mytilus_californianus_ (7639254168).jpg#/media/File:Mytilus_ californianus_(7639254168).jpg

圖 9-46 https://commons.wikimedia. org/wiki/File:European_otter_02.jpg#/ media/File:European_otter_02.jpg

圖 9-47 https://commons.wikimedia. org/wiki/File:Cotesia_congregata_ on_Manduca_sexta.jpg#/media/ File:Cotesia_congregata_on_Manduca_ sexta.jpg

圖 9-48 https://commons.wikimedia. org/wiki/File:Triton%27s_trumpet_01. jpg#/media/File:Triton's_trumpet_01. jpg

圖 9-49 https://en.wikipedia. org/wiki/File:Acanthaster_ planci,_%C3%A9toiles_

mangeuses_de_corail.jpeg#/ media/File:Acanthaster_ planci,_%C3%A9toiles_mangeuses_ de_corail.jpeg

圖 9-50 https://commons.wikimedia. org/wiki/File:EasternMosquitoFishJG_ Female.jpg#/media/ File:EasternMosquitoFishJG_Female. jpg

圖 9-51 生產者 https://commons. wikimedia.org/wiki/File:Wheat_ (Triticum)_grass_D35_2330_01.jpg#/ media/File:Wheat_(Triticum)_grass_ D35_2330_01.jpg

圖 9-51 初級消費者 https://commons. wikimedia.org/wiki/File:Oxya_ yezoensis_08Oct7.jpg#/media/ File:Oxya_yezoensis_08Oct7.jpg

圖 9-51 次級消費者 https://commons. wikimedia.org/wiki/File:Grasfrosch_ auf_Stein.jpg#/media/File:Grasfrosch_ auf_Stein.jpg

圖 9-51 三級消費者 https://commons. wikimedia.org/wiki/File:Thamnophis_ sirtalis_sirtalis_Wooster.jpg#/media/ File:Thamnophis_sirtalis_sirtalis_ Wooster.jpg

圖 9-51 四級消費者 https://commons. wikimedia.org/wiki/File:Black-chested_ snake_eagle_(Circaetus_pectoralis)_ at_Pilanesberg_(29993449667).jpg#/ media/File:Black-chested_snake_ eagle_(Circaetus_pectoralis)_at_ Pilanesberg_(29993449667).jpg

圖 9-54 https://commons.wikimedia. org/wiki/File:Microplastic.jpg#/media/ File:Microplastic.jpg

圖 9-55 https://commons.wikimedia. org/wiki/File:Rachel_Louise_Carson_ portrait.jpg#/media/File:Rachel_ Louise_Carson_portrait.jpg

圖 9-56 https://en.wikipedia.org/wiki/ File:About_to_Launch_(26075320352). jpg#/media/File:About_to_Launch_ (26075320352).jpg

圖 9-61 https://commons.wikimedia. org/wiki/File:NASA_and_NOAA_ Announce_Ozone_Hole_is_a_ Double_Record_Breaker.png#/media/ File:NASA_and_NOAA_Announce_ Ozone_Hole_is_a_Double_Record_ Breaker.png

實驗

圖 1-1　Burak Murat Bayram | Dreamstime.com

圖 3-1　https://kknews.cc/zh-tw/agriculture/gv29rml.html

圖 3-2　https://kknews.cc/zh-tw/nature/v5lra3l.html

圖 4-1　https://www.pinterest.com/pin/407223991276865524/

圖 4-2　https://commons.wikimedia.org/wiki/File:Starch_granules_of_potato02.jpg#/media/File:Starch_granules_of_potato02.jpg

圖 4-3　https://arvin199.pixnet.net/album/photo/107612733

圖 5-1　https://zh.wikipedia.org/wiki/File:Mosquitofish.jpg

圖 5-2　https://en.wikipedia.org/wiki/File:%E3%83%AF%E3%82%AD%E3%83%B320120701.JPG

圖 6-2　楊昭琅

Index 中英索引

國家圖書館出版品預行編目(CIP)資料

普通生物學 / 鍾樹森, 朱于飛, 黃仲義編著. -- 初版. -
新北市 :全華圖書股份有限公司, 2023.06
　面 ；　公分
ISBN 978-626-328-544-6(平裝)

1.CST: 生命科學

　　　361　　　　　　　　　　　　　　112009328

普通生物學

作者 / 鍾樹森、朱于飛、黃仲義

發行人 / 陳本源

執行編輯 / 薛涵臨

封面設計 / 戴巧耘

出版者 / 全華圖書股份有限公司

郵政帳號 / 0100836-1 號

印刷者 / 宏懋打字印刷股份有限公司

圖書編號 / 06511

初版一刷 / 2023 年 6 月

定價 / 新台幣 520 元

ISBN / 978-626-328-544-6 (平裝)

全華圖書 / www.chwa.com.tw

全華網路書店 Open Tech / www.opentech.com.tw

若您對書籍內容、排版印刷有任何問題，歡迎來信指導 book@chwa.com.tw

臺北總公司(北區營業處)
地址：23671 新北市土城區忠義路 21 號
電話：(02) 2262-5666
傳真：(02) 6637-3695、6637-3696

中區營業處
地址：40256 臺中市南區樹義一巷 26 號
電話：(04) 2261-8485
傳真：(04) 3600-9806 (高中職)
　　　(04) 3601-8600 (大專)

南區營業處
地址：80769 高雄市三民區應安街 12 號
電話：(07) 381-1377
傳真：(07) 862-5562

歡迎加入 全華會員

● 會員獨享
會員享購書折扣、生日禮金、不定期優惠活動⋯等。

● 如何加入會員
掃 QRcode 或填妥讀者回函卡直接傳真 (02) 2262-0900 或寄回，將由專人協助登入會員資料，待收到 E-MAIL 通知後即可成為會員。

如何購買 全華書籍

1. 網路購書
全華網路書店「http://www.opentech.com.tw」，加入會員購書更便利，並享有紅利積點回饋等各式優惠。

2. 實體門市
歡迎至全華門市（新北市土城區忠義路 21 號）或各大書局選購。

3. 來電訂購
(1) 訂購專線：(02) 2262-5666 轉 321-324
(2) 傳真專線：(02) 6637-3696
(3) 郵局劃撥（帳號：0100836-1　戶名：全華圖書股份有限公司）
※ 購書未滿 990 元者，酌收運費 80 元。

OpenTech.com.tw 全華網路書店

全華網路書店 www.opentech.com.tw
E-mail: service@chwa.com.tw

※ 本會員制如有變更則以最新修訂制度為準，造成不便請見諒。

讀者回函卡

掃 QRcode 線上填寫 ▶▶

姓名：

生日：西元　　　　年　　　月　　　日　性別：□男 □女

電話：（　　　）　　　　　　　　手機：

e-mail：（必填）

註：數字零，請用 Φ 表示，數字 1 與英文 L 請另註明並書寫端正，謝謝。

通訊處：□□□□□

學歷：□高中・職 □專科 □大學 □碩士 □博士

職業：□工程師 □教師 □學生 □軍・公 □其他

學校／公司：　　　　　　　　　　　　　科系／部門：

・需求書類：

□ A. 電子 □ B. 電機 □ C. 資訊 □ D. 機械 □ E. 汽車 □ F. 工管 □ G. 土木 □ H. 化工 □ I. 設計
□ J. 商管 □ K. 日文 □ L. 美容 □ M. 休閒 □ N. 餐飲 □ O. 其他

・本次購買圖書為：　　　　　　　　　　　　　　　　書號：

・您對本書的評價：

封面設計：□非常滿意 □滿意 □尚可 □需改善，請說明
內容表達：□非常滿意 □滿意 □尚可 □需改善，請說明
版面編排：□非常滿意 □滿意 □尚可 □需改善，請說明
印刷品質：□非常滿意 □滿意 □尚可 □需改善，請說明
書籍定價：□非常滿意 □滿意 □尚可 □需改善，請說明
整體評價：請說明

・您在何處購買本書？

□書局 □網路書店 □書展 □團購 □其他

・您購買本書的原因？（可複選）

□個人需要 □公司採購 □親友推薦 □老師指定用書 □其他

・您希望全華以何種方式提供出版訊息及特惠活動？

□電子報 □ DM □廣告 （媒體名稱　　　　　　　　）

・您是否上過全華網路書店？（www.opentech.com.tw）

□是 □否 您的建議

・您希望全華出版那方面書籍？

・您希望全華加強那些服務？

感謝您提供寶貴意見，全華將秉持服務的熱忱，出版更多好書，以饗讀者。

填寫日期：　　 /　　 /

2020.09 修訂

親愛的讀者：

感謝您對全華圖書的支持與愛護，雖然我們很慎重的處理每一本書，但恐仍有疏漏之處，若您發現本書有任何錯誤，請填寫於勘誤表內寄回，我們將於再版時修正，您的批評與指教是我們進步的原動力，謝謝！

全華圖書　敬上

勘　誤　表

頁　數	行　數	書　名	作　者
		錯誤或不當之詞句	建議修改之詞句

我有話要說：（其它之批評與建議，如封面、編排、內容、印刷品質等⋯⋯）

得　分

全華圖書〔版權所有，翻印必究〕

普通生物學

習題

CH01 生物學的發展與生命的特徵

班級：_____

學號：_____

姓名：_____

一、單選題

（　　）1. 有生物學鼻祖之稱的人是？
(A)李時珍　(B)蓋倫　(C)達爾文　(D)亞里斯多德

（　　）2. 虎克的貢獻在於？
(A)發明顯微鏡　(B)發現細胞　(C)發現細菌　(D)提出演化論

（　　）3. 林奈被稱為？
(A)分類學之父　(B)遺傳學之父　(C)生物學鼻祖　(D)微生物學之父

（　　）4. 奠定生物分類學基礎的「二名法」是由誰所創？
(A)許旺　(B)達爾文　(C)林奈　(D)雷文霍克

（　　）5. 「演化論」是由誰所提出？
(A)蓋倫　(B)達爾文　(C)亞里斯多德　(D)許來登

（　　）6. 「人類基因體計畫」的目的在於？
(A)利用細菌合成人類胰島素　　　　(B)研究物種的起源
(C)定序人類的DNA　　　　　　　　(D)研究細胞如何分裂

（　　）7. 系統的科學研究方法應該是？
(A)觀察→假設→實驗→學說→定律　(B)觀察→假設→實驗→定律→學說
(C)實驗→假設→觀察→定律→學說　(D)觀察→實驗→假設→定律→學說

（　　）8. 生活在同一個地方的相同物種稱為？
(A)族群　(B)群落　(C)生態系　(D)生物圈

（　　）9. 同一地區的所有生物與自然環境（例如土壤、水）的組合稱為？
(A)族群　(B)群落　(C)生態系　(D)生物圈

（　　）10.含羞草的葉片受到刺激後會快速閉合，這種現象稱為？
(A)伸展運動　(B)睡眠運動　(C)觸發運動　(D)呼吸運動

（請沿虛線撕下）

二、問答題

1. 說明生長與發育有何不同？

答：

2. 何謂新陳代謝？新陳代謝又可分為哪兩種作用？

答：

3. 舉例說明生物體有哪些環境需要隨時保持恆定？

答：

得 分	全華圖書 〔版權所有，翻印必究〕	
	普通生物學	班級：＿＿＿＿＿＿＿
	習題	學號：＿＿＿＿＿＿＿
	CH02 細胞的組成	姓名：＿＿＿＿＿＿＿

一、單選題

(   ) 1. 下列何種胞器不是由膜包圍而成？
(A) SER   (B)細胞核   (C)中心體   (D)葉綠體

(   ) 2. 分泌性蛋白質合成時與下列胞器有關：(1)核糖體、(2)外釋囊、(3)顆粒內質網、(4)高基氏體。依參與順序排列應是？
(A) 4123   (B) 4312   (C) 1234   (D) 1342

(   ) 3. 將高等植物細胞與人類紅血球同樣置於純水中，兩種細胞將會如何變化？
(A)兩者皆膨脹死亡　　　　　　　　(B)前者萎縮、後者膨脹
(C)後者萎縮、前者膨脹　　　　　　(D)前者形狀不變、後者膨脹死亡

(   ) 4. 下列哪種胞器不存在於高等植物細胞？
(A)過氧化體   (B)葉綠體   (C)粒線體   (D)中心粒

(   ) 5. 關於過氧化體的敘述，何者錯誤？
(A)能氧化葡萄糖   (B)能氧化脂肪酸   (C)能分解H_2O_2 (D)能氧化胺基酸

(   ) 6. 物質通過細胞膜的機制，下列何者不需耗能？
(A)主動運輸   (B)擴散作用   (C)胞飲作用   (D)吞噬作用

(   ) 7. 氣體通過細胞膜的方式為？
(A)主動運輸   (B)簡單擴散   (C)胞飲作用   (D)吞噬作用

(   ) 8. 葡萄糖通過細胞膜的方式主要為？
(A)主動運輸   (B)簡單擴散   (C)促進性擴散   (D)吞噬作用

(   ) 9. 關於微管的敘述，何者錯誤？
(A)組成紡錘體   (B)組成細胞骨架   (C)組成鞭毛   (D)只存在於動物細胞

(   ) 10.脂溶性維生素不包括？   (A) vit.A   (B) vit.K   (C) vit.C   (D) vit.E

(   ) 11.生物體內氧化產生能量的直接原料是？
(A)澱粉   (B)果糖   (C)葡萄糖   (D)甘油醛

（ ）12.胚胎發育過程中，手指、腳指的分化是何種胞器的作用？
(A)乙二醛體　(B)過氧化體　(C)溶小體　(D)高基氏體

（ ）13.遺傳物質DNA存在於何種構造之中？
(A)細胞核　(B)高基氏體　(C)溶小體　(D)內質網

（ ）14.下列何者不屬於雙糖？　(A)麥芽糖　(B)蔗糖　(C)乳糖　(D)果糖

（ ）15.下列何種醣類，人類無法利用其產生能量？
(A)肝醣　(B)澱粉　(C)纖維素　(D)麥芽糖

（ ）16.下列何者不屬於脂肪類分子？
(A)中性脂肪　(B)核酸　(C)磷脂質　(D)膽固醇

（ ）17.細胞的能量中心是指？　(A)細胞核　(B)粒線體　(C)葉綠體　(D)內質網

（ ）18.光合作用發生在何種胞器？
(A)細胞核　(B)粒線體　(C)葉綠體　(D)內質網

二、問答題

1. 說明常見的三種雙醣分別是由何種單醣組成？
答：

2. 多醣有哪三種？功能為何？
答：

3. 說明人體中的蛋白質有哪些功能？
答：

4. 核酸有哪兩種？構成核酸的含氮鹼基又有哪幾種？
答：

5. 物質進出細胞的方式中，哪些方式不需耗能？哪些方式需要耗能？
答：

得　分

普通生物學
習題
CH03 生物的分類與生物多樣性

班級：＿＿＿＿＿＿＿＿＿
學號：＿＿＿＿＿＿＿＿＿
姓名：＿＿＿＿＿＿＿＿＿

一、單選題

(　　) 1. 下列疾病的病原體，不屬於病毒的是？
(A)破傷風　(B)水痘　(C) A型肝炎　(D) B型肝炎

(　　) 2. (甲)病毒DNA複製、(乙)附著、(丙) DNA注入細菌內、(丁)蛋白質外殼與DNA
組合；嗜菌體感染的順序為何？
(A)乙丙甲丁　(B)乙丁甲丙　(C)甲乙丁丙　(D)乙甲丁丙

(　　) 3. 下列哪種構造不存在真核細胞，是細菌所特有的？
(A)粒線體　(B)葉綠體　(C)細胞核　(D)中質體

(　　) 4. 下列何者不是脊椎動物？
(A)鯊魚　(B)鱷魚　(C)文昌魚　(D)鯨魚

(　　) 5. 下列關於人類的分類階層，何者錯誤？
(A)脊索動物門　(B)哺乳綱　(C)食肉目　(D)人科

(　　) 6. 下列關於雙子葉植物的敘述，何者錯誤？
(A)成熟種子無胚乳　　　　　　　　(B)屬於鬚根系
(C)花瓣為四或五的倍數　　　　　　(D)葉脈為網狀

(　　) 7. 學名的命名法為？
(A)「屬名」＋「種名」　　　　　　(B)「種名」＋「科名」
(C)「門名」＋「界名」　　　　　　(D)「種名」＋「屬名」

(　　) 8. 分類學之父為？
(A)林奈　(B)亞里斯多德　(C)達爾文　(D)虎克

(　　) 9. 細菌的細胞壁成分主要是？
(A)纖維素　(B)幾丁質　(C)果膠質　(D)胜多醣

(　　) 10.下列何種藻類大量繁殖時會使海水變為紅色，稱為紅潮？
(A)矽藻　(B)甲藻　(C)綠藻　(D)紅藻

（請沿虛線撕下）

<背面尚有試題>

(　　) 11. 下列何種生物質的觸手具有刺細胞，可以藉此捕食、禦敵？
　　　　(A)海綿　(B)龍蝦　(C)水母　(D)章魚

(　　) 12. 世界上種類最多、數量最龐大的生物群為？
　　　　(A)軟體動物　(B)脊索動物　(C)節肢動物　(D)環節動物

(　　) 13. 下列何種動物屬於昆蟲？
　　　　(A)蜘蛛　(B)蜈蚣　(C)螃蟹　(D)蚱蜢

(　　) 14. 下列何種動物屬於恆溫動物？
　　　　(A)鳥類　(B)魚類　(C)爬蟲類　(D)兩生類

(　　) 15. 最高等的哺乳類動物具有何種特徵，使得胎兒能在母體子宮內發育？
　　　　(A)育兒袋　(B)乳頭　(C)體毛　(D)胎盤

二、問答題

1. 比較革蘭氏陽性與革蘭氏陰性菌有何不同？
答：

2. 林奈制定的7個生物分類階層為何？
答：

3. 病毒的外型分為哪幾種？並各舉一例。
答：

4. 比較雙子葉植物與單子葉植物有何不同？
答：

5. 動物的分類依據為何？
答：

得　分	全華圖書〔版權所有，翻印必究〕	
	普通生物學	班級：＿＿＿＿＿＿＿
	習題	學號：＿＿＿＿＿＿＿
	CH04 細胞分裂與遺傳	姓名：＿＿＿＿＿＿＿

一、單選題

（　）1. 小麥種皮顏色由四對基因控制，每一個顯性基因均有相等的貢獻，則小麥種皮顏色深淺有幾種？　(A) 4　(B) 6　(C) 8　(D) 9

（　）2. 造成唐氏症的原因為？

    (A) 47XXY　(B) 45X　(C) Trisomy18　(D) Trisomy21

（　）3. 細胞分裂與減數分裂之比較，兩者共同處是？

    (A)染色體複製的次數　　　　　　　(B)分裂次數

    (C)分裂後新細胞數　　　　　　　　(D)染色體減半現象

（　）4. 兩兩成對的染色體，存在於下列何種細胞中？

    (A)卵細胞　(B)精細胞　(C)肌肉細胞　(D)精子

（　）5. 關於同源染色體的　述，下列何者錯誤？

    (A)在減數分裂過程中能聯會的兩條染色體

    (B)一條來自父方，一條來自母方的染色體

    (C)形狀大小相同的染色體（XY性染色體除外）

    (D)是由一條染色體複製成的兩條染色體

（　）6. 何種血型的母親其第二胎的胎兒可能罹患新生兒溶血症？

    (A) Rh^+　(B) Rh^-　(C) AB　(D) O

（　）7. 染色體聯會、互換發生在何期？　(A)中期I　(B)前期I　(C)後期II　(D)末期II

（　）8. 同源染色體逐漸分離，發生在減數分裂何期？

    (A)中期I　(B)後期I　(C)末期I　(D)前期II

（　）9. 中節複製、分離發生在有絲分裂的哪個階段？

    (A)前期　(B)中期　(C)後期　(D)末期

（　）10.果蠅有四對染色體，若不考慮互換，減數分裂後能形成幾種精子？

    (A) 2^4　(B) 2^8　(C) 2^2　(D) 2^{16}

( ) 11.若血型為B型的男子與AB型的女子結婚；其所生子女不可能是？

(A) AB型　(B) O型　(C) A型　(D) B型

( ) 12.若有基因型AaBbCcDd的生物，生殖時產生幾種配子？

(A) 2種　(B) 4種　(C) 16種　(D) 8種

( ) 13.RR紅花和rr白花交配，其F_1皆為粉紅色，此種情形稱為？

(A)試交　(B)中間型遺傳　(C)複數對偶基因　(D)兩對基因的雜交

( ) 14.碗豆黃色圓形種子（YyRr）與綠色皺皮雜交，後代的表現型有哪幾種？比例如何？

(A)二種，3：1　　　　　　　　　　(B)二種，1：1

(C)四種，9：3：3：1　　　　　　　(D)四種，1：1：1：1

( ) 15.若父為色盲，母為潛伏色盲，其所生子女中表現為色盲的機率是多少？

(A) 1/2　(B) 3/4　(C) 1/3　(D) 1/4

二、問答題

1. 說明人類與果蠅的性別決定有何異同？

答：

2. 說明蝗蟲的性別如何決定，雄蝗蟲與雌蝗蟲的性染色體有何不同？

答：

3. 從父母基因型的角度解釋新生兒溶血症發生的原因為何？

答：

4. 畫出細胞週期，並說明各期的特徵。

答：

5. Y表示黃色種皮基因，y表示綠色種皮基因。今兩植株進行雜交：Yy×yy。試以棋盤方格法表示子代的結果。

答：

得　分

全華圖書〔版權所有，翻印必究〕
普通生物學
習題
CH05 開花植物的構造與生殖

班級：＿＿＿＿＿＿＿＿

學號：＿＿＿＿＿＿＿＿

姓名：＿＿＿＿＿＿＿＿

一、單選題

(　　) 1. 雙子葉植物的莖可逐年加粗，主要是因為有何種構造？
(A)皮層　(B)內皮　(C)髓　(D)形成層

(　　) 2. 下列何者屬於植物生殖器官？　(A)種子　(B)根　(C)葉　(D)莖

(　　) 3. 由葉或莖長出的根稱為？　(A)初生根　(B)不定根　(C)次生根　(D)支根

(　　) 4. (a)表皮、(b)韌皮部、(c)木質部、(d)皮層、(e)木栓層、(f)木栓形成層。樹皮各層由內而外順序為？　(A) bdfea　(B) cbdfea　(C) bdfea　(D) cbdefa

(　　) 5. 觀察樹木年輪，其中深咖啡色的同心圓環稱為？
(A)春材　(B)夏材　(C)心材　(D)液材

(　　) 6. 「支根」由何處向外突出而成？
(A)延長部的皮層　(B)延長部的周鞘　(C)成熟部的內皮　(D)成熟部的周鞘

(　　) 7. 雙子葉植物的卡氏帶位於？
(A)皮層　(B)周鞘　(C)髓　(D)內皮

(　　) 8. (1)根毛、(2)內皮、(3)皮層、(4)周鞘、(5)木質部。根尖吸收水分經過的路線為？　(A) 13245　(B) 21345　(C) 12345　(D) 31245

(　　) 9. 觀察某植物標本，有下列各項構造：維管束作環狀排列、有形成層、具髓細胞、維管束中有導管細胞，此標本最可能為？
(A)單子葉木本植物根　　　　　　(B)雙子葉草本植物莖
(C)雙子葉木本植物根　　　　　　(D)裸子植物的莖

(　　) 10.「真果」的果實是由花的哪一部分所發育出來的？
(A)子房　(B)花冠　(C)花柱　(D)胚珠

(　　) 11.果皮是由花的哪一部分所發育出來的？
(A)子房壁　(B)花冠　(C)花柱　(D)胚珠

（請沿虛線撕下）

( ) 12.由一朵花的多個雌蕊發育而來的果實稱為？
(A)單果 (B)聚果 (C)多花果 (D)真果

( ) 13.種仁是指？
(A)胚＋胚乳 (B)胚＋種皮 (C)種皮＋胚乳 (D)胚＋胚乳＋種皮

( ) 14.下列何種植物具有「雙重受精」？
(A)銀杏 (B)南洋杉 (C)蕨類 (D)水稻

( ) 15.大孢子母細胞形成一個成熟的胚囊，「依序」必須經過？
(A) 1次減數分裂、1次有絲分裂 (B) 1次減數分裂、3次有絲分裂
(C) 2次減數分裂、1次有絲分裂 (D) 3次有絲分裂、1次減數分裂

二、問答題

1. (1)根的縱切面構造，自下向上主要分哪幾個部位？(2)橫切面自外向內，主要分哪幾個部位？
答：

2. 生物學上所稱的樹皮定義為何？
答：

3. 何謂雙重受精？
答：

4. 說明開花植物雌／雄配子體的構造為何？
答：

<table>
<tr><td>得　分</td><td>全華圖書〔版權所有，翻印必究〕</td><td></td></tr>
</table>

得　分　　　**全華圖書**〔**版權所有，翻印必究**〕

普通生物學　　　　　　　　　　　　　　　班級：_____

習題　　　　　　　　　　　　　　　　　　學號：_____

CH06 細胞的能量來源　　　　　　　　　姓名：_____

一、單選題

(　　) 1. 下列何種分子具有高能磷酸鍵？　(A)蛋白質　(B)醣類　(C)脂肪　(D) ATP

(　　) 2. 化學反應要進行，首先需要能量切斷反應物的化學鍵，以便新鍵合成。這種
能量稱為？　(A)位能　(B)光能　(C)活化能　(D)化學能

(　　) 3. 下列何者不是酶的性質？
(A)需要輔酶的協助　　　　　　　　(B)以蛋白質為構成主體
(C)與受質之間具有專一性　　　　　(D)不受pH值變化的影響

(　　) 4. 呼吸作用中電子的最終接受者是？
(A) CO_2　(B) O_2　(C) NAD^+　(D) $NADP^+$

(　　) 5. 糖解作用在何處進行？
(A)細胞質　(B)細胞核　(C)粒線體基質　(D)粒線體內膜上

(　　) 6. 檸檬酸循環在何處進行？
(A)細胞質　(B)細胞核　(C)粒線體基質　(D)葉綠體

(　　) 7. 電子傳遞系統在何處進行？
(A)細胞質　(B)粒線體內膜上　(C)粒線體基質　(D)細胞核

(　　) 8. 糖解作用「淨反應」產生幾個ATP？　(A) 1　(B) 2　(C) 3　(D) 4　個

(　　) 9. 一個NADH＋H^+經過電子傳遞與氧化磷酸化作用，能產生幾個ATP？
(A) 1　(B) 2.5　(C) 3.5　(D) 4　個

(　　) 10.一個$FADH_2$經過電子傳遞與氧化磷酸化作用，能產生幾個ATP？
(A) 1.5　(B) 2.5　(C) 3　(D) 4　個

(　　) 11.酵母菌在缺氧環境中能將丙酮酸轉變成？
(A)乳酸　(B)水　(C)乙醇　(D)乙醯輔酶A

(　　) 12.葉綠素a、b中含有何種元素？　(A) Ag　(B) Cu　(C) Mg　(D) Fe

( ) 13.下列何種色素不參與光反應？

(A)葉綠素a　(B)葉黃素　(C)花青素　(D)胡蘿蔔素

( ) 14.光反應最終的電子接受者是？　(A) ATP　(B) O_2　(C) NADP$^+$　(D) NAD$^+$

( ) 15.暗反應發生在？

(A)葉綠體基質　(B)粒線體內膜上　(C)細胞質　(D)類囊體膜上

( ) 16.C3植物以何種分子固定CO_2？　(A)丙酮酸　(B) PEP　(C) 3-PGA　(D) RuBp

二、問答題

1. 說明低能鍵與高能鍵的性質。

答：

2. 說明競爭性抑制物與非競爭性抑制物的特性。

答：

3. 說明光反應與暗反應之間的關係。

答：

4. 寫出光合作用的總反應式，並說明產生的氧氣從何而來？

答：

5. 說明自然界的光合作用與呼吸作用如何達成平衡？

答：

得　分		
	普通生物學	班級：＿＿＿＿＿＿＿
	習題	學號：＿＿＿＿＿＿＿
	CH07 人體的構造與功能	姓名：＿＿＿＿＿＿＿

一、單選題

（　）1. 中軸骨骼不包括：

  (A)頭骨   (B)脊柱

  (C)肩胛骨   (D)肋骨

（　）2. 下列何者位於真皮層？

  (A)汗腺   (B)角質層

  (C)黑色素細胞   (D)脂肪組織

（　）3. 下列何者不為橫紋肌？

  (A)心肌   (B)平滑肌

  (C)骨骼肌   (D)以上皆非

（　）4. 小腸絨毛吸收的養分須經何種途徑送至肝臟儲存？

  (A)體循環   (B)肺循環

  (C)肝門脈循環   (D)冠狀循環

（　）5. 下列何者於進入口腔即開始消化？

  (A)蛋白質   (B)維生素

  (C)澱粉   (D)脂肪

（　）6. 人體自飲食當中攝取的水分，主要在下列何處吸收？

  (A)胃   (B)小腸

  (C)大腸   (D)腎臟

（　）7. 下列有關脂肪的敘述，何者正確？

  (A)脂肪經消化分解成胺基酸與甘油

  (B)脂肪在胃部進行消化

  (C)能分解脂肪的酵素，由胰臟與小腸分泌

  (D)脂肪經膽鹽乳化以後，即可進入被小腸細胞吸收

( ) 8. 下列何者當中所含為充氧血？
(A)四肢靜脈 　　　　　　　　(B)冠狀靜脈
(C)下腔靜脈 　　　　　　　　(D)肺靜脈

( ) 9. 下列何者當中所含為缺氧血？
(A)主動脈 　　　　　　　　　(B)肺動脈
(C)肺靜脈 　　　　　　　　　(D)冠狀動脈

( ) 10.心肌梗塞與下列何者病變有關？
(A)冠狀動脈 　　　　　　　　(B)主動脈
(C)上腔靜脈 　　　　　　　　(D)下腔靜脈

( ) 11.血型為B型Rh陰性者，如需輸血，其應接受下列何者的血液最佳？
(A) A型Rh陽性 　　　　　　　(B) B型Rh陽性
(C) B型Rh陰性 　　　　　　　(D) O型Rh陰性

( ) 12.細胞媒介性免疫主要由下列何者執行？
(A)輔助型T細胞 　　　　　　(B)胞毒型T細胞
(C)記憶型B細胞 　　　　　　(D)巨噬細胞

( ) 13.注射疫苗，是利用下列何者的功能以達成主動免疫的目標？
(A)記憶型B細胞 　　　　　　(B)記憶型T細胞
(C)巨噬細胞 　　　　　　　　(D)嗜中性球

( ) 14.愛滋病毒攻擊的對象為下列何者？
(A)記憶型B細胞 　　　　　　(B)記憶型T細胞
(C)輔助型T細胞 　　　　　　(D)胞毒型T細胞

( ) 15.呼吸中樞位於下列何者？
(A)大腦 　　　　　　　　　　(B)小腦
(C)延腦 　　　　　　　　　　(D)中腦

( ) 16.瓦斯或煤氣中毒致死的原因，最可能為下列何者？
(A)二氧化碳殺死組織細胞
(B)一氧化碳減低血紅素攜氧能力，導致缺氧
(C)一氧化碳殺死紅血球
(D)以上皆是

(　) 17.下列何者不可於腎小管濾液中出現？
  (A)葡萄糖　　　　　　　　　(B)鈉離子
  (C)大分子蛋白質　　　　　　(D)尿素

(　) 18.尿毒症為下列何者堆積於血液中，造成之疾病？
  (A)葡萄糖　　　　　　　　　(B)鹽類
  (C)尿酸　　　　　　　　　　(D)尿素

(　) 19.神經細胞與神經細胞之間，以何種結構，藉由神經傳導物質，進行訊息傳遞？
  (A)樹突　　　　　　　　　　(B)軸突
  (C)細胞本體　　　　　　　　(D)突觸

(　) 20.下列何者與思考最為相關？
  (A)額葉　　　　　　　　　　(B)顳葉
  (C)頂葉　　　　　　　　　　(D)枕葉

(　) 21.某生在顯微鏡下觀察一神經細胞，發現其有明顯的單一長軸突，則此神經細
  胞較可能為？
  (A)運動神經元　　　　　　　(B)雙極神經元
  (C)感覺神經元　　　　　　　(D)以上皆非

(　) 22.下列何者可引發排卵？
  (A)促性腺激素釋放激素　　　(B)黃體刺激素
  (C)濾泡刺激素　　　　　　　(D)動情素

(　) 23.升糖素的主要作用，與下列何者相反？
  (A)胰島素　　　　　　　　　(B)甲狀腺素
  (C)生長激素　　　　　　　　(D)腎上腺素

(　) 24.月經期間的子宮內膜剝落，原因為何？
  (A)由於動情素及黃體素分泌突然增加之故
  (B)由於動情素及黃體素分泌突然減少之故
  (C)由於FSH及LH分泌增加之故
  (D)由於FSH及LH分泌減少之故

(　) 25.著床的胚胎會分泌何種激素來維持黃體的穩定，使其持續分泌黃體激素？
  (A)動情素　　　　　　　　　(B)絨毛性腺刺激素
  (C)催產素　　　　　　　　　(D)雌激素

二、問答題

1. 請寫出人體不隨意肌的名稱。

答：

2. 請寫出五種白血球的名字。

答：

3. 請畫出反射弧的構造。

答：

4. 請分別寫出缺乏生長激素、甲狀腺素、胰島素所引發的疾病。

答：

5. 請寫出動情素與黃體素的功能。

答：

得 分

全華圖書（版權所有，翻印必究）

普通生物學
習題
CH08 基因與生物技術

班級：＿＿＿＿＿＿＿＿

學號：＿＿＿＿＿＿＿＿

姓名：＿＿＿＿＿＿＿＿

一、單選題

( )1. 構成DNA之核苷酸中，下列何者之比值為1：1？
(A) (A + T)：(C + G)　　　　　(B) (A + C)：(T+G)
(C) (A + U)：(C + G)　　　　　(D) (A + C)：(U + G)

( )2. 物種和物種之間DNA的差異，主要為下列何者？
(A)組成的成分不同　　　　　(B)有的為單股，有的是雙股
(C)含氮鹼基的序列不同　　　　(D)組成染色體的蛋白質不同

( )3. 下列關於DNA複製的敘述中，正確的是：
(A) DNA聚合酶延模版的5'→3'方向移動
(B)以全保留複製方式進行
(C)以4種dNTP為原料
(D)新股合成方向3'→5'

( )4. DNA複製時，不需下列何種物質參與？
(A) RNA聚合酶　(B)引子酶　(C)解旋酶　(D) DNA連接酶。

( )5. 下列何者不是轉錄的產物？　(A) DNA　(B) rRNA　(C) tRNA　(D) mRNA

( )6. 密碼子位於：　(A) DNA　(B) mRNA　(C) tRNA　(D) rRNA

( )7. 每一個去氧核糖核酸含有＿＿個五碳醣、＿＿個含氮鹼基、＿＿個磷酸根。
空格內的數據依序應為多少？　(A) 1, 2, 2　(B) 1, 2, 3　(C) 1, 1, 1　(D) 3, 2, 1

( )8. mRNA在核糖體中，以＿＿個鹼基為一組的方式進行遺傳訊息讀取，稱為密
碼子。空格內的數據應為多少？　(A) 1　(B) 2　(C) 3　(D) 4

( )9. 反密碼子位於下列何者？　(A) mRNA　(B) tRNA　(C) rRNA　(D) DNA

( )10.下列何者為起始密碼子？　(A) AUG　(B) UAA　(C) UAG　(D) UGA

( )11.中心法則為下列何者？
(A) DNA→蛋白質→RNA　　　　(B) RNA→DNA→蛋白質
(C) RNA→蛋白質→DNA　　　　(D) DNA→RNA→蛋白質

（　　）12.鐮形紅血球貧血症的疾病原因為下列何者？

(A)鹼基缺失　　(B)鹼基取代　　(C)鹼基插入　　(D)染色體數量異常

（　　）13.下列何者具有切割DNA分子功能，為分子選殖實驗所必須？

(A) DNA聚合酶　　(B)解旋酶　　(C)限制酶　　(D)連接酶

（　　）14.複製羊的產生，細胞核來自下列何者？染色體套數應為多少？

(A)乳腺細胞，2n　　(B)乳腺細胞，1n　　(C)卵細胞，2n　　(D)精細胞，1n

（　　）15.如果想要從犯罪現場取得的微量樣本，複製出大量的DNA用以檢驗，最應該
採取下列哪種實驗技術？

(A)膠體電泳　　(B)基因轉殖　　(C)分子選殖　　(D) PCR

二、問答題

1. 某段單股DNA的序列如下：5'-GATCAGTACCTAAGCGAACT-3'，請寫出此段DNA
的互補股，以及所轉錄出的mRNA序列。

答：

2. 請寫出中心法則。

答：

3. 某段mRNA的序列為5'-GAUCAGUACCUAAGC-3'，此段RNA進行轉譯作用時，可
以得到一段多肽，其中含有多少個胺基酸？

答：

4. 請查表寫出以下密碼子所對應的胺基酸：

(1) UUA　　(2) AUG　　(3) GCU　　(4) CGA　　(5) ACU　　(6) UGG。

答：

5. 研究人員操作PCR實驗，如果進行8次反應步驟，可以得到多少倍的DNA樣本複製
品？

答：

得　分

全華圖書 (版權所有，翻印必究)

普通生物學
習題
CH09 生物與環境

班級：＿＿＿＿＿＿＿＿
學號：＿＿＿＿＿＿＿＿
姓名：＿＿＿＿＿＿＿＿

一、單選題

(　　)1. 下列何者並非優養湖的特徵？
(A)溶氧較少　(B)水質清澈　(C)水深較淺　(D)水中養分濃度高

(　　)2. 善於發光的海洋生物，通常居住於下列何區？
(A)珊瑚礁　(B)沿岸區　(C)深海層　(D)潮間帶

(　　)3. 善於適應海水拍擊的海洋生物，通常居住於下列何區？
(A)珊瑚礁　(B)沿岸區　(C)深海層　(D)潮間帶

(　　)4. 下列何種陸域生態群系較容易找到白犀牛？
(A)溫帶草原　(B)莽原　(C)熱帶森林　(D)苔原

(　　)5. 下列何者最不符合機會主義生活史的特徵？
(A)獅子　(B)蟾蜍　(C)翻車魚　(D)蟑螂

(　　)6. 國王企鵝的族群分布模式為下列何者
(A)叢聚模式　(B)均勻模式　(C)隨機模式　(D)以上皆非

(　　)7. 下列何者為入侵種？
(A)布氏樹蛙　(B)臺北赤蛙　(C)斑腿樹蛙　(D)莫氏樹蛙

(　　)8. 箭毒蛙為減低被天敵捕食的機率，所採取的策略為下列何者？
(A)隱蔽色　(B)警告色　(C)貝氏擬態　(D)穆氏擬態

(　　)9. 北極兔為減低被天敵捕食的機率，所採取的策略為下列何者？
(A)隱蔽色　(B)警告色　(C)貝氏擬態　(D)穆氏擬態

(　　)10.鮣魚與海龜的互動關係為下列何者？
(A)捕食　(B)寄生　(C)互利共生　(D)片利共生

(　　)11.下列何者為初級消費者？
(A)紋白蝶幼蟲　(B)青椒幼苗　(C)麻雀　(D)眼鏡蛇

( ) 12. 下列何者為最可能為四級消費者？
(A)紋白蝶幼蟲 (B)青椒幼苗 (C)大冠鷲 (D)眼鏡蛇

( ) 13. 碳循環的不平衡，與下列何者有關？
(A)光合作用失衡 (B)呼吸作用增加 (C)燃燒石化燃料 (D)以上皆是

( ) 14. 下列何種氣體，與溫室效應無關？
(A)甲烷 (B)一氧化氮 (C)一氧化碳 (D)二氧化碳

( ) 15. 全球暖化帶來的不良影響，不包含下列何者？
(A)高山冰河融化　　　　　　　　(B)北極熊與企鵝可能滅絕
(C)增加農耕地　　　　　　　　　(D)病媒蚊族群向北擴張

( ) 16. 下列何者與臭氧層空洞現象無關？
(A)紫外線穿透地球大氣層的量度提升 (B)皮膚癌
(C)氯氟烴　　　　　　　　　　　(D)大氣含氧量減少

二、問答題

1. 請蒐集資料，寫出五種在臺灣常見的入侵種生物。

答：

2. 魚類是相當理想的營養來源，其內含的DHA和EPA有益於腦部保健。然而根據食藥署最新的「魚類攝食指南」，鯊魚、旗魚、鮪魚、油魚等四種大型魚類，每週攝取量不宜超過35（三根手指的大小及寬度） 70公克，6歲以下兒童則盡量減少攝取。請從生態學知識的角度，推測為何會公布上述建議？

答：

3. 請分析紐芬蘭漁場漁業資源枯竭的原因，以及永續漁業的執行，應注重哪些要點？

答：